计算机辅助设计软件系列教材

SolidWorks 2024
基础与实例教程

昌亚胜　王水林　郑君媛　赵海艳　编著

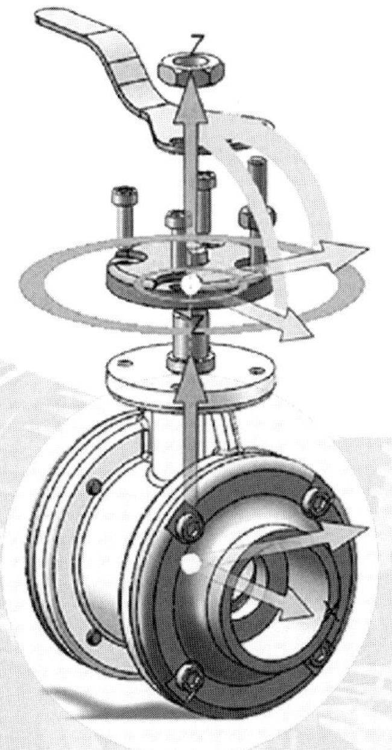

武汉大学出版社

图书在版编目(CIP)数据

SolidWorks 2024 基础与实例教程 / 昌亚胜等编著. -- 武汉 : 武汉大学出版社, 2025.1. -- 计算机辅助设计软件系列教材. -- ISBN 978-7-307-24718-5

Ⅰ. TH122

中国国家版本馆 CIP 数据核字第 20240MZ093 号

责任编辑:鲍　玲　　　责任校对:鄢春梅　　　版式设计:韩闻锦

出版发行:**武汉大学出版社**　(430072　武昌　珞珈山)

(电子邮箱:cbs22@ whu.edu.cn 网址:www.wdp.com.cn)

印刷:武汉中科兴业印务有限公司

开本:787×1092　1/16　印张:18.75　字数:396 千字　插页:1

版次:2025 年 1 月第 1 版　　2025 年 1 月第 1 次印刷

ISBN 978-7-307-24718-5　　定价:65.00 元

版权所有,不得翻印;凡购买我社的图书,如有质量问题,请与当地图书销售部门联系调换。

前　言

党的二十大报告提出加快建设制造强国的目标，要实现这一目标的关键在于推进智能制造，而计算机辅助设计技术是智能制造的重要支撑技术之一。推广和使用计算机辅助设计技术能够缩短产品设计周期，提高企业生产效率，从而降低生产成本，增强市场竞争力。因此，掌握计算机辅助设计对高等院校的学生来说是十分必要的。

SolidWorks 是达索系统(Dassault Systèmes S. A.)旗下的 SolidWorks 公司开发的，运行在微软 Windows 平台下的三维 CAD 软件。SolidWorks 是热门的 CAD 软件之一。1995 年 SolidWorks 公司发布其第一款产品 SolidWorks 95，1997 年被达索系统并购，SolidWorks 公司现在是达索系统的子公司。SolidWorks 软件备受产品设计师和机械工程师青睐，全世界的用户包括个人到大公司，涵盖非常广泛的横截面制造业细分市场。

SolidWorks 具备功能强大、易于学习和使用、技术创新这三大优点。SolidWorks 可以设计完全可编辑的产品，并且零件设计、装配设计和工程图之间保持高度相关性，因此成为领先的主流三维 CAD 解决方案。SolidWorks 不仅提供强大的功能，而且操作简单方便、易学易用，能够提供多种设计方案，有效减少设计过程中的错误，从而提高产品质量。

SolidWorks 的基本设计思想是用数值参数和几何约束来控制三维几何体建模过程，生成三维零件和装配体模型；再根据工程实际的需要做出不同的二维视图和各种标注，从而完成零件工程图和装配工程图。从几何体模型直至工程图的全部设计环节，可实现全方位的实时编辑修改。

相比前几个版本，SolidWorks 2024 在多个方面进行了提升：新版本提高了装配体的性能和工作效率，大型装配体处理过程更加流畅；详图模式增强，能够更快地创建和处理详图。几何尺寸和公差功能改进，设计更加精确；混合建模和零件建模功能得到增强，能提供更多工具和选项；材料明细表增加了对切割清单的支持，改进了配置表功能，简化了结构设计和焊接过程。新版本还提升了文件导入和显示的性能，加快数据处理速度，并增强了协作和数据共享功能。这些改进大多是基于用户的反馈，旨在提升整体性能和优化用户体验感。SolidWorks 2024 可分为四大模块，分别是零件、装配、工程图和分析模块，其中零件模块中又包括草图设计、零件设计、曲面设计、钣金设计以及模具等小模块。

本书共 9 章，内容可划分为三部分。第 1~3 章为第一部分，讲述基本草图及基本建模技术，适合初学者。从 SolidWorks 的基本使用方法入手，并结合若干典型实例，详细探讨二维草图的绘制方法和技巧，以及基本三维模型的常用建模流程及方法。第 4~6 章为第二部分，通过精心设计的实例，多角度、由浅入深、由易到难地介绍各种辅助特征的建模方法、实体特征的编辑修改，以及曲线曲面的造型及编辑方法。第 7~9 章为第三部分，讲述三维装配、钣金设计、工程图的生成。

本书由昌亚胜负责大纲编写和统稿工作，苏州城市学院 3D 建模设计协会全力协助完成，协会成员程欣、吴思杰、杨子怡、周万里(人名按照拼音首字母排序)参与编辑以及编写其他应用模块的基本内容。其他参与编写的人员有陈美彤、黄成、贾雯迪、荆贯伦、敬振海、黎廷轩、罗玉娇、舒敏、王涛、吴俊、姚世泽、张恩琦、周航、周然(人名按照拼音首字母排序)。由于编者水平有限，书中难免存在错误和不足之处，恳请读者批评指正。

编 者

2024 年 9 月

目　　录

第 1 章

SolidWorks 2024

SolidWorks，作为领先的三维机械设计软件，是工程师和设计师的得力伙伴。其直观的三维开发环境提供逼真的设计体验，助力用户精准创建复杂模型。基于 Windows 系统，SolidWorks 易用性好，支持多种文件格式。相较以前版本，SolidWorks 2024 性能增强，功能更加完善，具有智能分析、自动化设计等多种功能，且保持与以往版本的兼容，已广泛应用于汽车、航空、医疗等领域，提高了设计质量和效率。SolidWorks 未来将继续发挥重要作用，为工程师和设计师提供高效的设计工具。

本章重点：

- 软件的功能和特点
- 软件的安装方法
- 软件的基本操作

1.1 SolidWorks 2024 概述

1.1.1 SolidWorks 2024 简介

SolidWorks 是一款专业的三维设计软件，由 Dassault Systemes 公司开发。它具有强大的建模和设计功能，广泛应用于机械工程、电子工程、建筑设计等领域。本章将全面介绍 SolidWorks 的特点和功能。

1.1.2　SolidWorks 2024 特点

(1)用户友好：SolidWorks 提供直观的界面和易于使用的工具，方便用户快速上手并高效地进行设计和建模。

(2)强大的建模功能：通过 SolidWorks，用户可以创建各种复杂的三维模型，包括实体、表面、曲线等，并进行细致的编辑和修改。

(3)智能设计：SolidWorks 具有智能设计功能，可以自动检测和解决设计中的问题，提高设计效率和准确性。

(4)丰富的零件库：SolidWorks 内置了大量的零件库，包括各种标准件和常用零件，方便用户进行设计和组装。

(5)协作与共享：SolidWorks 支持团队协作和文件共享，可以多人同时设计和修改，并实时查看更新。

1.1.3　SolidWorks 2024 功能

(1)建模功能：SolidWorks 提供了各种建模工具，如实体建模、曲面建模、草图等，满足不同类型的设计需求。

(2)装配功能：SolidWorks 支持装配设计，可以设计将多个零件组装到一起，并进行运动仿真和碰撞检测。

(3)绘图功能：SolidWorks 提供了全面的绘图工具，可以创建二维绘图、剖视图、注释等，用于制图和制作技术文档。

(4)仿真分析：SolidWorks 内置了仿真模块，可以进行结构强度、流体流动、热传导等多种仿真分析，评估设计的性能和可行性。

(5)数据管理：SolidWorks 具有完善的数据管理功能，可以方便地管理和跟踪设计文件和版本，有效提高工作效率。

1.1.4　SolidWorks 2024 主要应用领域

(1)机械工程：用于设计和制造各种机械设备、零件和装置。

(2)电子工程：用于电路板设计和布局、机箱设计等。

(3)建筑设计：用于建筑物的结构设计和模拟。

(4)汽车工程：用于汽车零部件的设计和装配。

(5)制造业：用于工艺流程规划和设备设计。

1.2 SolidWorks 2024 的安装

安装视频

SolidWorks 2024 软件的安装步骤如下：

1.2.1 安装准备

SolidWorks 的安装文件为 64 位 ISO 镜像文件，一般为 12GB 以上，整个软件比较大，所以在保存时要注意计算机的内存，建议将镜像文件先解压再安装。

1.2.2 软件安装

(1)在如图 1-1 所示的界面中，鼠标右键单击安装管理程序，在弹出的界面中单击“禁用英特网访问”，然后单击“下一步”按钮。

图 1-1 开始安装界面

(2)在弹出的如图 1-2 所示的“序列号”界面，输入序列号，然后单击“下一步”按钮。如果序列号有误，则会弹出“系统检查警告”界面，此时可单击“上一步”按钮重新输入，否则继续单击“下一步”按钮。

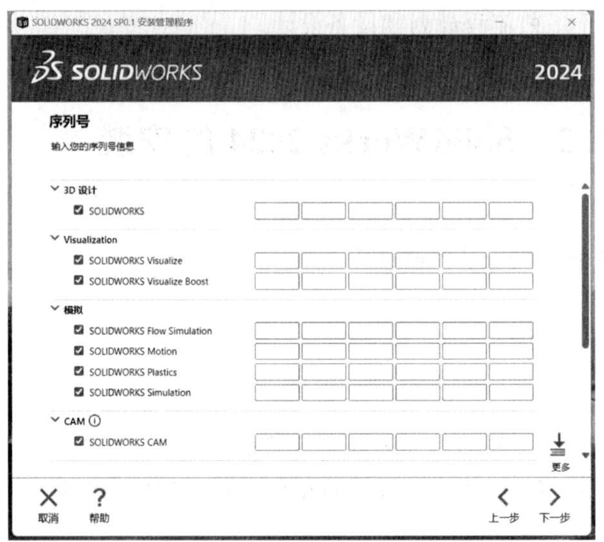

图 1-2　“序列号”界面

(3)弹出“摘要”界面，如图 1-3 所示，界面包括“产品”“下载选项”“安装位置”和“Toolbox/异型孔向导选项”。

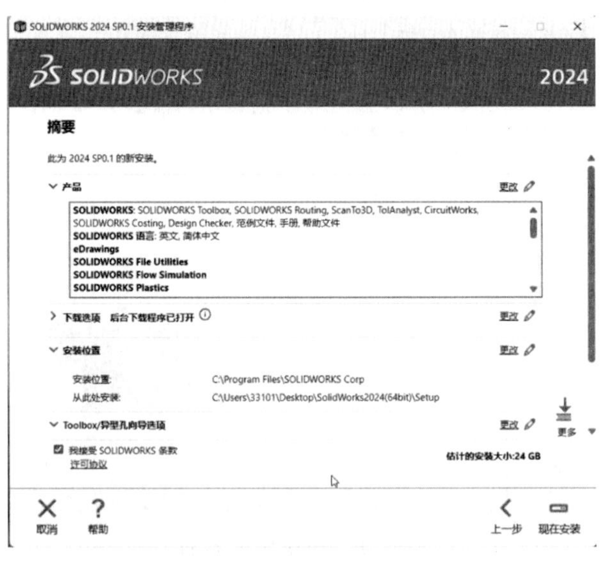

图 1-3　“摘要”界面

(4)选择“产品”选项中的“更改”，弹出“产品选择”界面，如图 1-4 所示，勾选需要的产品，然后单击“返回到摘要”按钮。

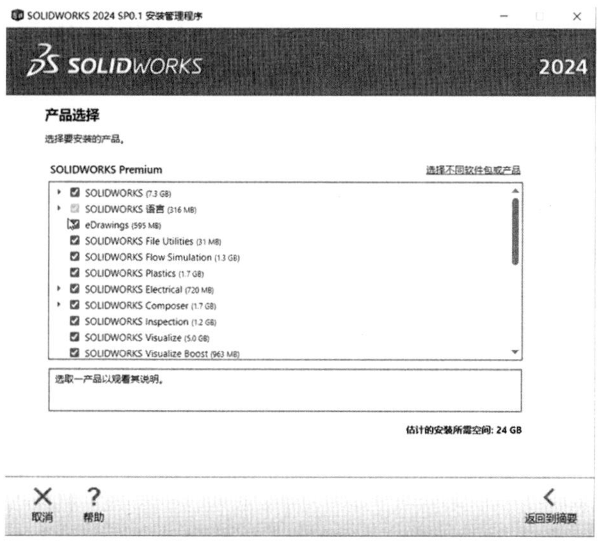

图 1-4　“产品选择”界面

(5)选择“安装位置”选项中的“更改”，在计算机中选择一个软件安装位置后，再勾选“我接受 SOLIDWORKS 条款”，单击界面右下角的“现在安装”按钮，即可开始安装软件。安装的时间较长，请耐心等待，一直到安装完毕后弹出如图 1-5 所示的对话框，再单击“完成”按钮，至此软件安装完成。

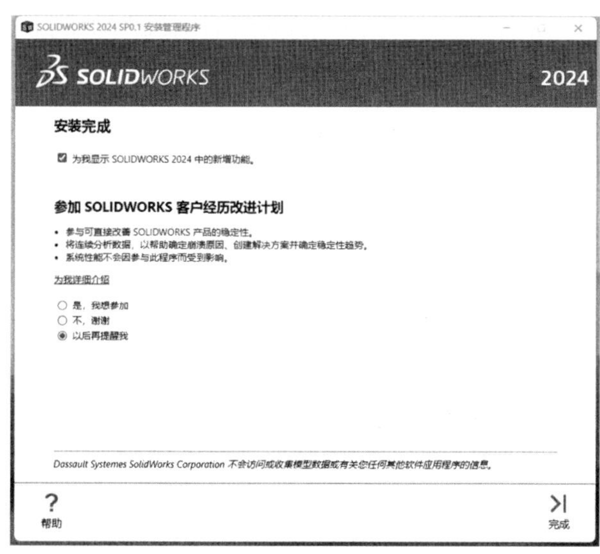

图 1-5　“安装完成”界面

1.3 SolidWorks 2024 的操作界面

1.3.1 SolidWorks 2024 的启动

(1)软件安装完成后，双击 SolidWorks 2024 的快捷方式图标，即可启动。启动 SolidWorks 2024 后，会弹出“欢迎-SOLIDWORKS”对话框，如图 1-6 所示，在对话框中可以选择零件、装配体或工程图模块。

图 1-6 “欢迎-SOLIDWORKS”对话框

(2)单击对话框中的“高级”按钮，打开“新建 SOLIDWORKS 文件”对话框，如图 1-7 所示。

(3)选择“gb_part”零件模块，进入零件工作界面，界面各个组成部分如图 1-8 所示。

1.3.2 SolidWorks 2024 零件模块

1. 菜单栏

SolidWorks 2024 菜单栏包含软件的所有操作命令，将鼠标移动到 SolidWorks 徽标右侧

图 1-7 “新建 SOLIDWORKS 文件”对话框

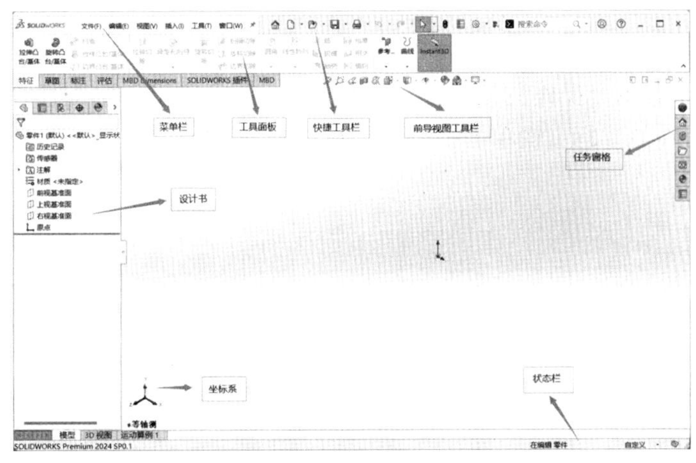

图 1-8 零件工作界面

箭头处 SOLIDWORKS ▸才可见，单击图 1-9 右侧“图钉”，可以固定菜单栏。

SOLIDWORKS 文件(F) 编辑(E) 视图(V) 插入(I) 工具(T) 窗口(W)

图 1-9 菜单栏

2. 快捷工具栏

快捷工具栏可以对文件进行新建、打开、保存、打印等一些基本操作，如图 1-10 所示，单击可以重建模型。

图 1-10　快捷工具栏

3. 工具面板

工具面板主要包括如图 1-11 所示的一些功能，若没有找到所需功能，可以单击鼠标右键，选择“选项卡”，显示对应面板即可，如图 1-12 所示。

特征 | 草图 | 标注 | 评估 | MBD Dimensions | SOLIDWORKS 插件 | MBD | SOLIDWORKS CAM | SOLIDWORKS CAM TBM

图 1-11　工具面板

4. 设计树

设计树中记录着每个操作图纸的详细操作步骤，如图 1-13 所示，并且方便用户对图纸进行修改和编辑(如鼠标右键单击“基准面”或单击“草图绘制”等)。

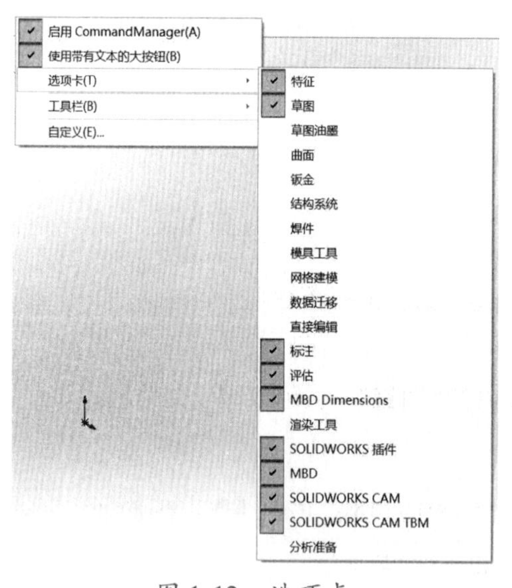

图 1-12　选项卡

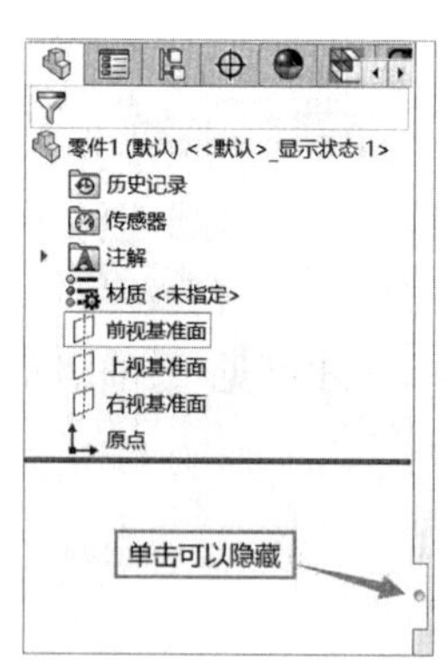

图 1-13　设计树

5. 任务窗格

任务窗格包括设计库、视图调色板、SOLIDWORKS 资源、文件探索器、自定义属性、外观布景贴图 6 个模块，如图 1-14 所示，在不使用的时候可以隐藏或移开。

图 1-14　任务窗格

6. 前导视图工具栏

前导视图工具栏包括整屏显示全图、局部放大、上一个视图、显示剖视图、动态注解视图、视图定向、显示类型、隐藏所有类型、编辑外观、应用布景、视图设定操作 11 个模块，如图 1-15 所示。

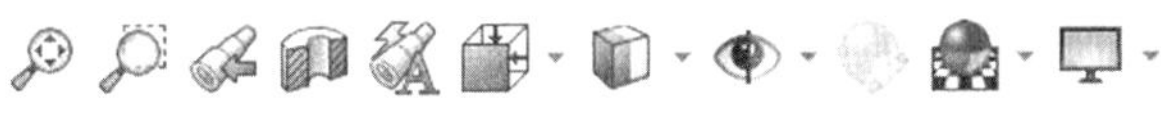

图 1-15　前导视图工具栏

7. 状态栏和绘图区

状态栏显示在当前命令时操作对象的操作状态，如鼠标指针处坐标值、是否定义以及正在编辑的草图编号等。状态栏上方空白部分就是绘图区，草图绘制及装配图、工程图的绘制都在此区域完成。

1.4　SolidWorks 2024 的操作方式

1.4.1　鼠标的操作方式

1. 鼠标左键

鼠标左键的操作说明如下：

(1)单击：选择单一面/实体。
(2)双击：激活面/实体属性。
(3)拖动：改变元素属性(如改变大小)。
(4)Ctrl 键+单击：选择多个面/实体。
(5)Ctrl 键+拖动；复制实体。
(6)Shift 键+拖动：移动实体。

2. 滚轮

滚轮的操作说明如下：
(1)滚动：向前滚缩小，向后滚放大。
(2)拖动：旋转视图。
(3)双击：全屏显示。
(4)Ctrl 键+拖动：平移画布。
(5)Shift 键+拖动：缩放画布。

3. 鼠标右键

鼠标右键的操作说明如下：
(1)单击：显示快捷菜单栏。
(2)拖动：快捷操作方式(不同图纸操作方式不同，如图 1-16、图 1-17、图 1-18 所示)。

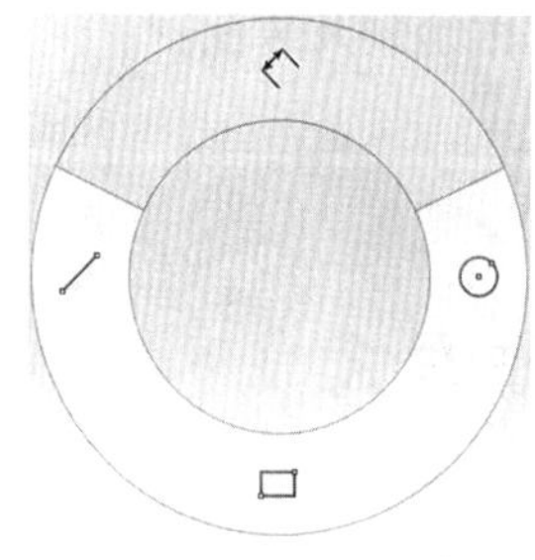
图 1-16　“草图”鼠标快捷操作

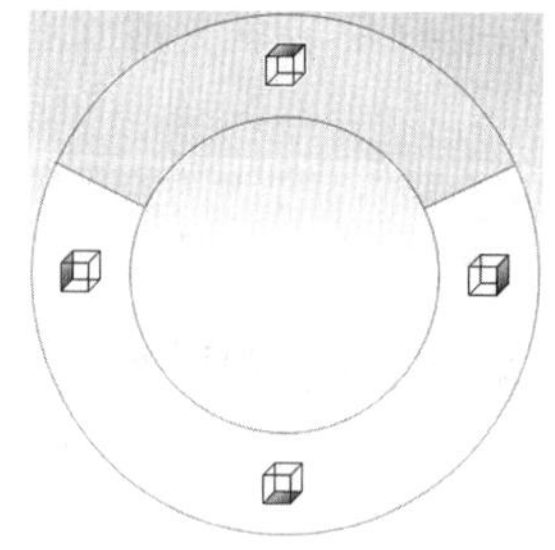
图 1-17　“零件/装配图”鼠标快捷操作

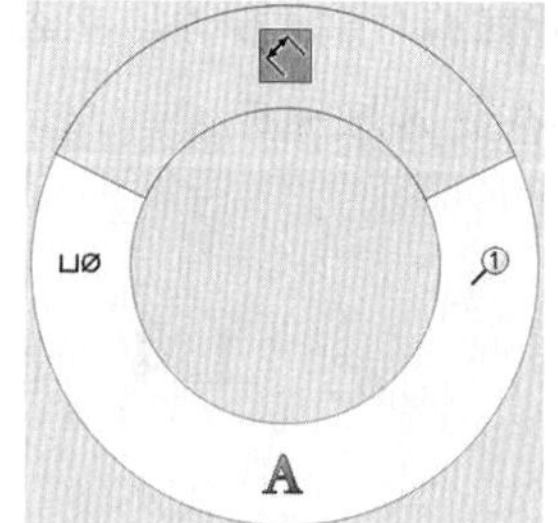

图 1-18　“工程图”鼠标快捷操作

鼠标笔势根据个人使用感受不同进行修改，选择快捷工具栏“选项”右侧的下拉箭头 ⚙·，选择“自定义”，如图 1-19 所示，利用鼠标笔势进行修改，如图 1-20 所示。

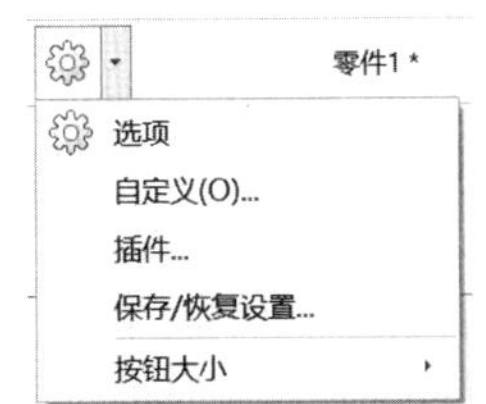

图 1-19　“自定义”选项

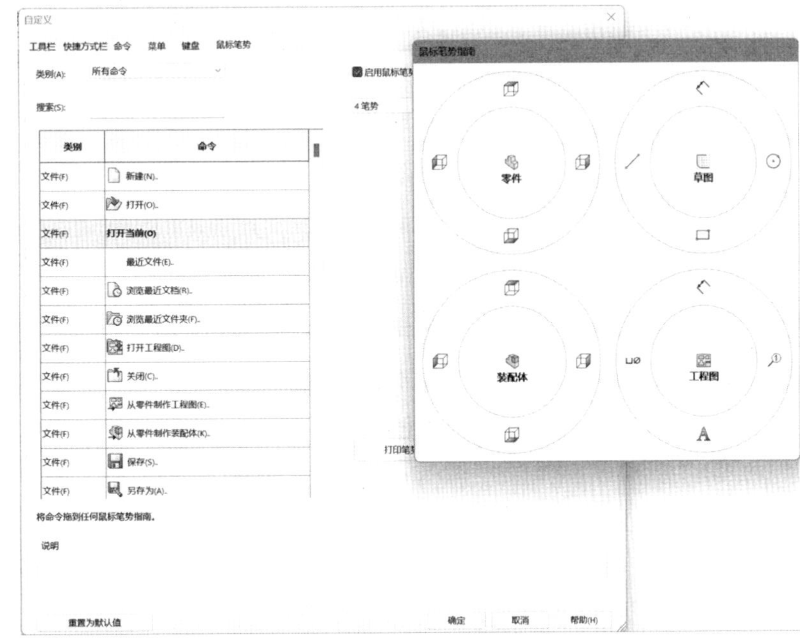

图 1-20　鼠标笔势修改

1.4.2　SolidWorks 常用快捷键

SolidWorks 是很多设计人员必备的一款电脑软件，占用非常大内存，使用起来也会比较麻烦。表 1-1 为 SolidWorks 的常用快捷键，使用快捷键绘图可以帮助用户节省很多时间，提高操作效率。

表 1-1　**SolidWorks 的常用快捷键**

快捷键	功能	快捷键	功能
Ctrl+O	打开文件	Shift+方向键	水平/垂直旋转模型 90°
Ctrl+W	关闭文件	Shift+Z	放大模型
Ctrl+S	保存文件	Shift+C	折叠所有项目
Ctrl+N	新建文件	Shift+F3	切换注释大写字母
Ctrl+P	打印文件	Shift+Tab	显示盘旋零件/实体
Ctrl+Z	撤回	A	直线圆弧切换

续表

快捷键	功能	快捷键	功能
Ctrl+C	复制	C	扩展/折叠树
Ctrl+V	粘贴	D	移动选择痕迹、确认角落
Ctrl+X	剪切	E	过滤边线
Ctrl+A	选择所有	F	整屏显示模型
Ctrl+R	屏幕重绘	G	放大镜
Ctrl+B	重建模型	L	直线
Ctrl+Q	强制重建	R	浏览最近文档
Ctrl+F	查找/替换	T	在几何图形上选择
Ctrl+T	显示平坦树视图	V	过滤顶点
Ctrl+Tab	切换打开的文件	X	过滤面
Ctrl+1	前视	Y	接受边线
Ctrl+2	后视	Z	缩小模型
Ctrl+3	左视	I	文件模型
Ctrl+4	右视	H	帮助
Ctrl+5	上视	W	命令
Ctrl+6	下视	F3	快速捕捉
Ctrl+7	等轴测	F5	打开/关闭选择过滤器
Ctrl+8	正视于	F6	切换选择过滤器
Ctrl+F1	任务窗格	F7	拼写检验程序
Ctrl+F2	欢迎使用 SolidWorks	F8	隐藏/显示任务窗格
Ctrl+F4	关闭窗口	F9	显示树区域
Ctrl+F6	下一个窗口	F10	工具栏
Ctrl+Shift+B	重建所有配置	F11	全屏
Ctrl+Shift+Q	强制重建所有配置	Tab	隐藏盘旋零件/实体
Ctrl+Shift+C	复制外观	Delete	删除
Ctrl+Shift+V	粘贴外观	空格	视图定向菜单
Alt+方向键	顺/逆时针旋转	Enter	重复上一指令
Alt+鼠标滚轮	平面旋转模型	Esc	放弃操作

1.5　SolidWorks 2024 的选项与自定义

1.5.1　SolidWorks 2024 的选项设置

单击快捷工具栏右侧的“选项” ，进行选项设置操作，具体内容如图 1-21 所示。

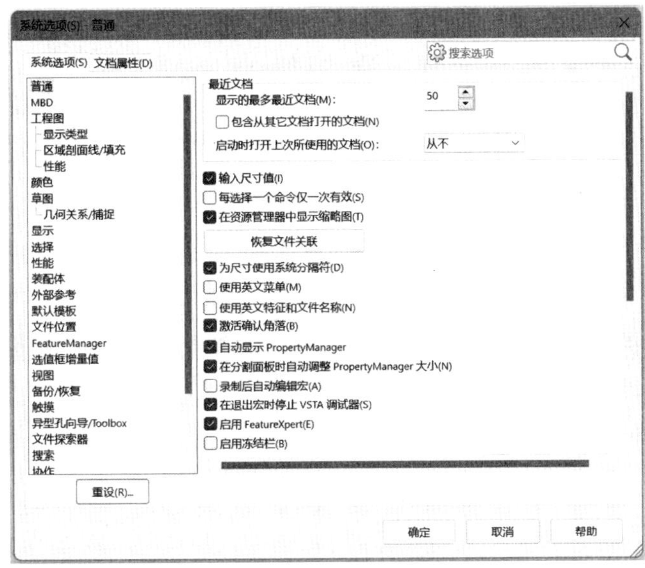

图 1-21　选项设置

1.5.2　建立文件模板

文件模板包括文件的基本工作环境，如度量单位、网格线、文字的字体字号、尺寸标注方式和线型等。单击“选项”，切换到“文档属性”，再选择“尺寸”，如图 1-22 所示。

按照国家标准的规定进行设置，完成后单击“确定”，再单击“保存”，打开“另存为”对话框，更改“保存类型”为“Part Templates（ * . prtdot）”，此时文件安装目录为：\ SOLIDWORKS 2024 \ templates。输入文件名为“gb_part. prtdot”，单击“保存”，生成新的零件模板，如图 1-23 所示。

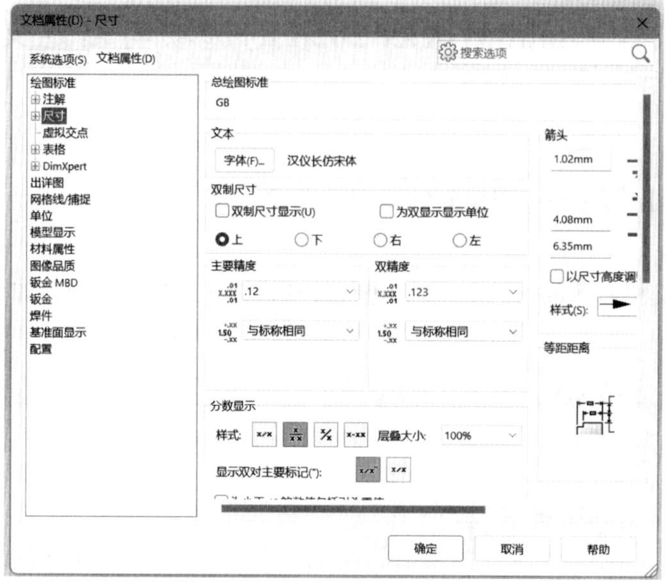

图 1-22　文档属性

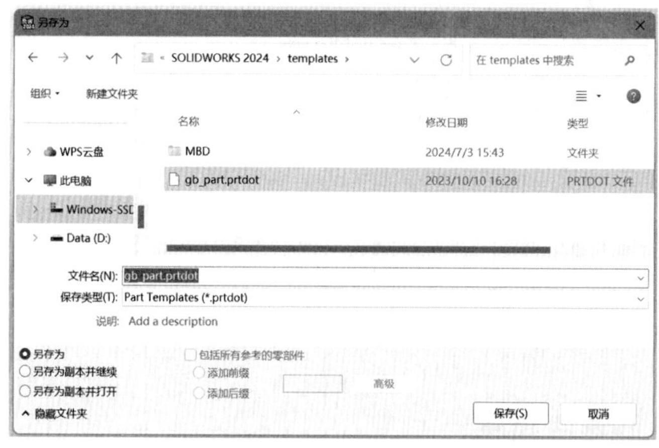

图 1-23　另存为模板文件

1.5.3　设置工具栏

若想将所需工具栏添加至工具面板，则单击“选项”右侧下拉箭头 ⚙ ·，单击“自定义”，再单击“工具栏”，选择所需要的工具栏，最后单击“确定”，界面如图 1-24 所示。

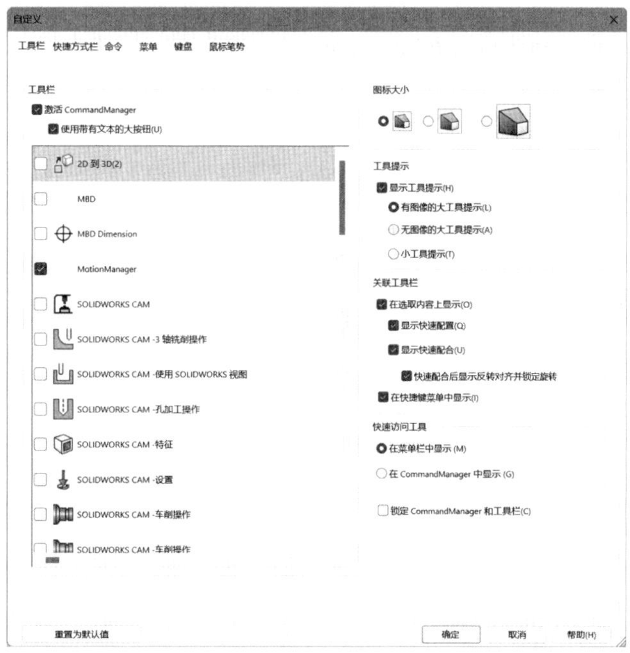

图 1-24　自定义工具栏

1.5.4　添加命令按钮

若工具栏里没有所需选项，可自行添加工具栏。单击“自定义”对话框中的“命令”选项，在“按钮”区域有所有的命令，如图 1-25 所示，将新增按钮拖拽至工具栏适当位置即可(减少命令按钮时，用同样方法拖回至“自定义”对话框)。

1.5.5　自定义快捷键

根据每个人的习惯不同，可以设置自定义快捷键，首先单击“选项”⚙·右侧下拉箭头，打开“自定义”对话框，再单击“键盘”选项卡，分别选取需定义快捷键命令所在的“类别”及“命令”。在“快捷键”文本框中输入所需字符，单击“确定”，完成设定，如图 1-26 所示。

1.5.6　背景设置

根据用户喜好更改背景设置，单击“选项”⚙，打开“系统选项”对话框，再单击“颜

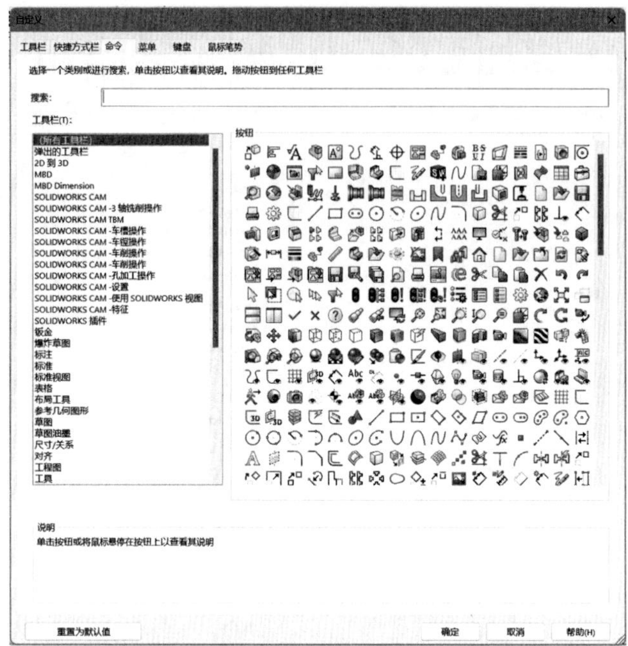

图 1-25　命令按钮

自定义

工具栏　快捷方式栏　命令　菜单　键盘　鼠标笔势

类别(A): 所有命令　　打印列表(P)...　复制列表(C)

显示(H): 所有命令　　移除快捷键(R)

搜索(S):

类别	命令	快捷键	搜索快捷键
文件(F)	新建(N)...	Ctrl+N	
文件(F)	打开(O)...	Ctrl+O	
文件(F)	打开当前(O)		
文件(F)	最近文件(E)...		
文件(F)	浏览最近文档(R)...	R	
文件(F)	浏览最近文件夹(F)...		
文件(F)	打开工程图(D)...		
文件(F)	关闭(C)...	Ctrl+W	
文件(F)	从零件制作工程图(E)...		
文件(F)	从零件制作装配体(K)...		
文件(F)	保存(S)...	Ctrl+S	
文件(F)	另存为(A)...		
文件(F)	保存所有(L)...		

说明

重置为默认值　　确定　取消　帮助(H)

图 1-26　自定义快捷键

色”，在颜色方案设置中单击“视区背景”，然后单击“编辑”按钮，会弹出“颜色”对话框，如图 1-27 所示，选择所需颜色，最后单击“确定”，保存颜色设置即可。

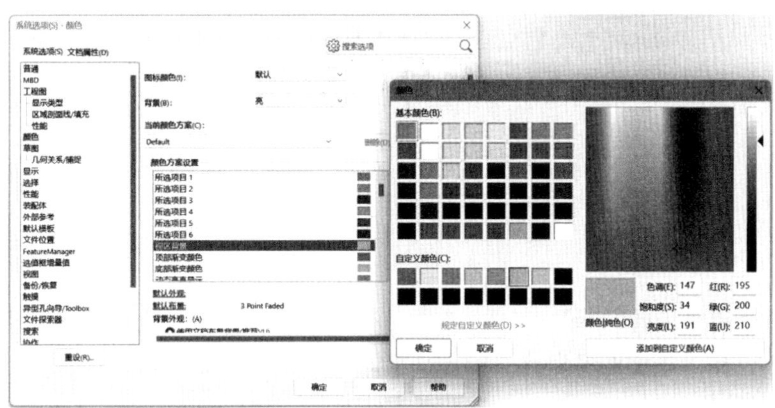

图 1-27　背景颜色设置

第 2 章

二维草图绘制

二维草图绘制与编辑是 SolidWorks 建模的基础。熟练掌握相关命令，能迅速绘制符合要求的草图，为后续建模提供支撑。同时，应注意草图绘制的准确性和规范性，确保模型符合要求。

本章重点：

- 二维草图的绘制
- 二维草图的编辑命令
- 二维草图的几何约束

2.1 走进二维草图

2.1.1 草图坐标系及基准面

1. 坐标系

SolidWorks 提供了一个默认坐标系，是由前视基准面、上视基准面、右视基准面组成的一个正交平面坐标系。进入零件模块后，在绘图区左下角会显示“坐标系”图标，分别对应 X、Y、Z 三个坐标方向，绘图区中心会出现“原点”指示图标。

2. 基准面

基准面有三种形式：前视基准面、上视基准面和右视基准面。前视基准面对应画法几何中的正视图，上视基准面对应俯视图，右视基准面对应右视图。

1) 选择默认基准面为草图绘制平面

鼠标左键单击设计树中的任一“基准面”，会出现“草图绘制”图标，如图 2-1 所示，单击该图标进入草图环境。

2) 选择已有模型的平面作为草图基准面

鼠标左键单击已有模型的任一“平面”，弹出关联工具栏，如图 2-2 所示，单击“草图绘制”即可进入草图环境。

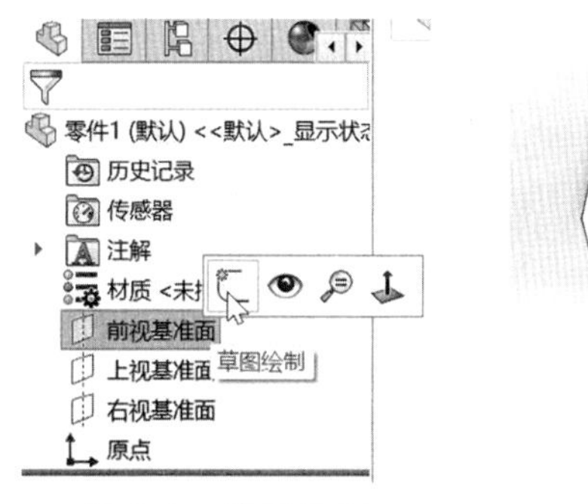

图 2-1　草图绘制

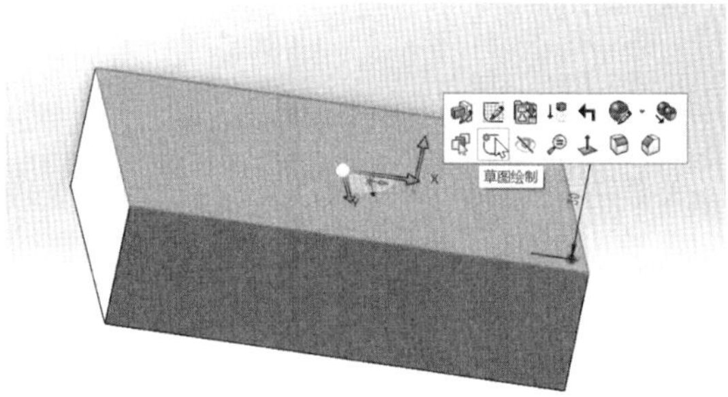

图 2-2　平面上草图绘制

3) 创建新的基准面进行草图绘制

若以上两种都不满足用户要求，就可以利用“特征”面板中“参考几何体”命令中的“基准面”命令来创建新的基准面，如图 2-3 所示。

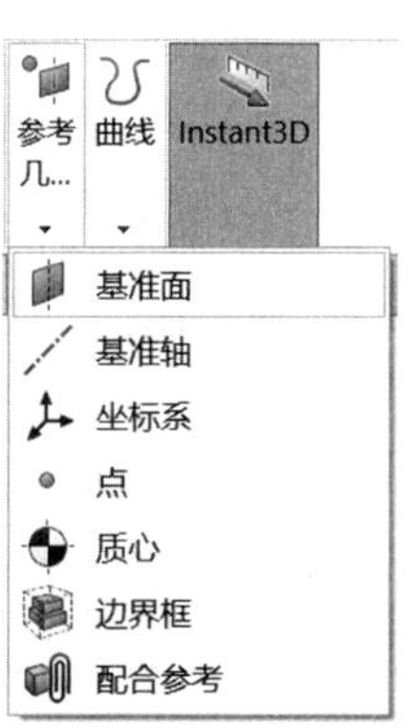

图 2-3　新建基准面进行草图绘制

3. 基准面对话框的参考

1) 偏移(平行)平面

选取一个“面/基准面”为第一参考，设定新基准面对于参考面的偏移“距离”，如图2-4所示。

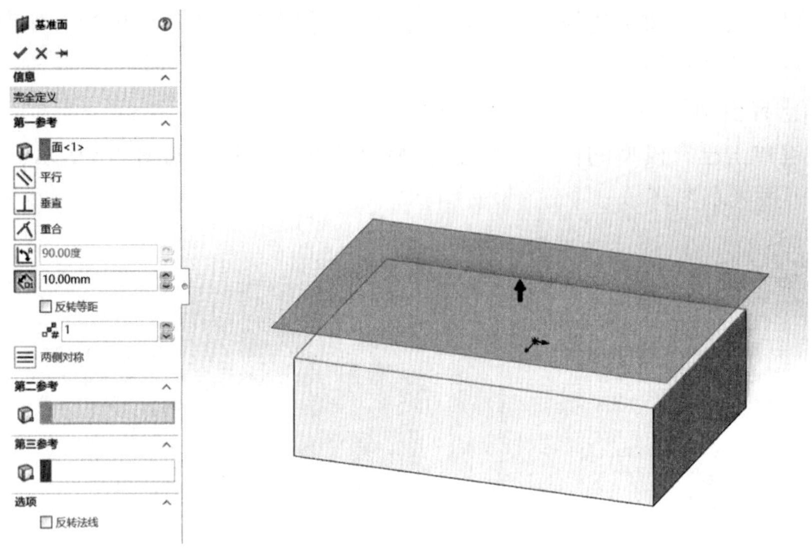

图 2-4　偏移平面

2) 夹角平面

选取一个“面/基准面”为第一参考，选定一条“边线/直线”为第二参考，设定新基准面基于参考线与参考面有一定“夹角”，如图 2-5 所示。

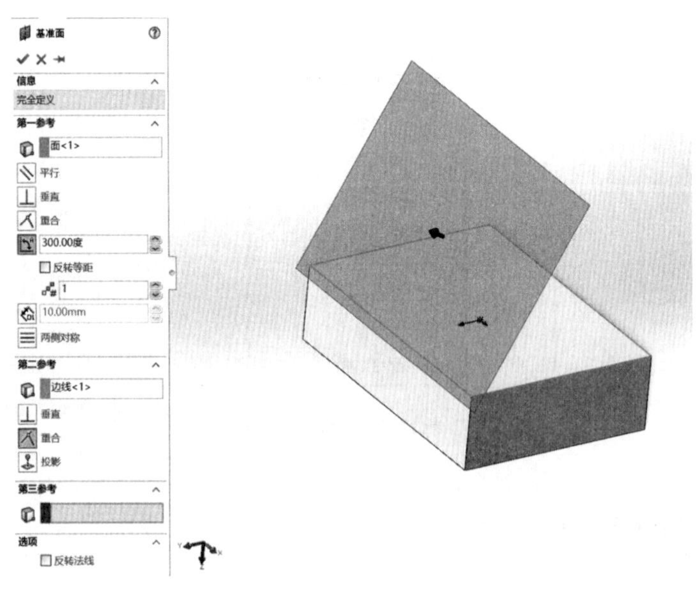

图 2-5　夹角平面

3)垂直于线的平面

垂直于一条“直线/曲线”，将这条线作为第一参考，取任一“端点”为第二参考，如图 2-6 所示。

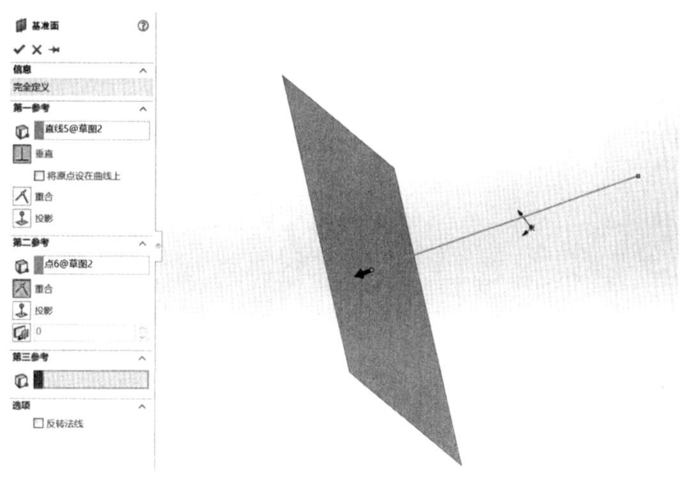

图 2-6 垂直于线的平面

4)相切面

通过一个圆弧面和位于此圆弧面上的点，确定新基准面，第一参考为“圆弧面”，第二参考为圆弧面上的“点”，如图 2-7 所示。

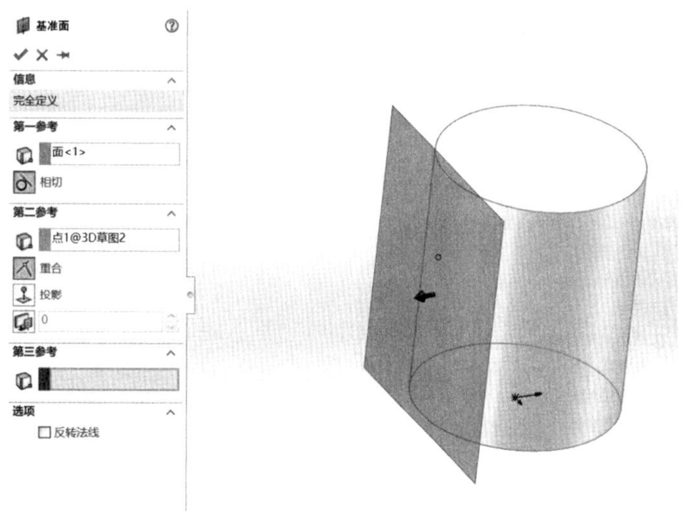

图 2-7 相切面

5）三点定面

通过任意三个点确定一条平面，三个“点”分别为三个参考，如图 2-8 所示。

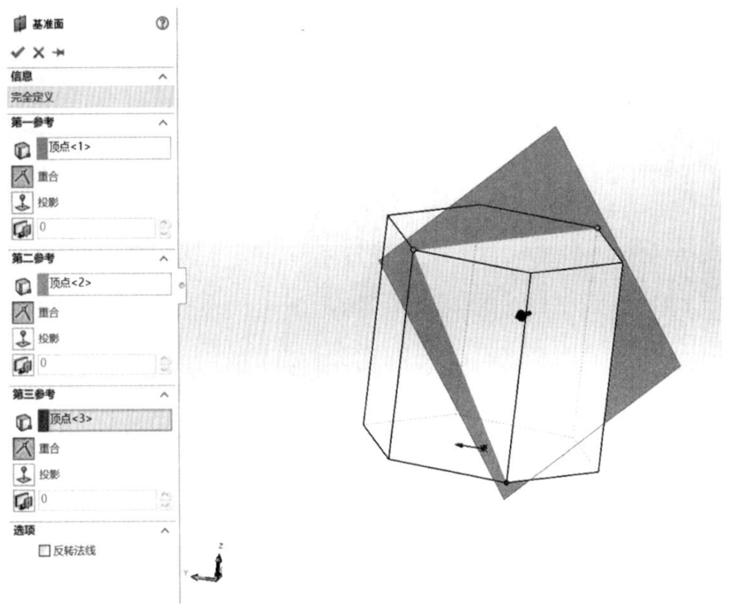

图 2-8　三点定面

2.1.2　进入草图绘制环境

方法一：选择新建的“草图”，再单击草图面板中的“草图绘制”，进入草图环境，如图 2-9 所示。

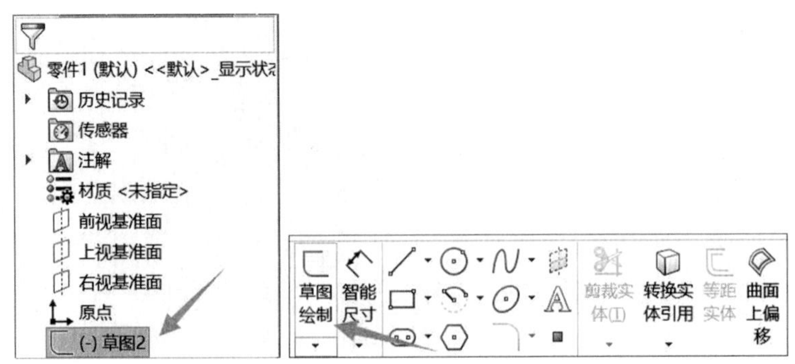

图 2-9　由草图面板进入草图环境

方法二：鼠标左键/右键单击设计树中的“草图”，弹出“草图绘制”图标，单击图标进入草图环境，如图 2-10 所示。

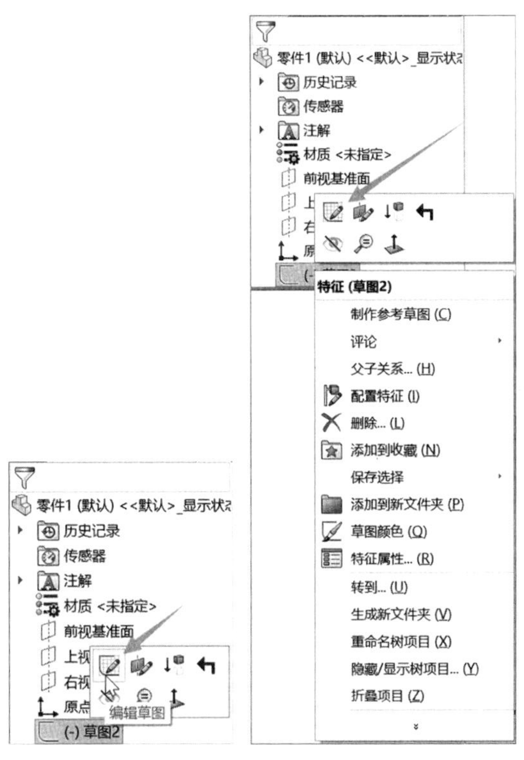

图 2-10　由设计树进入草图环境

2.1.3　退出草图绘制环境

方法一：在绘图区右上角有两个图标，一个是“保存修改退出草图”，一个是“不保存修改退出草图”，根据自身需要单击相应图标即可，如图 2-11 所示。

方法二：单击草图面板中的“退出草图”，退出草图环境，如图 2-12 所示。

图 2-11　绘图区中的“退出草图”

图 2-12　草图面板中的“退出草图”

2.1.4　草图的状态

1. 欠定义

未完全定义的草图几何体是蓝色的，这时草图处于不确定的状态，即欠定义，如图 2-13 所示。未完全定义的草图可以通过拖动改变其形状，但有太多不确定性。

2. 完全定义

一般用于特征造型的草图应该是完全定义的，草图是黑色的，具有完整的信息，且唯一确定，如图 2-14 所示。

3. 过定义

过定义的草图是红色的，有重复或互相矛盾的约束条件，如图 2-15 所示。

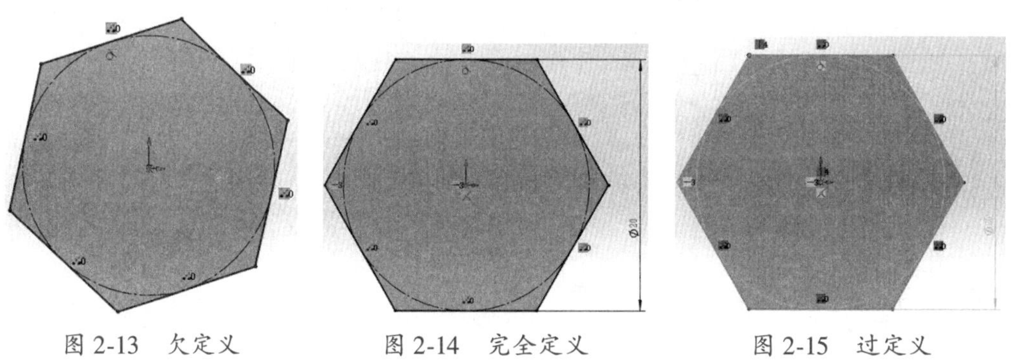

图 2-13　欠定义　　图 2-14　完全定义　　图 2-15　过定义

4. 无解

草图未解出，如图 2-16 所示，同时弹出草图无法解出的提示，如图 2-17 所示。

5. 无效几何体

草图虽解出但会导致无效的几何体，草图为黄色，系统会报错，如图 2-18 所示。

对于过定义或者无解的草图，结束草图时，系统会弹出报错提示对话框，如图 2-19 所示。

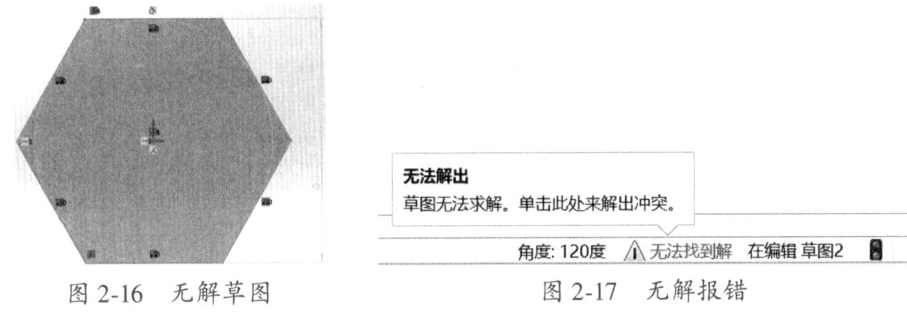

图 2-16 无解草图

图 2-17 无解报错

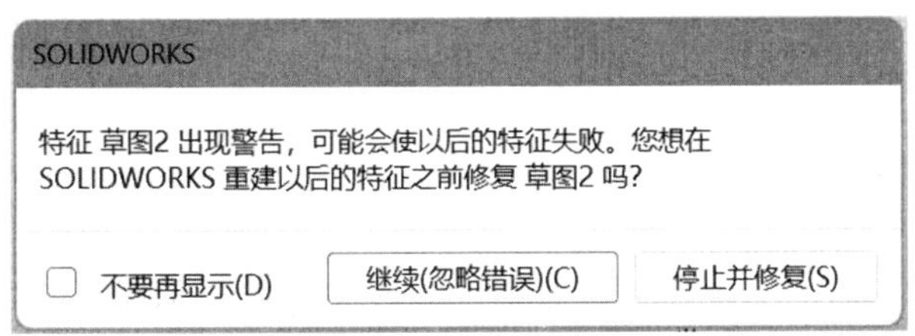

图 2-18 几何体报错

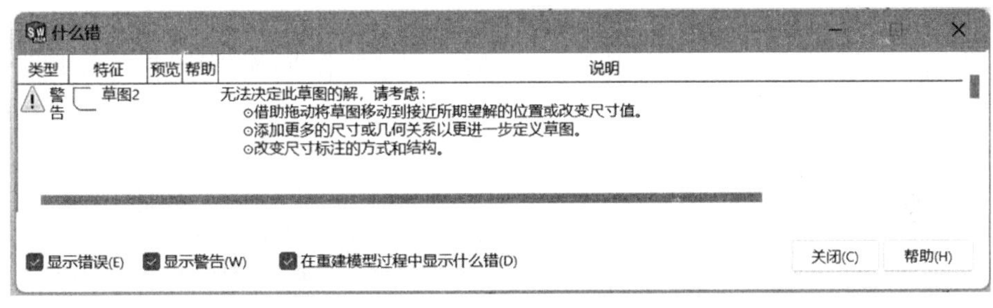

图 2-19 过定义/无解报错

2.2 草图绘制命令

常用的草图绘制命令包括绘制直线、矩形、平行四边形、多边形、圆、圆弧、椭圆、抛物线、样条曲线、点、中心线和文字等，如图 2-20 所示。

2.2.1 绘制直线

SolidWioks 2024 支持 3 种直线的绘制，如图 2-21 所示，分别是直线、中心线及中点线。

图 2-20　常用的草图绘制命令

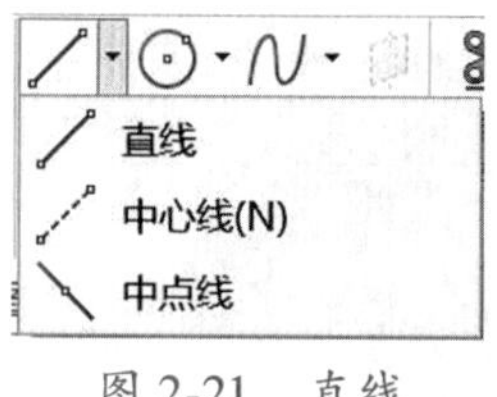

图 2-21　直线

1. 绘制方式

(1)单击-单击：单击“起点”，再单击“终点”，采用这种方式可以连续画线。

(2)单击-拖动：鼠标左键选择“起点”，并按住鼠标左键不放，拖动到“终点”，松开鼠标，这样可以绘制单条直线。

2. 绘制直线步骤

(1)单击草图面板中的“直线”按钮╱·，移动鼠标指针到绘图区，鼠标指针的形状变成⤡，表明当前绘制的是直线。

(2)水平移动时，鼠标指针带有形状 −，说明绘制的是水平线，系统会自动添加“水平”几何关系，如图 2-22 所示。

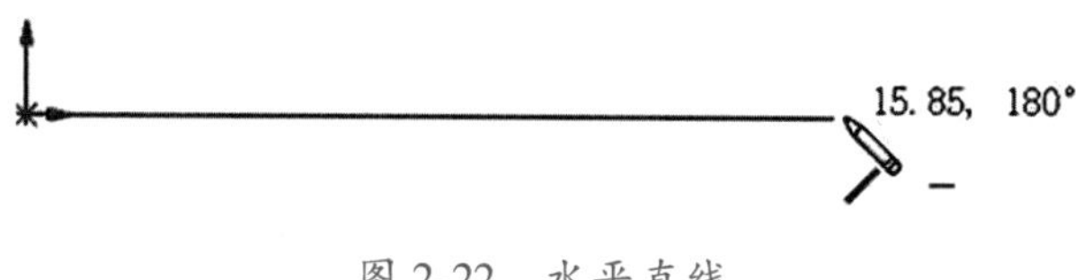

图 2-22　水平直线

竖直移动时，鼠标指针带有形状 |，说明绘制的是竖直线，如图 2-23 所示。

(3)绘制时出现的黄色或蓝色的虚线为推理线。蓝色说明所绘线条和推理线重合，黄色则为不重合。鼠标指针的右下角的黄色方块为推理约束，在有推理约束的情况下绘制能自动加入此约束，如图 2-24 所示。

结束绘制的方法有以下四种：

(1)单击左侧对话框中的“确定”按钮✓。

(2)双击绘图区空白部分。

(3)按键盘左上角 Esc 键。

(4)再次单击“直线”命令╱。

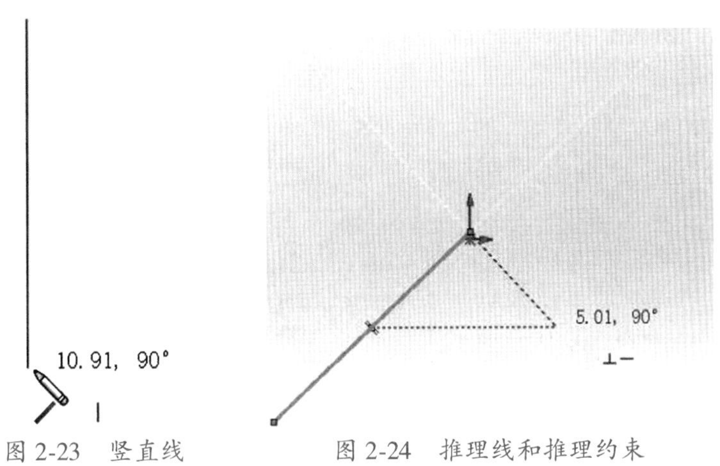

图 2-23 竖直线　　图 2-24 推理线和推理约束

3. 中心线和构造线

中心线主要用作参考线、旋转轴、镜像轴等，而构造线主要用来辅助生成草图实体及几何体的，两者绘制方法都与直线无异。在生成特征时，中心线和构造线都会被忽略。

4. 利用草图上已绘制的直线转换为构造线

(1) 鼠标左键单击所需转换的"直线"，左侧会弹出属性对话框，勾选"作为构造线"选项即可，如图 2-25 所示。

(2) 鼠标右键单击所需转换的"直线"，弹出快捷菜单，再单击"构造几何线"按钮 ⇄，如图 2-26 所示。

2.2.2 绘制矩形

1. 绘制方式

1) 单击-单击

鼠标左键单击"起点"，移动后再单击"终点"。

2) 单击-拖动

在绘图区用鼠标左键单击"起始点"，并按住鼠标左键不放，拖动到"结束点"，再松开鼠标即可。

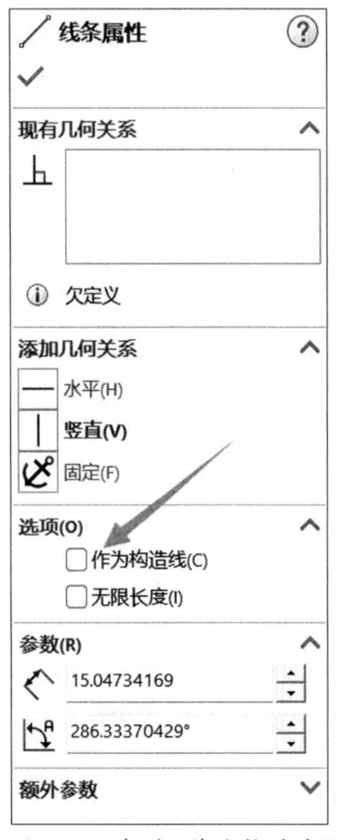

图 2-25　勾选“作为构造线”

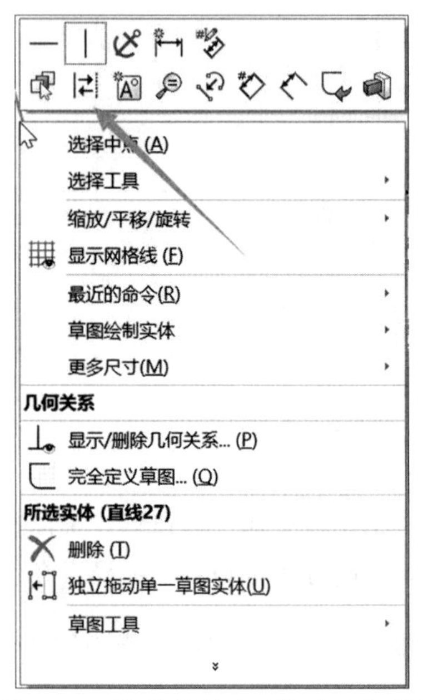

图 2-26　快捷菜单中“构造几何线”

2. 绘制矩形步骤

1) 边角矩形

通过确定矩形的两个极限点位，确定矩形的形状。单击草图绘制面板中的“边角矩形”□按钮，此时鼠标指针变为形状，即可绘制矩形。如图 2-27 所示，起点为左上角，终点为右下角。

2) 中心矩形

通过确定矩形的几何中心点和极限位置来确定矩形的形状。单击草图绘制面板中的“边角矩形”右侧下拉按钮□·，单击“中心矩形”，此时鼠标指针变为形状，即可绘制矩形，如图 2-28 所示。

3) 3 点边角矩形

通过三个点确定矩形形状，同上单击“边角矩形”右侧下拉按钮□·，选择“3 点边角矩形”，此时鼠标指针变为形状，即可绘制矩形，如图 2-29 所示。

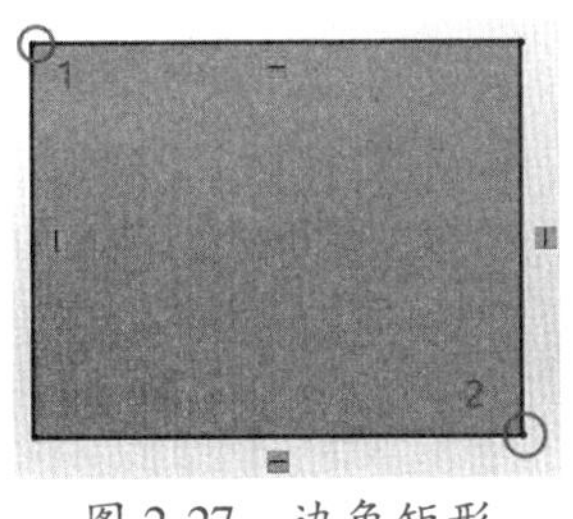

图 2-27 边角矩形

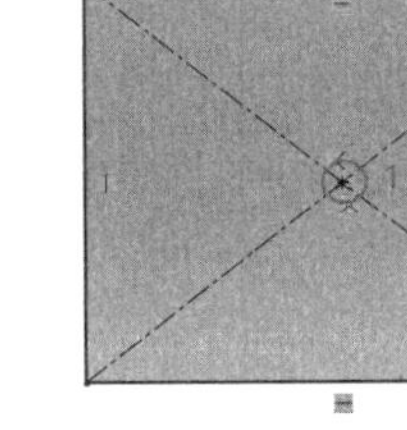

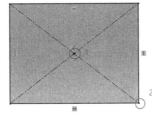

图 2-28 中心矩形

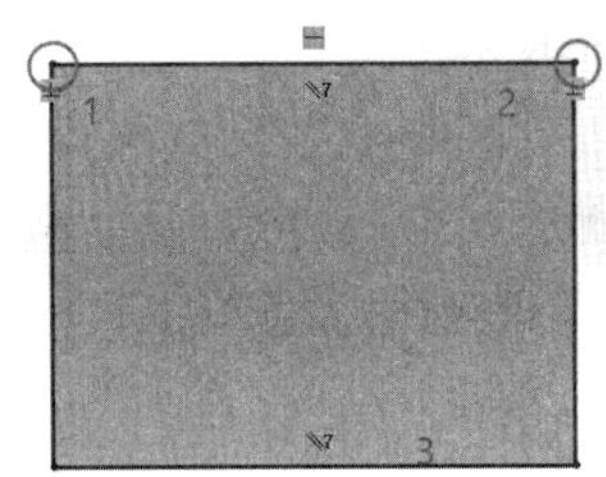

图 2-29 3 点边角矩形

4)3 点中心矩形

通过一个中心点和两个极限点，确定矩形形状。单击“边角矩形”右侧下拉按钮，选择“3 点中心矩形”，此时鼠标指针变为形状，即可绘制矩形，如图 2-30 所示。

5)平行四边形

通过三个点绘制特殊矩形(平行四边形)的形状。单击“边角矩形”右侧下拉按钮，选择“平行四边形”，此时鼠标指针变为形状，即可绘制平行四边形，如图 2-31 所示。

在绘图区左侧有矩形属性对话框，在“矩形类型”中也可以选择绘制的矩形类型，每个按钮有对应的绘制步骤，初学者可以参考其绘图，如图 2-32 所示。

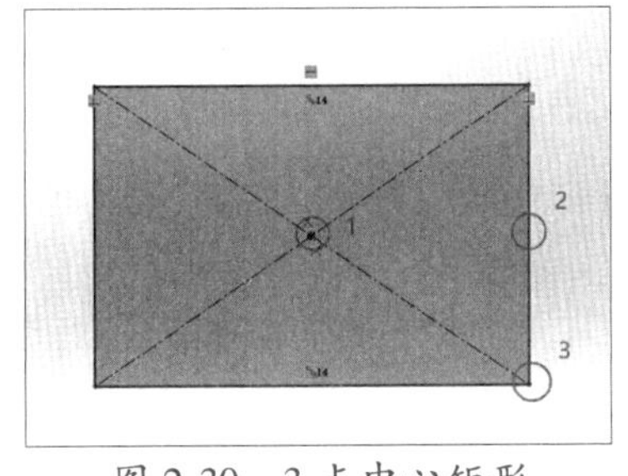

图 2-30 3 点中心矩形

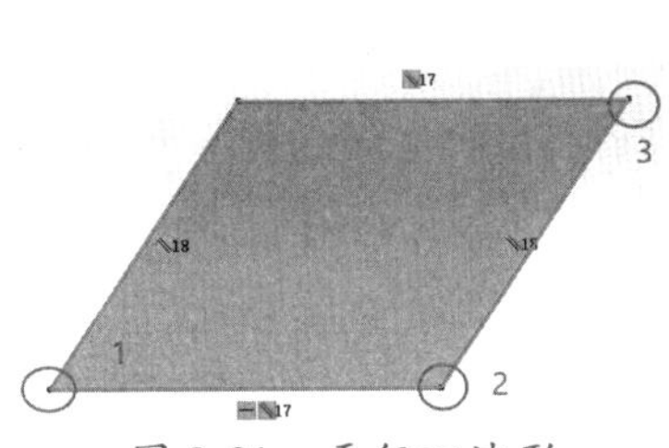

图 2-31 平行四边形

图 2-32 “矩形”属性对话框

2.2.3 绘制圆

1. 绘制方式

圆有两种绘制方式：单击-单击和单击-拖动，操作与上述矩形绘制操作一致。

2. 绘制圆

1)圆形

单击草图面板中的“圆形”按钮，此时鼠标指针变为形状，即可绘制圆形，如图

2-33 所示。

2）周边圆

单击草图面板“圆形”右侧下拉按钮 ⊙·，选择击“周边圆”，此时鼠标指针变为形状，即可绘制周边圆，如图 2-34 所示。

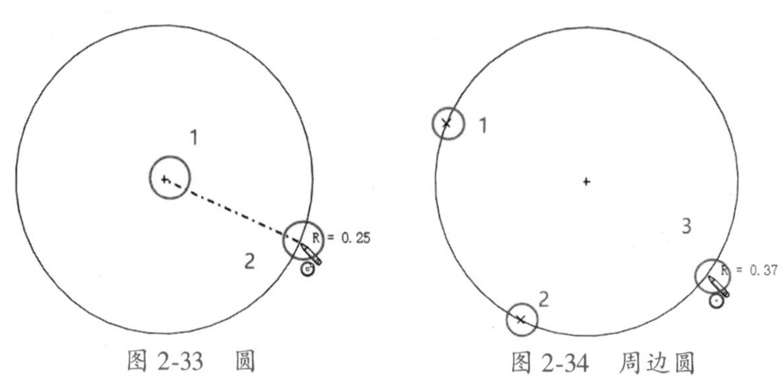

图 2-33　圆　　　　图 2-34　周边圆

2.2.4　绘制圆弧

1. 圆心/起/终点画弧

单击草图面板“圆心/起/终点画弧”按钮，此时鼠标指针变为形状，随后依次单击“圆心”位置、“圆弧起点”位置、“圆弧终点”位置，即可画出圆弧，如图 2-35 所示。

2. 切线弧

单击草图面板“圆心/起/终点画弧”的下拉按钮，单击“切线弧”，此时鼠标指针变为形状，随后单击第一个“点”（直线、圆弧、椭圆或样条曲线的端点），再拖动单击“圆弧终点”，即可画出圆弧，如图 2-36 所示。

3. 3 点圆弧

单击草图面板“圆心/起/终点画弧”下拉按钮，单击“3 点圆弧”，此时鼠标指针变为形状，随后单击“圆弧起点”，再单击“圆弧终点”，再拖动单击圆弧弯曲方向的一个“点”，即可画出圆弧，如图 2-37 所示。

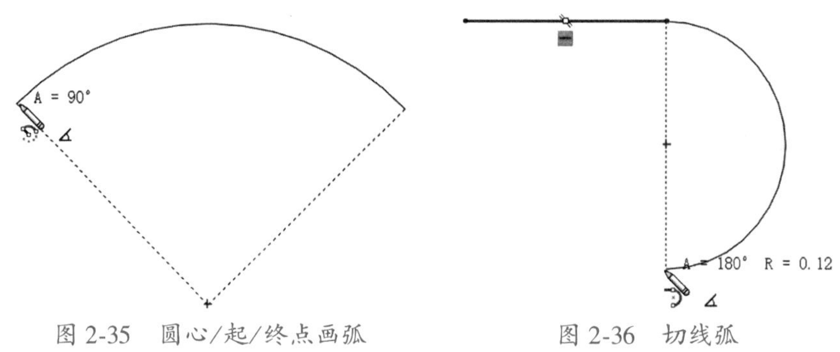

图 2-35 圆心/起/终点画弧　　图 2-36 切线弧

2.2.5 绘制多边形

单击草图面板“多边形”按钮，此时在绘图区左侧弹出属性对话框，如图 2-38 所示，在对话框中可以修改多边形的参数。设置完成后即可在绘图区绘图，方法与绘制圆形一致，如图 2-39 所示。

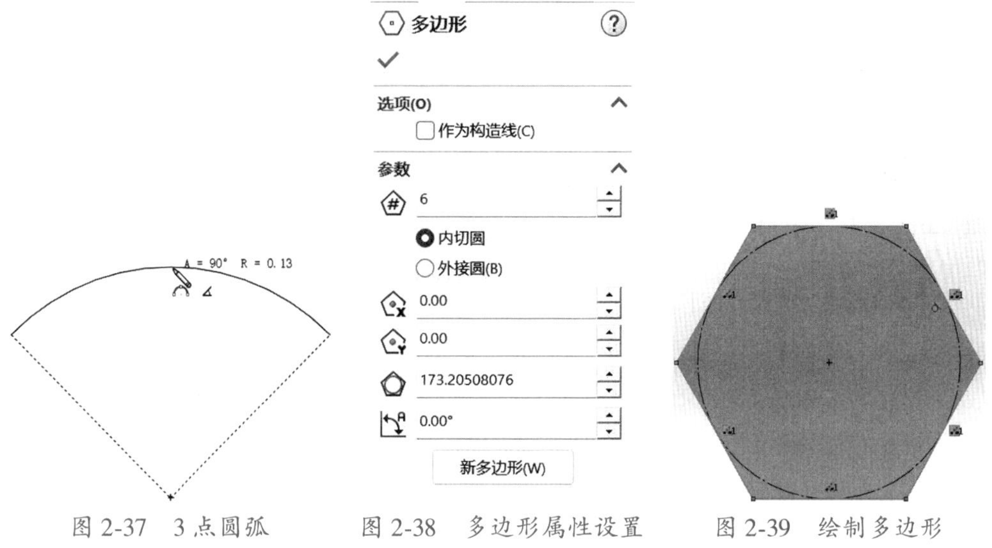

图 2-37 3 点圆弧　　图 2-38 多边形属性设置　　图 2-39 绘制多边形

2.2.6 绘制槽口

1. 直槽口

单击草图面板“直槽口”按钮，此时鼠标指针变为形状，单击槽口“左圆圆心”，再单击槽口“右圆圆心”，然后单击鼠标左键并拖动以确定槽口半径大小，即可画出槽口，如图 2-40 所示。

2. 中心点直槽口

单击草图面板“直槽口”下拉按钮，单击“中心点直槽口”，此时鼠标指针变为形状，单击“槽口中心”，再选择槽口“右圆圆心”，然后单击鼠标左键并拖动以确定槽口半径大小，即可画出槽口，如图 2-41 所示。

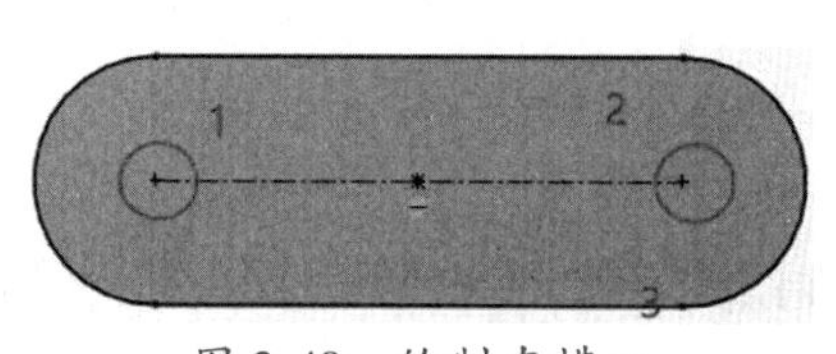

图 2-40　绘制直槽口

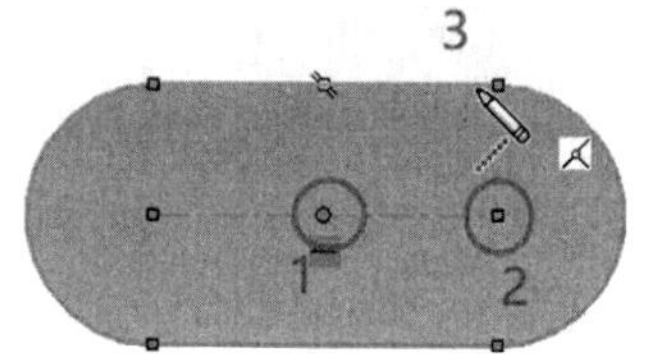

图 2-41　绘制中心点直槽口

3. 三点圆弧槽口

单击草图面板“直槽口”下拉按钮，选择“三点圆弧槽口”，此时鼠标指针变为形状，单击圆弧槽口“左端圆的圆心”，再选择“右端圆的圆心”，然后单击鼠标左键并拖动以确定槽口半径大小，即可画出圆弧槽口，如图 2-42 所示。

4. 中心点圆弧槽口

单击草图面板“直槽口”下拉按钮，选择“中心点圆弧槽口”，此时鼠标指针变为形状，单击圆弧槽口所在“圆弧的圆心”，随后单击圆弧槽口“右端圆的圆心”（圆弧起点），再单击圆弧槽口“左端圆的圆心”（圆弧终点），然后单击鼠标左键并拖动以确定槽口半径大小，即可画出圆弧槽口，如图 2-43 所示。

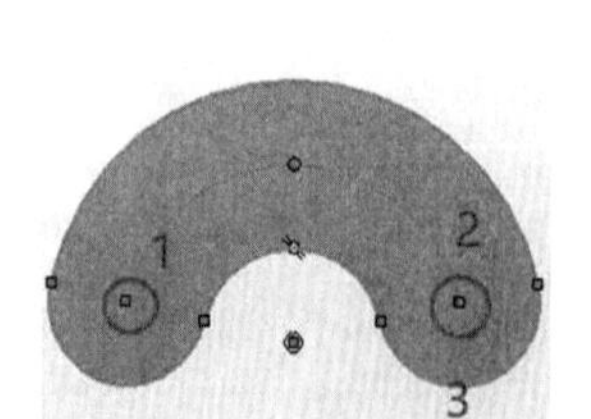

图 2-42　绘制三点圆弧槽口

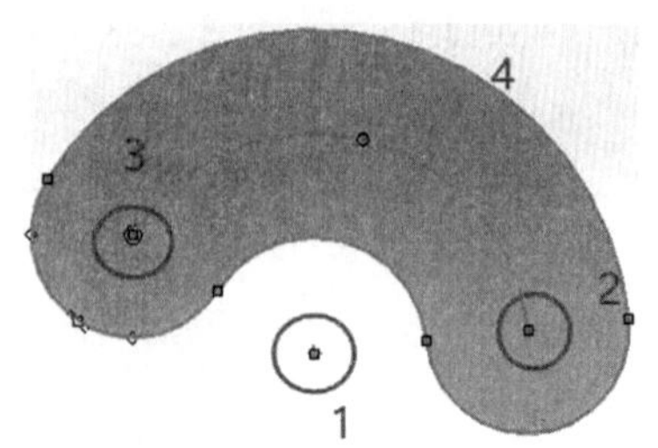

图 2-43　绘制中心点圆弧槽口

2.2.7 绘制样条曲线

1. 样条曲线

单击草图面板中的“样条曲线”按钮，鼠标指针的形状变成，单击样条曲线的“起始位置”，移动鼠标指针拖出样条曲线的第一段，再单击曲线的第二点，拖出曲线的第二段，依次单击“确定”其余各段，如图 2-44 所示，画完按 Esc 键即可退出。

2. 样式样条曲线

单击草图面板中的“样条曲线”下拉按钮，选择“样式样条曲线”进行绘制，样式样条曲线就是“贝塞尔曲线”，它是以确定每段线段的节点来确定曲线的弯曲程度，如图 2-45 所示。

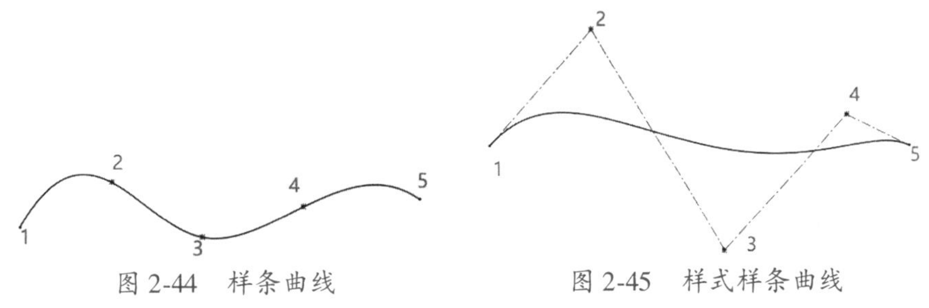

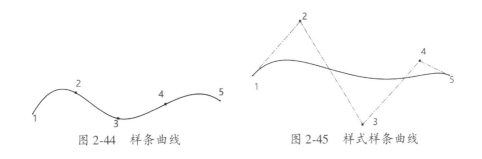

图 2-44　样条曲线　　　图 2-45　样式样条曲线

3. 方程式驱动的曲线

单击草图面板中的“样条曲线”下拉按钮，选择“方程式驱动的曲线”进行绘制，在绘图区左侧有方程式驱动的曲线属性对话框，如图 2-46 所示。在里面写入“方程式”“起点 X_1”和“终点 X_2”，就会在绘图区原点生成一条样条曲线，如图 2-47 所示。

2.2.8 绘制椭圆、抛物线和圆锥

1. 椭圆

单击草图面板中的“椭圆”按钮，此时鼠标指针变为形状，在绘图区单击椭圆的“圆心”，鼠标移动并单击第一轴（长轴/短轴）的“端点”，如图 2-48 所示。再单击另一轴的“端点”，即可完成绘制，如图 2-49 所示。

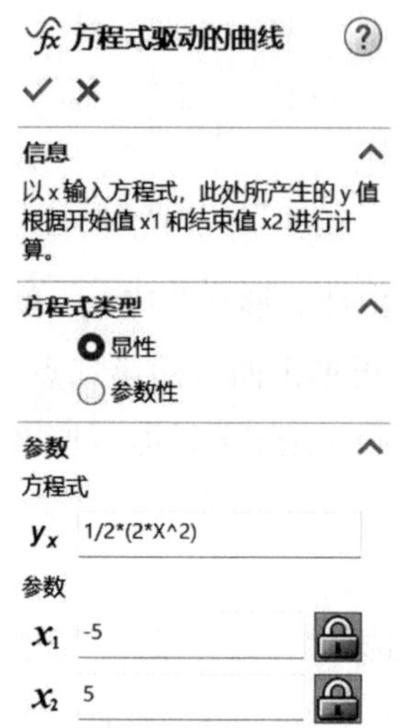

图 2-46　“方程式驱动的曲线”属性对话框

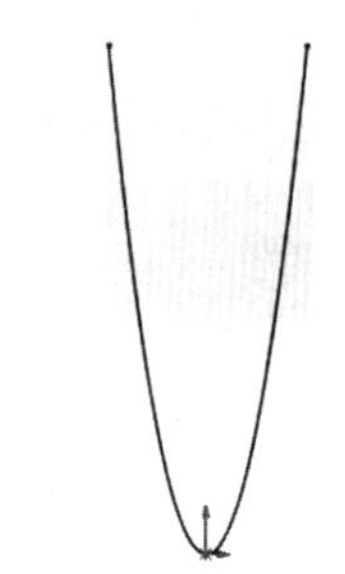

图 2-47　方程式驱动的曲线

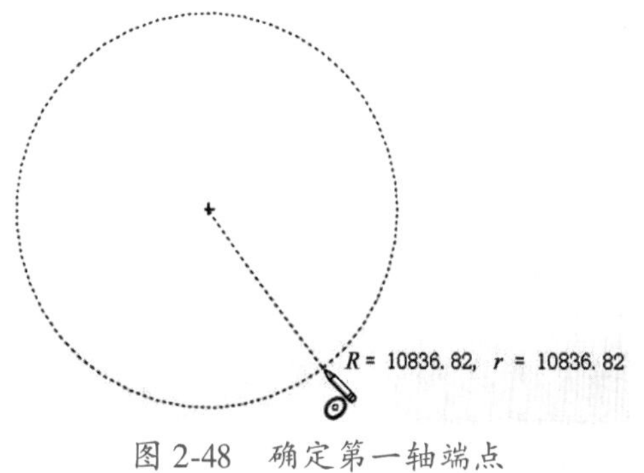

图 2-48　确定第一轴端点

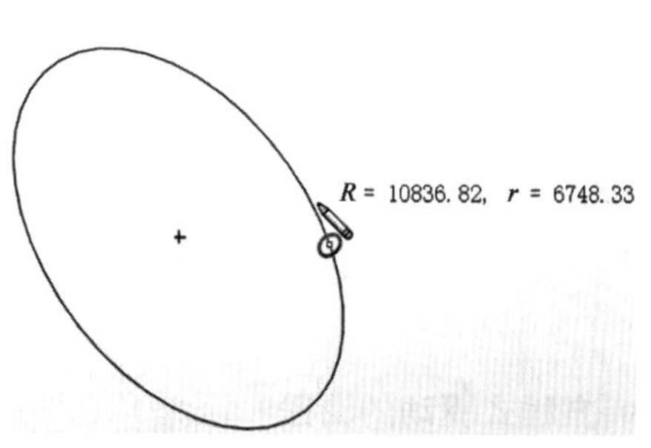

图 2-49　确定另一轴端点

2. 部分椭圆

单击草图面板中的“椭圆”下拉按钮，单击“部分椭圆”，此时鼠标指针变为形状，在绘图区单击椭圆的“圆心”，鼠标移动并单击第一轴(长轴/短轴)的“端点”，再单击另一轴的“端点”，且这个点为圆弧的“起点”，最后鼠标移动以确定圆弧“终点”，即可完成绘制，绘制如图 2-50 所示。

3. 抛物线

单击草图面板中“椭圆”下拉按钮，单击“抛物线”绘制，鼠标就变为形状，单击抛物线的“顶点”，如图 2-51(a)所示。再次单击抛物线“起点”位置，之后单击抛物线的

“终点”位置，即可绘制完成，如图 2-51(b)所示。

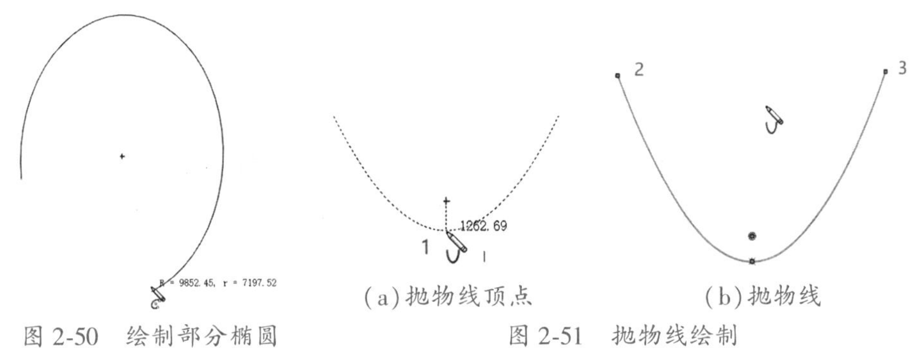

图 2-50 绘制部分椭圆

(a)抛物线顶点 (b)抛物线

图 2-51 抛物线绘制

4. 圆锥

单击草图面板中“椭圆”下拉按钮，单击“圆锥”绘制，鼠标就变为形状，在左侧的圆锥属性对话框中选中“自动相切”选项，在绘图区依次点击两独立曲线的“端点”，然后移动鼠标确定第三点位置，最后单击“确定”，如图 2-52 所示。

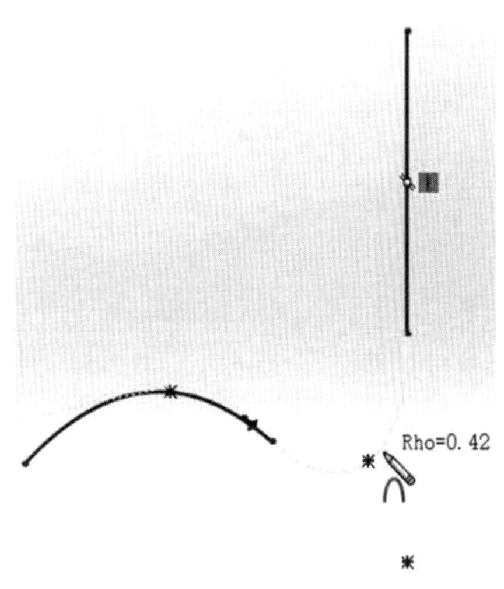

图 2-52 绘制圆锥

注意：锥形曲线可以参考现有的草图或模型几何体，也可以是独立的实体，还可以使用驱动尺寸为曲线标注尺寸，所得尺寸将显示 Rho(曲线饱满值)数值。Rho<0.5 时，曲线为椭圆；Rho=0.5 时，曲线为抛物线；Rho>0.5 时，曲线为双曲线。一般情况下，Rho 值越小，曲线越平坦；Rho 值越大，曲线越饱满。

2.2.9　绘制文字

选择草图面板中的“文字”按钮，绘图区左侧弹出草图文字属性对话框，如图 2-53 所示。修改属性参数，在曲线中选取一条边线或一个草图轮廓，所选文字会显示在“曲线”的上方。在“文字”选项组中可以输入要显示的文字。单击“字体”按钮，系统弹出“选择字体”对话框，如图 2-54 所示，可以设置字体、字号和字体样式等参数。最终效果如图 2-55 所示。

图 2-53　“草图文字”属性对话框

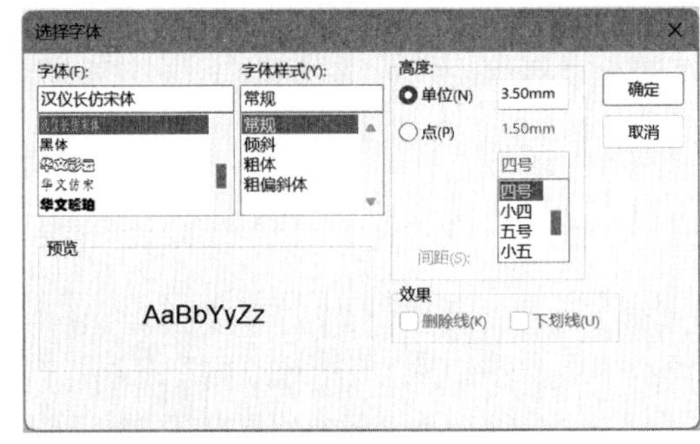

图 2-54　字体参数设置

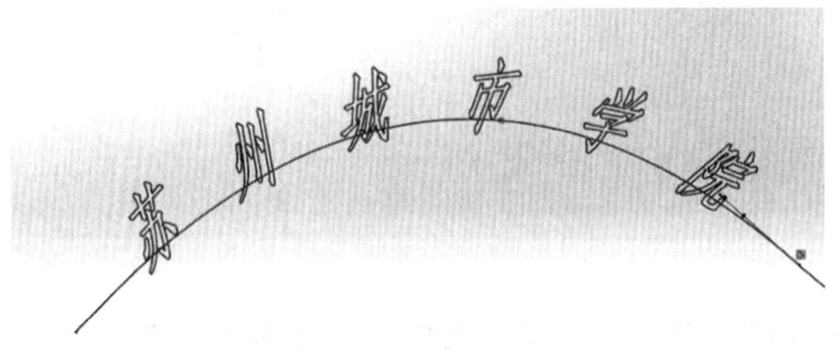

图 2-55　字体示例

2.3 草图编辑命令

常用的草图编辑命令有圆角、倒角、剪裁/延伸实体、转换实体引用、等距实体、镜像实体、线性草图阵列以及移动/复制/旋转实体等。它们在工具面板上的位置如图 2-56 所示。

图 2-56 草图编辑命令

2.3.1 实体的选取

(1)单选：单击选择一个实体。

(2)多选：按住 Ctrl 键，依次单击要选择的实体，这种方法效率较低。

(3)框选：按住鼠标左键“从左向右”框选，是将框内完全包容的实体选中，如图 2-57 所示。而“从右向左”框选是将框内包容实体以及边框交叉接触到的实体都选中，如图 2-58 所示。

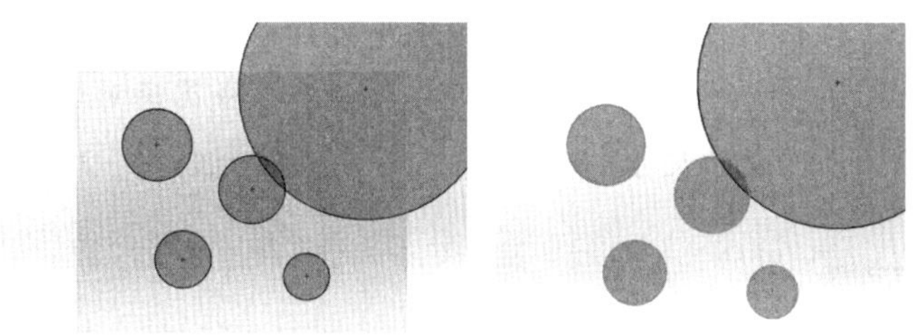

图 2-57 “从左向右”框选

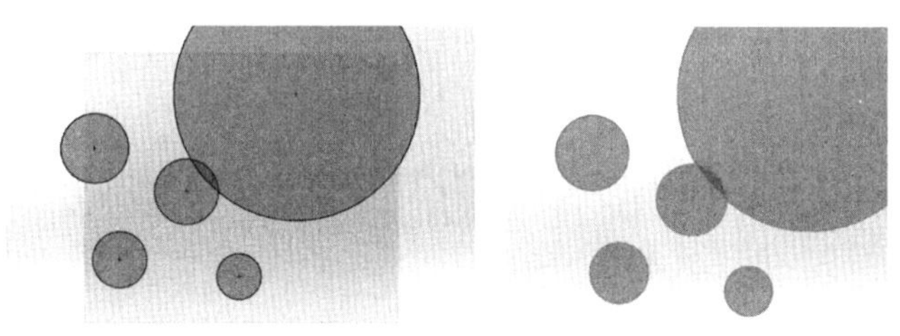

图 2-58 “从右向左”框选

2.3.2　绘制圆角

圆角是将两个草图实体生成一个与两个草图实体都相切的圆弧，单击草图面板中的“绘制圆角”按钮 ，此时在绘图区左侧弹出“绘制圆角”属性对话框，如图 2-59 所示。设置好圆角参数后，单击两条直线或单击要绘制圆角的两条线的“交点”即可绘制圆角，如图 2-60 所示。

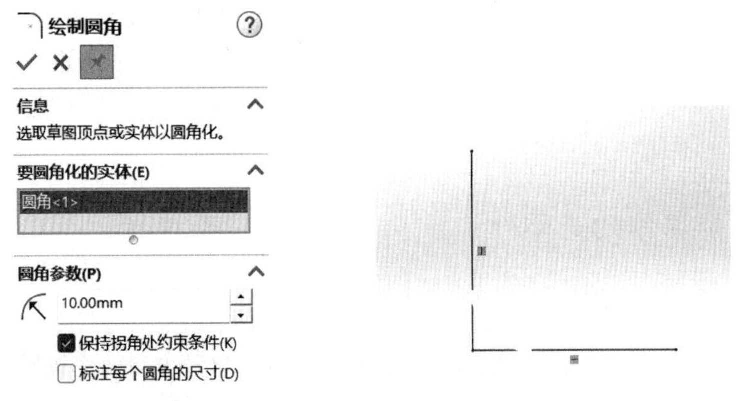

图 2-59　“绘制圆角”属性对话框　　　　图 2-60　绘制圆角

注意：(1)选中“保持拐角处约束条件”复选框，将保留虚拟交点，如果不选，且顶点具有尺寸或几何关系时，将会出现对话框询问是否想在生成圆角时删除这些几何关系。

(2)选中“标注每个圆角的尺寸”复选框，可将尺寸添加到每个圆角，如图 2-61 所示。

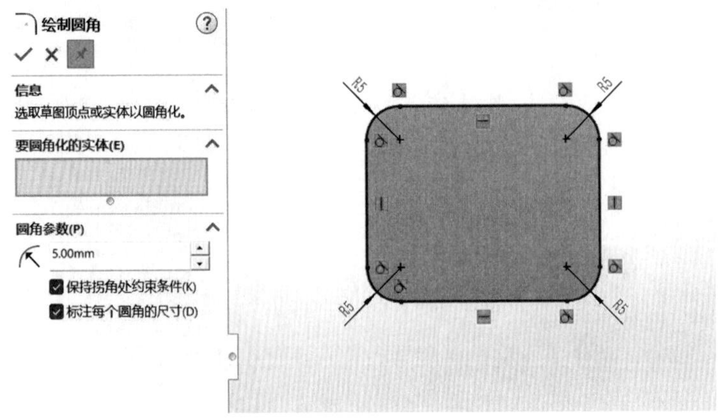

图 2-61　标注每个圆角的尺寸

2.3.3 绘制倒角

绘制倒角的步骤与绘制圆角相同，单击草图面板上的“绘制圆角”下拉按钮 ⌝·，单击“绘制倒角”，绘图区左侧会弹出绘制倒角属性对话框，设置好倒角参数后，单击两条直线或单击要绘制倒角的两条线的“交点”即可绘制倒角。

勾选绘制倒角属性对话框中“角度距离”可设置倒角的距离和倒角角度，如图 2-62 所示。

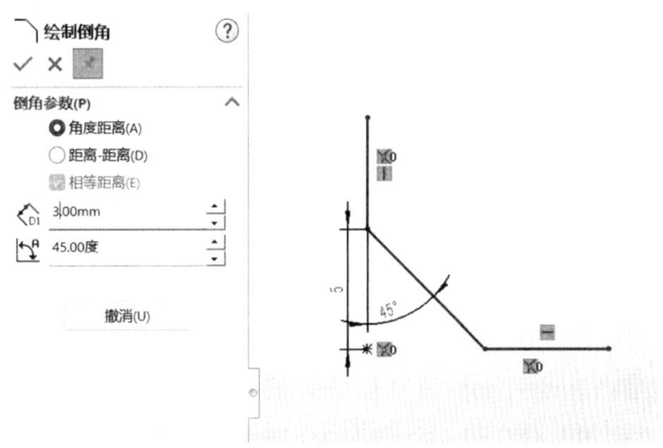

图 2-62　角度距离设置

“距离-距离”选项用于是设置两个倒角的距离，如图 2-63 所示。

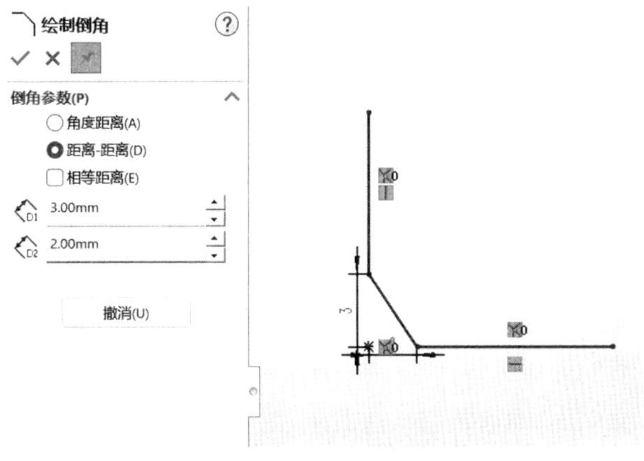

图 2-63　两个倒角的距离设置

勾选“相等距离”复选框，可以绘制等距离倒角，如图 2-64 所示。

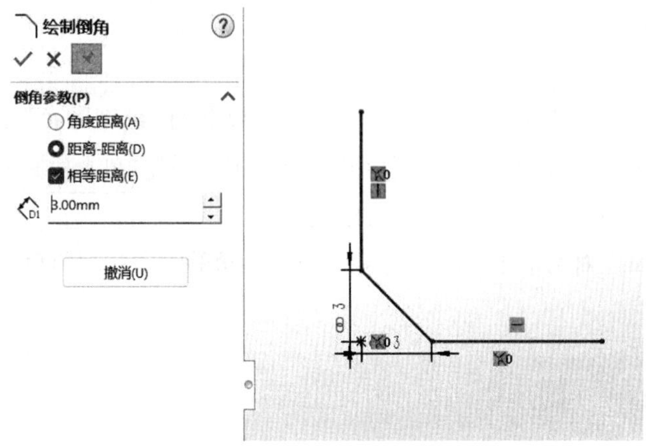

图 2-64　绘制等距离倒角

2.3.4　等距实体

等距实体的作用是将其他特征的边线以一定的方向偏移一定的距离。

选择一个或多个“草图实体”、一个模型“面”，或一条模型“边线”。单击草图面板上的“等距实体”按钮，绘图区左侧弹出等距实体属性对话框。设置好相关参数后，单击“确定”即可生成等距实体，如图 2-65 所示。

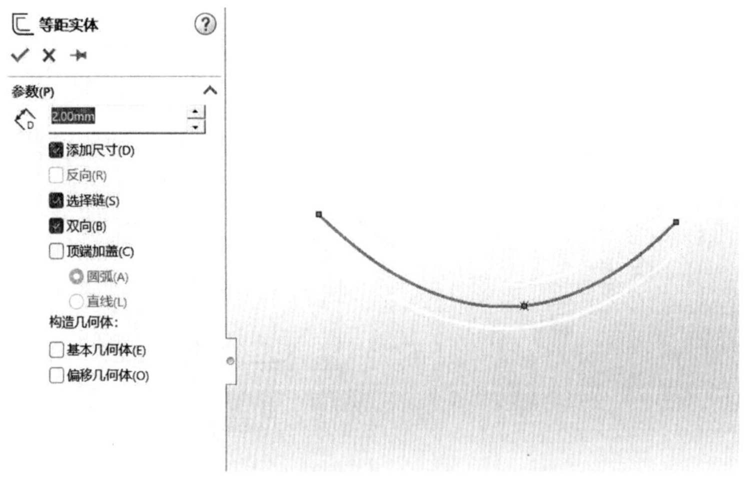

图 2-65　”等距实体“属性对话框

等距实体属性对话框中各选项的含义如下：

(1)添加尺寸：标注等距的距离。

(2)反向：相反方向生成等距实体。

(3)选择链：所有连续草图实体都生成等距。

(4)双向：双向生成等距实体。

(5)顶端加盖：通过选择双向并添加顶盖来延伸原有非相交草图实体。

(6)构造几何体：使用基本几何体、偏移几何体或这两者将原始草图实体转换为构造线。

2.3.5 转换实体引用

转换实体引用可通过投影线/面到另一草图基准面上生成一条或多条曲线，在两个特征之间形成父子关系，父特征变化会引起子特征的变化。

首先绘制一幅“草图”，选择引用的草图“边界”，再单击草图面板中的“转换实体引用”按钮，该边界就会投影到草图面上，且完全定义，如图 2-66 所示。

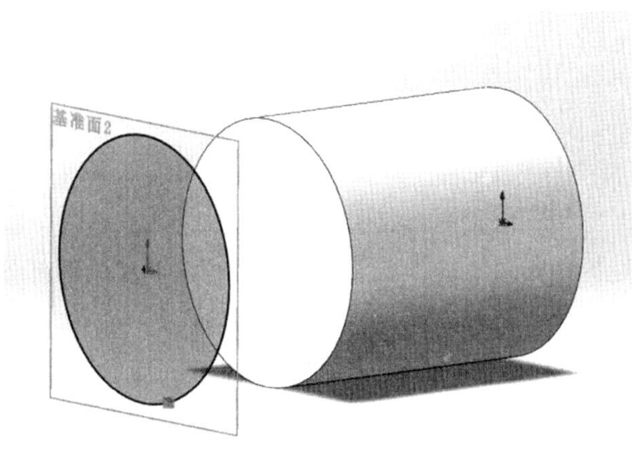

图 2-66 转换实体引用

2.3.6 剪裁实体

(1)强劲剪裁：按住并拖动鼠标指针划过需裁剪的线段，即可完成裁剪，如图 2-67 所示。

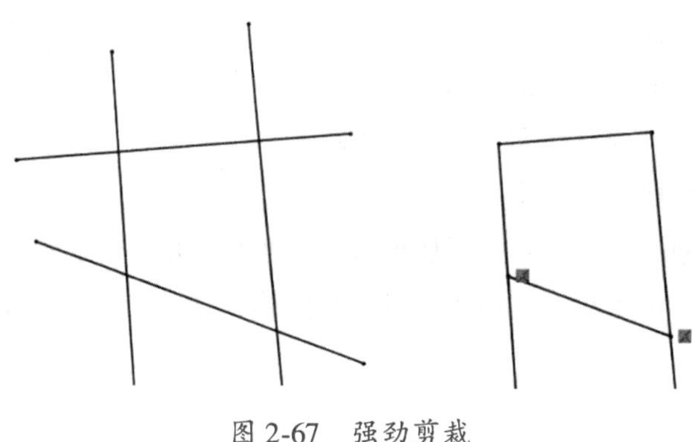

图 2-67　强劲剪裁

(2)边角：选择两条相交(或延伸线能相交)的直线，剪裁两条直线在选择点另一侧至相交点的部分(没有相交的直线可延伸至交点)，如图 2-68 所示。

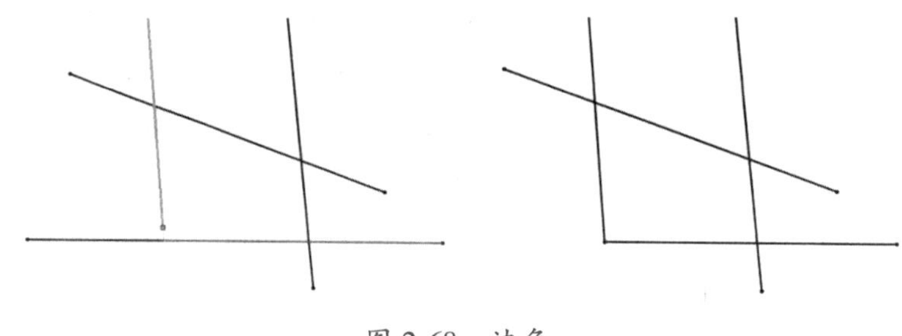

图 2-68　边角

(3)在内剪除：选择两条边界线，剪裁部分是位于两者之间的部分，如图 2-69 所示。

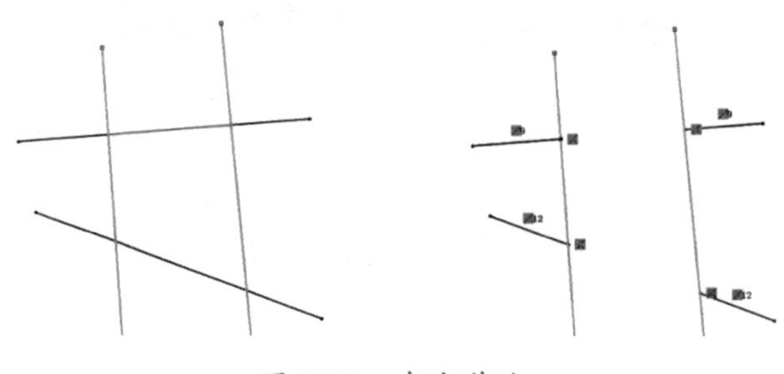

图 2-69　在内剪除

(4)在外剪除：选择两条边界线，剪裁部分是位于两者之外的部分，如图 2-70 所示。

(5)剪裁到最近端：如果草图实体没有与其他实体相交，则删除整个草图实体。将鼠

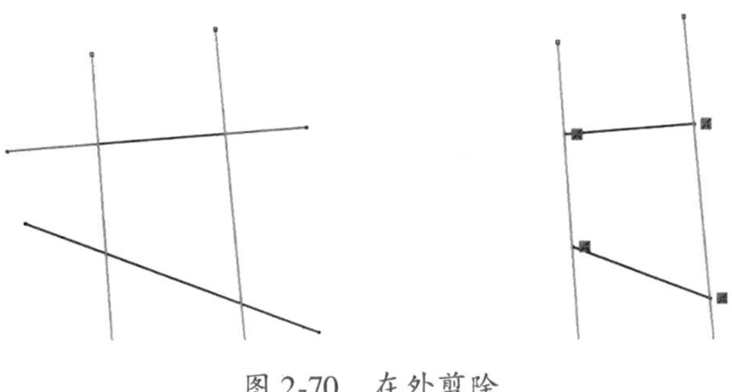

图 2-70 在外剪除

标移动到确定剪裁的部分，红色显示被剪裁部分，单击则完成剪裁，如图 2-71 所示。

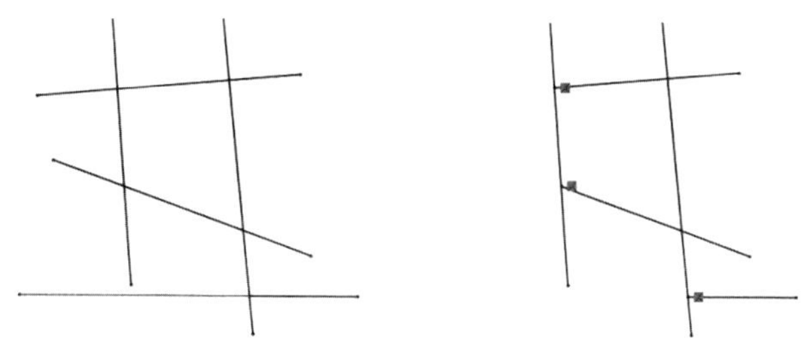

图 2-71 剪裁到最近端

2.3.7 延伸实体

延伸实体的作用是将草图延伸至与另一个草图相交。单击草图面板上的“剪裁实体”下拉按钮，单击“延伸实体”，将鼠标放到实体上靠近要延伸的一端，实体变成红色，并出现延伸线，单击则完成延伸，如图 2-72 所示。

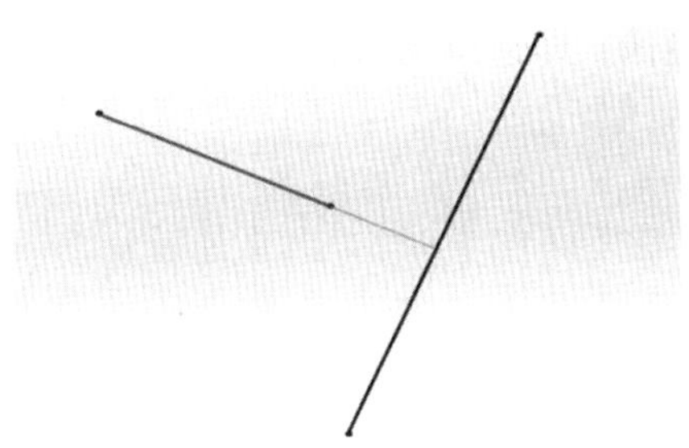

图 2-72 延伸实体

2.3.8　镜像实体

镜像实体用于只画单侧草图，然后用“镜像实体”命令通过对称轴完成另一侧的绘制。

1. 镜像

单击草图面板中的“镜像实体”按钮，绘图区左侧会出现“镜像”属性对话框，如图 2-73 所示。属性设置“要镜像的实体”为要镜像的所有实体，选中“复制”复选框，表示镜像后被镜像的实体仍然保留，“镜像轴”就是对称轴线。

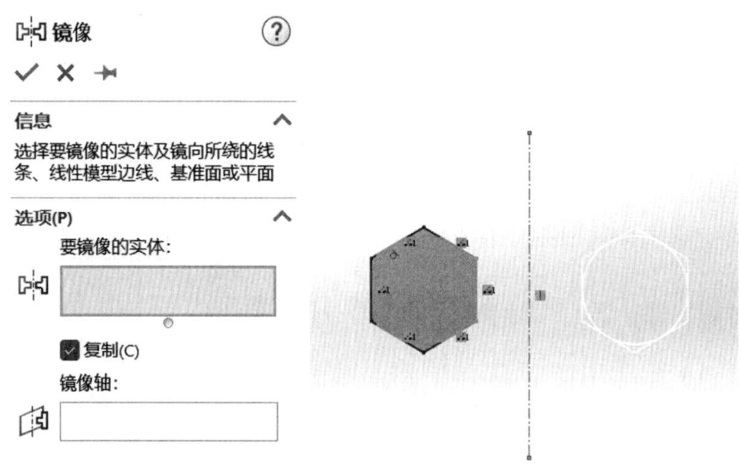

图 2-73　“镜像”属性对话框

2. 动态镜像

选择菜单栏里的“工具”，单击“草图工具”，再单击“动态镜像”命令，然后选中“镜像轴”，可以实现草图的动态镜像，即选择镜像轴之后增加的镜像步骤，如图 2-74 所示。

2.3.9　草图阵列

1. 线性阵列

单击草图面板中“线性阵列”按钮，此时鼠标就变成形状，在绘图区左侧会弹出“线性阵列”属性对话框。设置草图排列的位置，并选择要复制的草图实体，单击“确定”

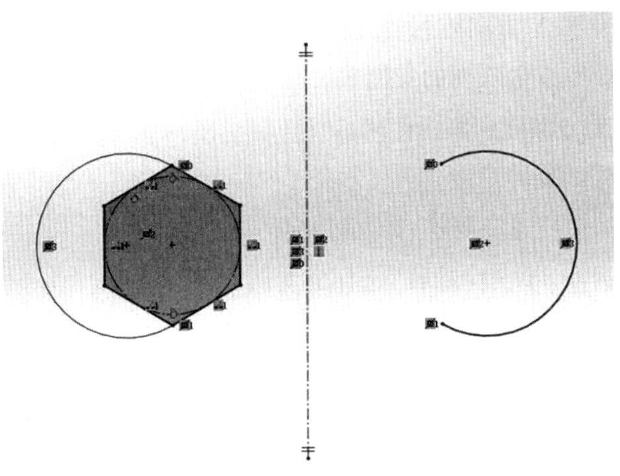

图 2-74 动态镜像

即可完成线性阵列，如图 2-75 所示。

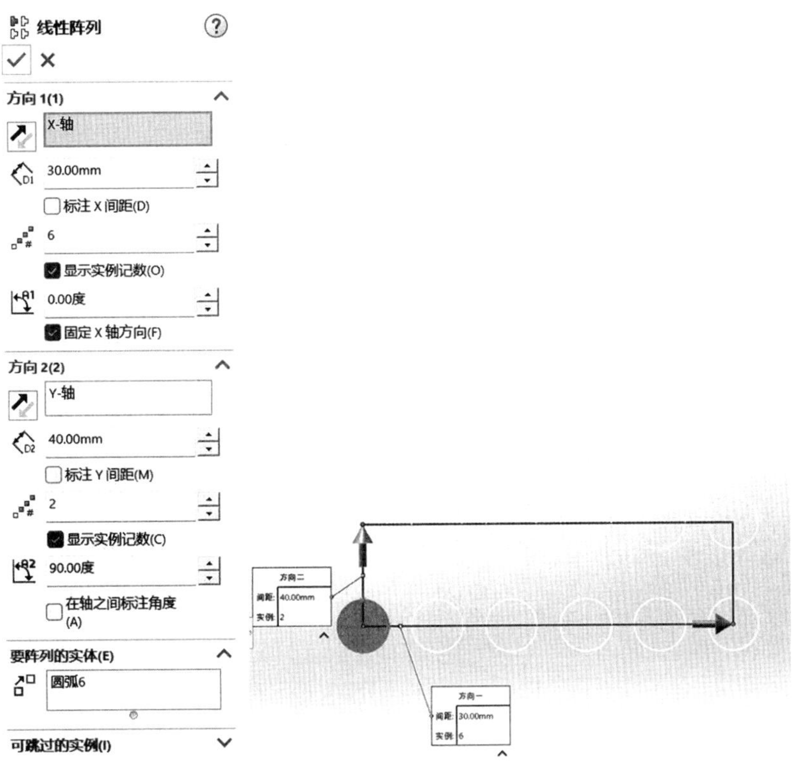

图 2-75 “线性阵列”属性对话框

线性阵列属性对话框中的选项含义如下：

(1)反向：变换 X/Y 方向阵列的方向。

(2)实例数：X/Y 方向阵列的实例数。

(3)间距：X/Y 方向阵列间的距离。

(4)角度：阵列的旋转角度。

(5)要阵列的实体：选择要阵列的草图实体。

(6)可跳过的实例：跳过(隐藏)选择的实例。

2. 圆周阵列

(1)单击草图面板中的“线性阵列”下拉按钮，单击“圆周阵列”，此时鼠标指针会变成形状，在绘图区左侧会弹出“圆周阵列”属性对话框，如图 2-76 所示。

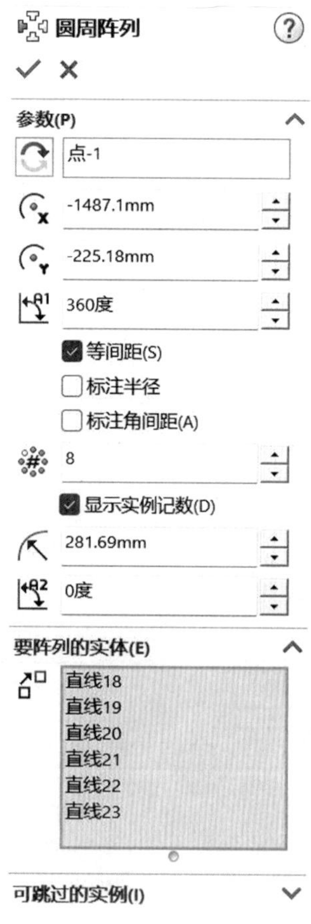

图 2-76　“圆周阵列”属性对话框

(2)单击“要阵列的实体”，选择要阵列的“几何实体”。在图标右边选择阵列的“圆心”，在图标中输入要阵列的“数量”，单击“确定”则完成圆周阵列，如图 2-77 所示。

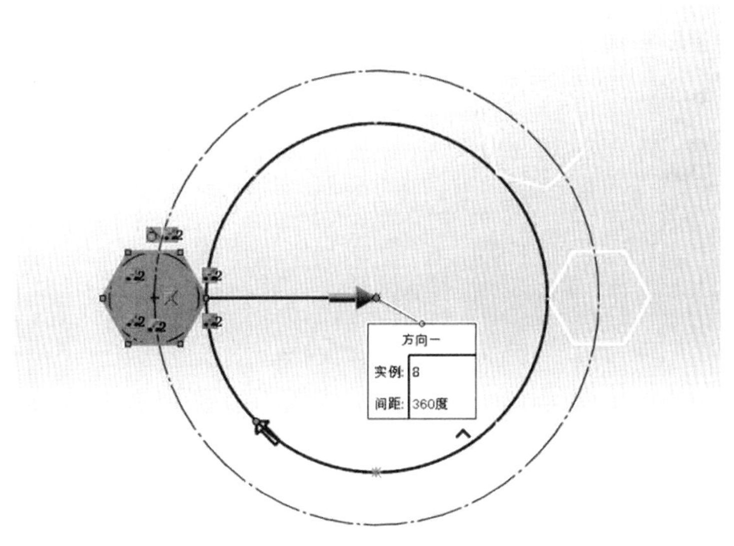

图 2-77　圆周阵列

2.3.10　其他草图命令

1. 移动实体

单击草图面板中“移功实体”按钮，在绘图区左侧弹出移动属性对话框。设置属性参数，在图标中选择要移动的“草图实体”，在图标中选择移动的“基准点”，移动鼠标到“目标点”即可完成移动实体，如图 2-78 所示。

2. 复制实体

单击草图面板中的“移动实体”下拉按钮，单击“复制实体”。“复制实体”和“移动实体”的操作步骤完全相同，不同之处在于复制会保留原实体，如图 2-79 所示。

3. 旋转实体

单击草图面板中的“移动实体”下拉按钮，单击“旋转实体”。在绘图区左侧弹出“旋

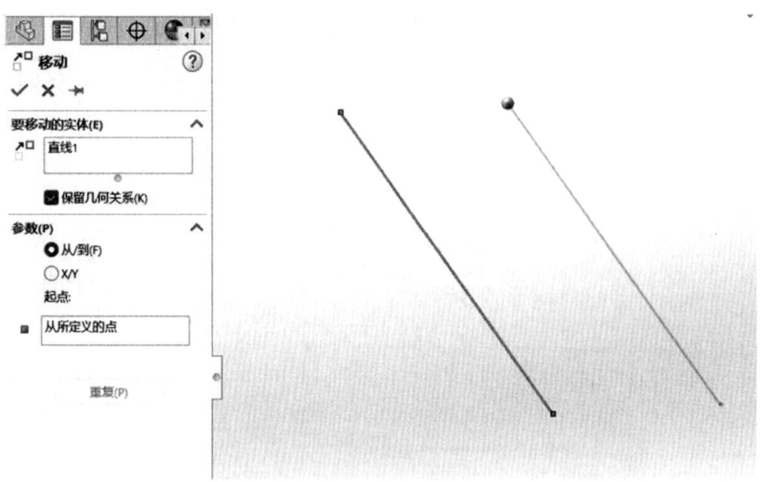

图 2-78　移动实体

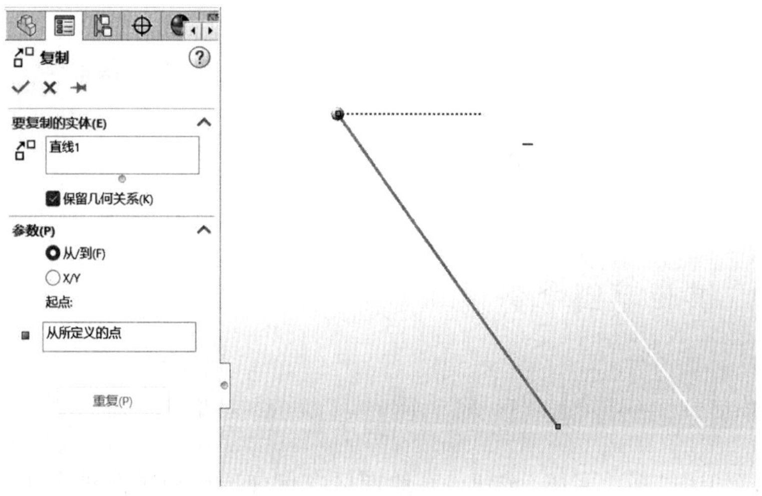

图 2-79　复制实体

转”属性对话框。设置属性参数，在图标中选择要旋转的“实体”，在图标中选择旋转“中心点”。在图标中设置旋转“角度”，单击“确定”即可完成旋转，如图 2-80 所示。

4. 缩放实体比例

单击草图面板中的“移动实体”下拉按钮，单击“缩放实体比例”，在绘图区左侧弹出比例属性对话框。选择要缩放比例的“实体”，设置属性参数；然后在图标中选择缩放“基点”，在图标中调整缩放“比例因子”，在图标中输入要缩放的“份数”（选中“复

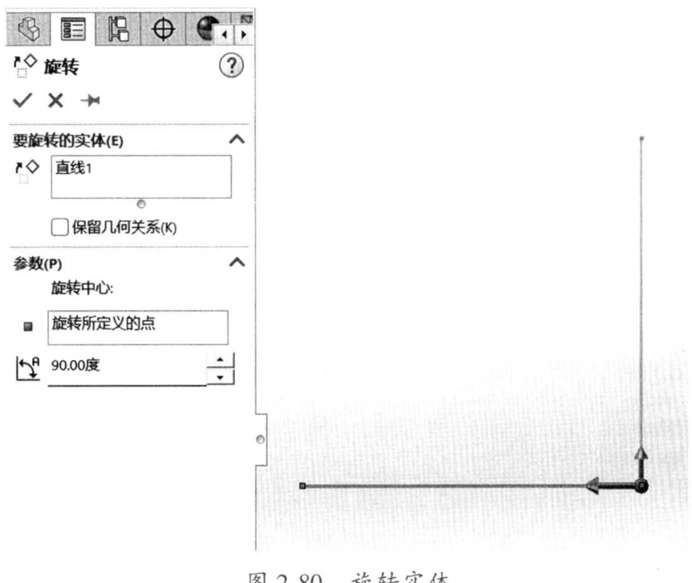

图 2-80　旋转实体

制”复选框，表示可以保留原来的草图)，单击“确定”即可完成缩放，如图 2-81 所示。

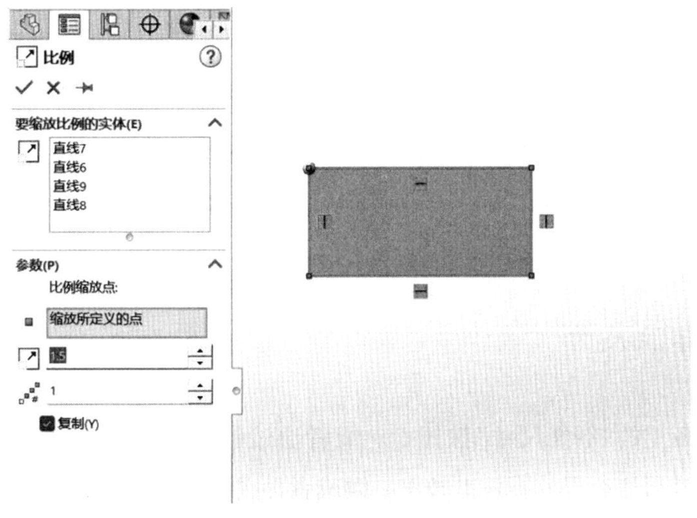

图 2-81　缩放实体比例

5. 伸展实体

单击草图面板中的“移动实体”下拉按钮，单击“伸展实体”，在绘图区左侧弹出伸展属性对话框。框选需伸展的“部分实体”，先设置属性参数，然后选择“基准点”，再拖动鼠标选择“目标点”，单击鼠标即完成伸展实体操作，如图 2-82 所示。

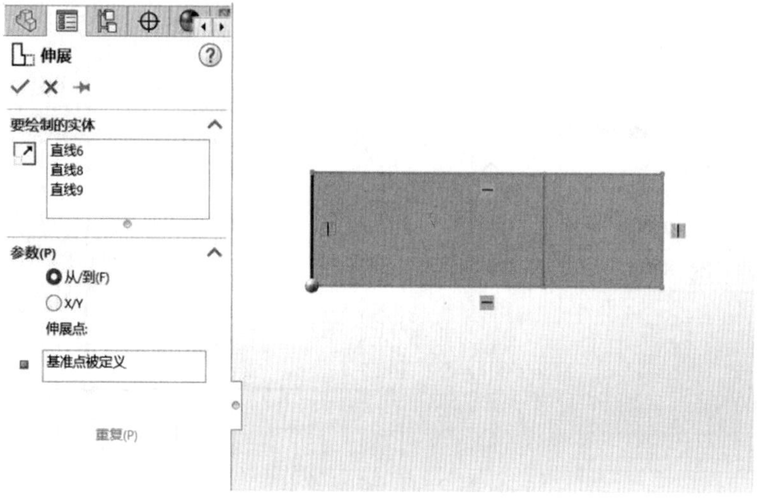

图 2-82　伸展实体

2.4　草图尺寸标注

SolidWorks 有两大约束，即尺寸约束和几何约束。尺寸约束是用一些尺寸给图形定义形状，几何约束是给已经定义尺寸的图形加入一些位置的约束，例如垂直、平行、相切等，其目的都是让草图实现“完全定义”。

2.4.1　标注尺寸

单击草图面板上的“智能尺寸”按钮，或者通过鼠标笔势调用“智能尺寸”。此时鼠标指针变为，即可进行尺寸标注。按 Esc 键或者再次单击“智能尺寸”按钮，即可退出尺寸标注。

1. 标注线性尺寸

方法一：单击要标注的“直线”，拖动鼠标再单击放置尺寸的位置，然后输入尺寸数值进行定义即可，如图 2-83 所示。

方法二：单击直线两端“端点”，拖动鼠标到放置尺寸的位置并单击，然后输入尺寸数值进行定义，如图 2-84 所示。

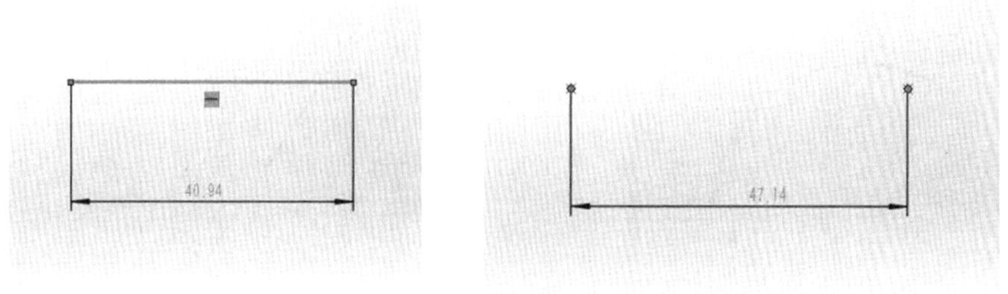

图 2-83　单击直线标注　　图 2-84　单击端点标注

方法三：单击两条“平行线”，拖动鼠标到放置尺寸的位置并单击，然后输入尺寸数值进行定义，标注出如图 2-85 所示的距离尺寸。

若两条直线其中一条线是中心线，可以标注出直径的线性尺寸，如图 2-86 所示。

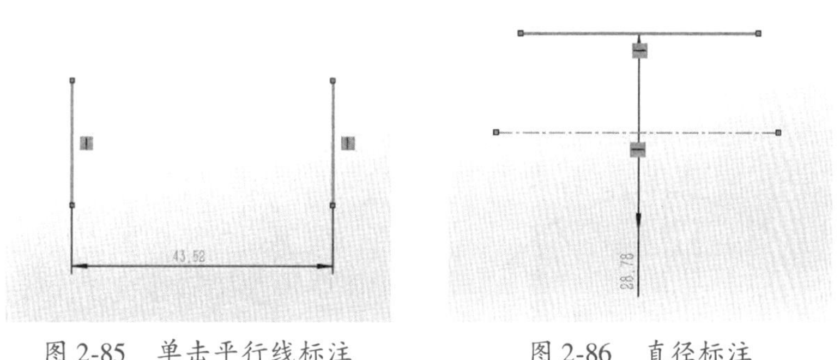

图 2-85　单击平行线标注　　图 2-86　直径标注

2. 标注角度

1) 两直线之间的角度标注

单击两次“直线”，拖动鼠标到放置尺寸的位置并单击，然后输入标注的角度，如图 2-87所示。

2) 直线和直线外一点的角度标注

当需标注直线与点之间的角度时，先单击直线的一个“端点”，再单击直线的另一个“端点”，再单击点，最后拖动鼠标到放置尺寸的位置并单击，然后输入要标注的角度，如图 2-88 所示。

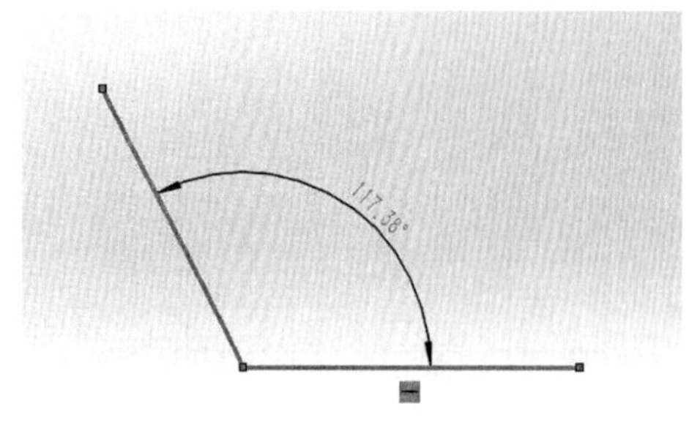

图 2-87　两直线间的角度标注

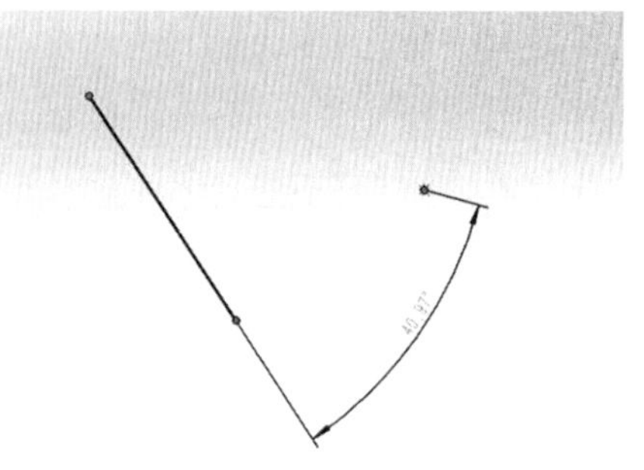

图 2-88　直线和点的角度标注

3. 标注圆弧

1) 标注半径/直径

直接单击“圆弧”，拖动鼠标到放置尺寸的位置并单击，然后输入标注的半径/直径，如图 2-89 所示。

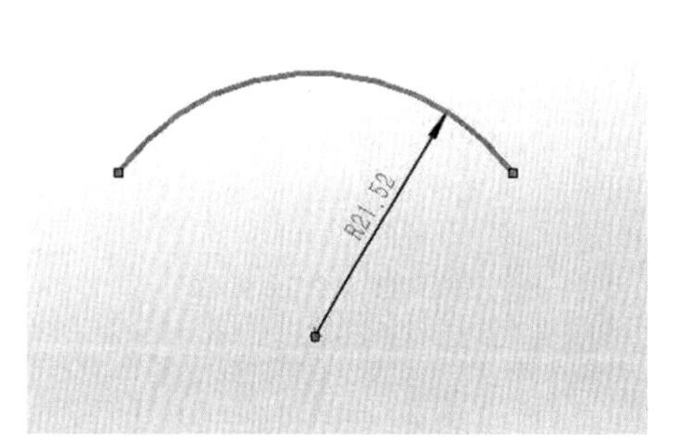

(a) 标注半径

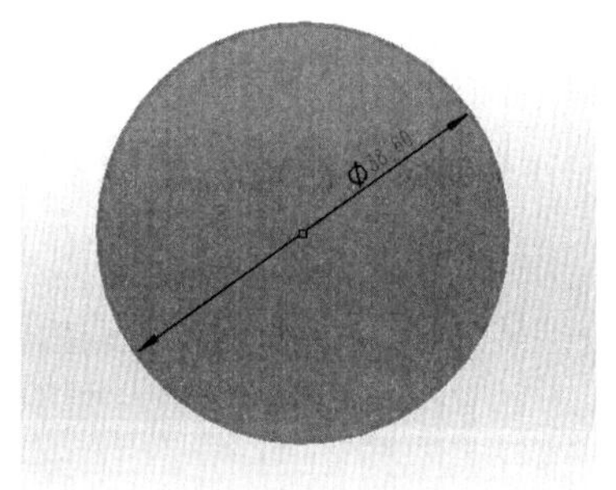

(b) 标注直径

图 2-89　标注半径/直径

2) 标注弧长

单击“圆弧”，再单击圆弧的两“端点”，拖动鼠标到放置尺寸的位置并单击，然后输入标注的弧长，如图 2-90 所示。

3) 标注弦长

单击圆弧的两“端点”，拖动鼠标到放置尺寸的位置并单击，然后输入标注的弦长，如图 2-91 所示。

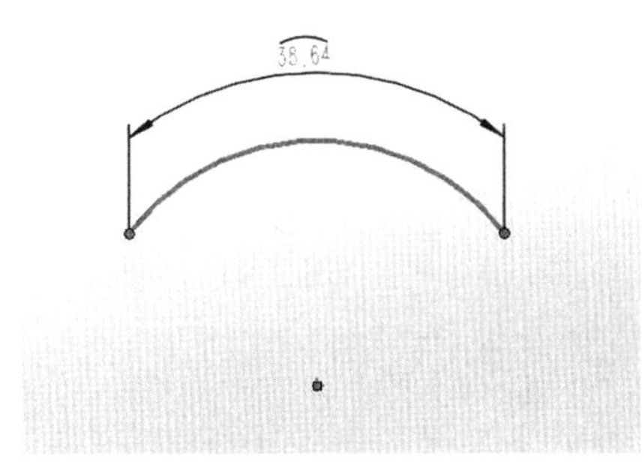

图 2-90　标注弧长

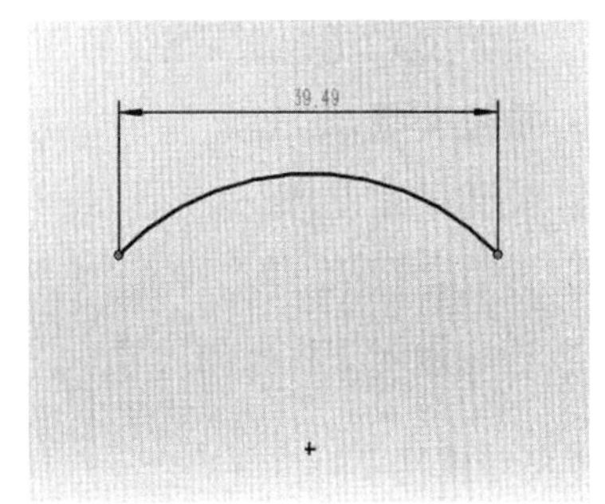

图 2-91　标注弦长

注意：若要标注一条弧和直线的极限距离，需按住 Shift 键，单击"直线"再单击"圆弧"，然后拖动鼠标到放置尺寸的位置并单击，最后输入标注的距离，如图 2-92 所示。

4)标注两圆弧/圆之间的半径差

单击两"圆/圆弧"，拖动鼠标到放置尺寸的位置并单击，然后输入标注的距离，如图 2-93 所示。

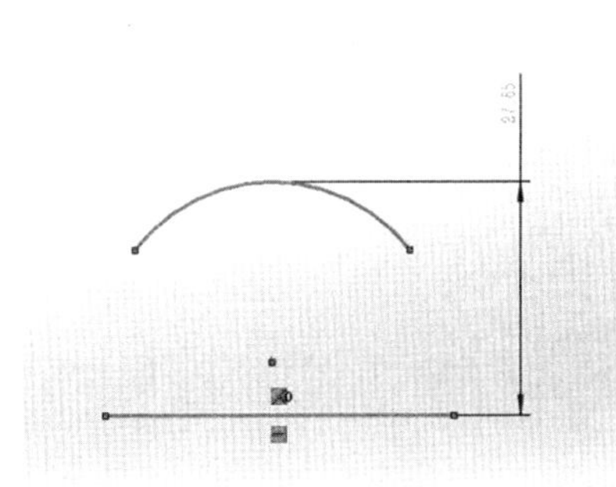

图 2-92　直线与圆弧的标注

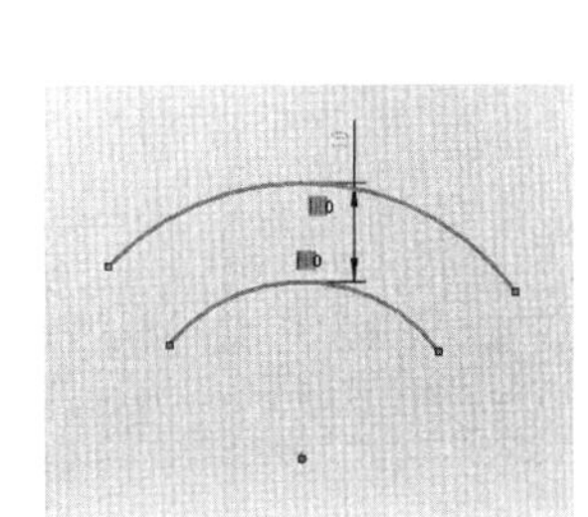

(a)两圆弧之间半径差

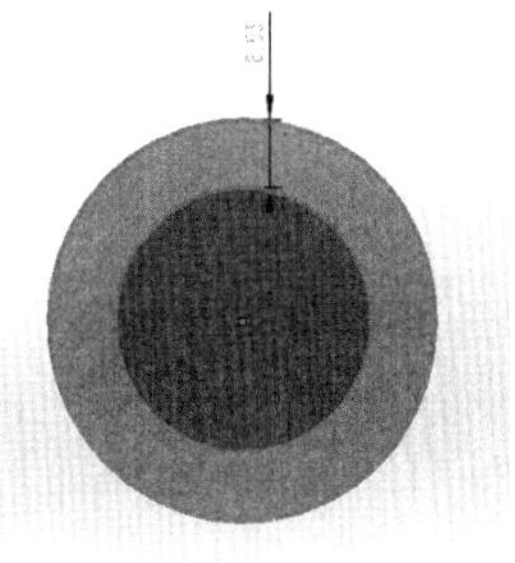

(b)两圆之间半径差

图 2-93　标注半径差

2.4.2　修改尺寸

1. 修改尺寸数值

双击标注的错误尺寸数值，弹出"修改"属性对话框，如图 2-94 所示，输入新的尺寸就可以改变尺寸值。

"修改"属性对话框中各选项的含义如下：

(1) ✓：更改后退出对话框(可用 Enter 键代替)。

(2) ×：不作更改退出对话框(可用 Ecs 键代替)。

(3) ：重建模型。

(4) ：反转尺寸方向。

(5) ：改变增量值。

(6) ：标记输入工程图的尺寸。

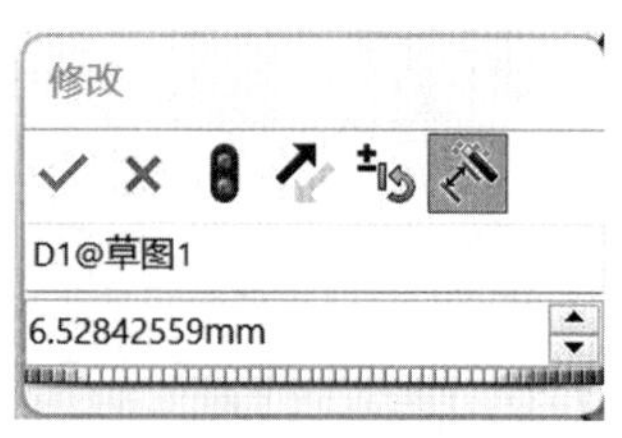

图 2-94　“修改”属性对话框

2. 修改尺寸属性

单击标注好的“尺寸”，在绘图区左侧会弹出“尺寸”属性对话框，如图 2-95 所示，在该对话框内可以修改尺寸样式、公差精度、尺寸文字以及尺寸线样式等。

图 2-95　“尺寸”属性对话框

2.5 草图几何约束

几何约束用来确定草图对象之间的相互关系，如平行、垂直、同心、固定等，在绘图时可以提高我们的绘图效率，表 2-1 为几种常用的草图几何约束。

表 2-1 **常用的草图几何约束**

按钮	名称	要选择的实体	使用效果
—	水平	一条或多条直线，两个或多个点	直线(点)水平
|	竖直	一条或多条直线，两个或多个点	直线(点)竖直
	共线	两条或多条直线	使直线处于同一条直线上
⊥	垂直	两条直线	使直线相互垂直
	平行	两条或多条直线	使直线相互平行
=	相等	两条(或多条)直线(或圆弧)	使它们所有尺寸相等
	相切	直线(或其他曲线)和圆弧(或椭圆弧等其他曲线)	使它们相切
	中点	一条直线(或圆弧等其他曲线)和一个点	使点位于其中心
	重合	一条直线(或圆弧等其他曲线)和一个点	使点位于直线(或圆弧等其他曲线)上
	固定	任何草图几何体	使草图几何体尺寸和位置保持固定，不可更改
	合并	两个点	使两个点合并为一个点
	交叉点	两条直线和一个点	使点位于两条直线的交叉点上
	全等	两段(或多段)圆弧	使它们共用相同的圆心和半径
◎	同心	两个(或多个)圆(或圆弧)	使它们的圆心处于同一点
	对称	两个点(或线或圆或其他曲线)和一条中心线	使草图几何体保持中心线对称

2.5.1　手动添加几何关系

(1)按住 Ctrl 键选中需要添加几何关系的“实体”，绘图区左侧会弹出属性对话框，如图 2-96 所示，在“添加几何关系”中单击需要添加的几何关系即可。

(2)单击草图面板中“显示/删除几何关系”下拉按钮⊥，单击“添加几何关系”，在绘图区左侧会弹出“添加几何关系”属性对话框，在“所选实体”中选择要添加几何关系的“实体”，在“添加几何关系”中单击需要添加的几何关系即可，如图 2-97 所示。

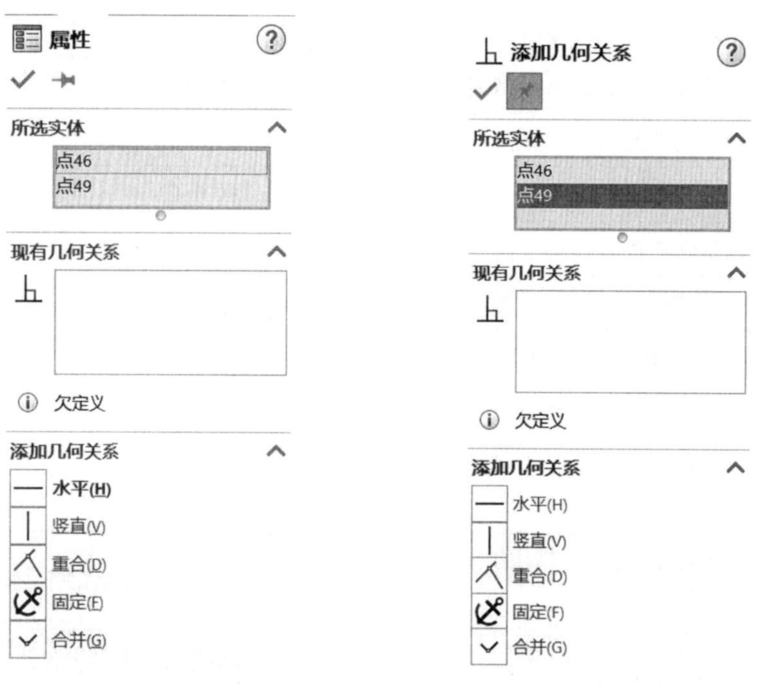

图 2-96　属性对话框　　图 2-97　“添加几何关系”属性对话框

注意：在添加几何关系属性对话框中的“现有几何关系”中，若想单独删除几何关系，鼠标右键单击此几何关系，再选择“删除”即可，如图 2-98 所示。

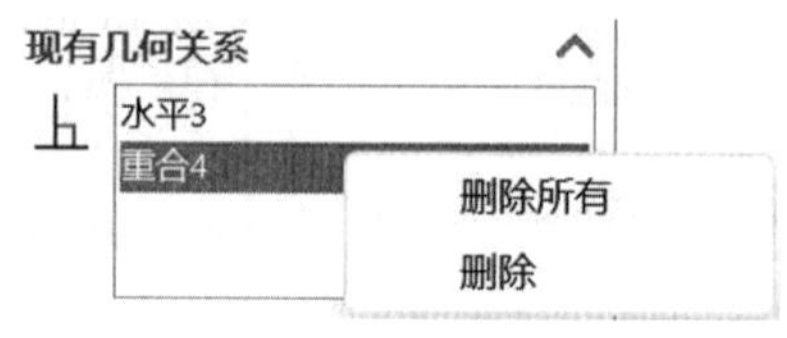

图 2-98　删除几何关系

2.5.2 自动添加几何关系

自动添加几何关系有以下两种方法：

(1)单击菜单栏的“工具”，选择“草图设置”，开启“自动添加几何关系”命令，如图2-99所示。

(2)单击快捷菜单中的“选项”按钮，弹出“系统选项”对话框，选择“几何关系/捕捉”，然后勾选“自动几何关系”，如图2-100所示。

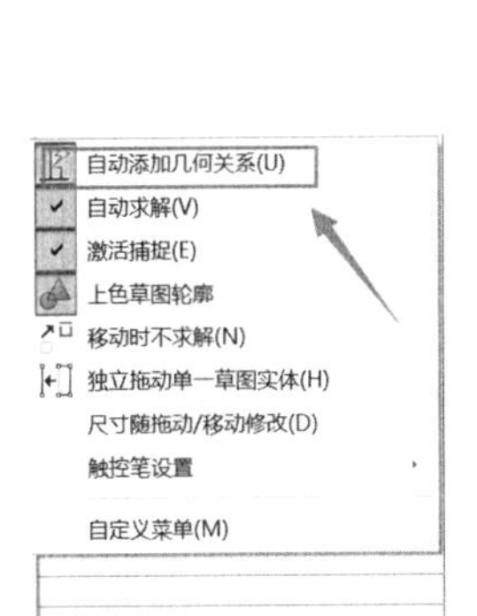

图2-99 自动添加几何关系

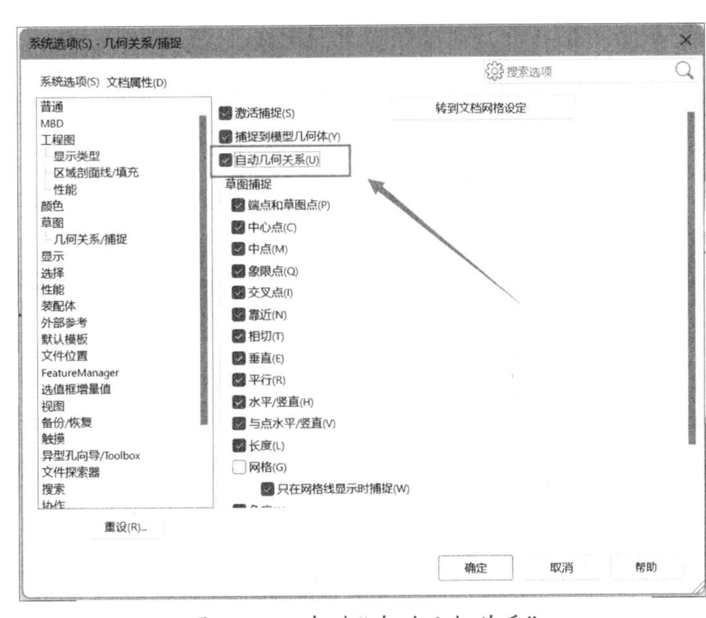

图2-100 勾选“自动几何关系”

2.6 综合实例

图2-101为一个草图实例，结构比较简单，且为对称草图。

绘制步骤如下：

(1)单击快捷工具栏中的“新建”按钮，系统弹出“新建SOLIDWORKS文件”对话框，单击“零件”图标，再单击“确定”按钮。

(2)选择“前视基准面”，再单击“草图绘制”。单击草图面板中的“圆形”按钮，首先将鼠标指针移动到草图坐标原点，绘制一个圆，然后在大圆的左边绘制两个同心的小圆。最后，按住 Ctrl 键，单击两个圆心，给定几何约束为“水平”，使大圆的圆心和两个小圆的圆心在同一水平线上，如图 2-102 所示。

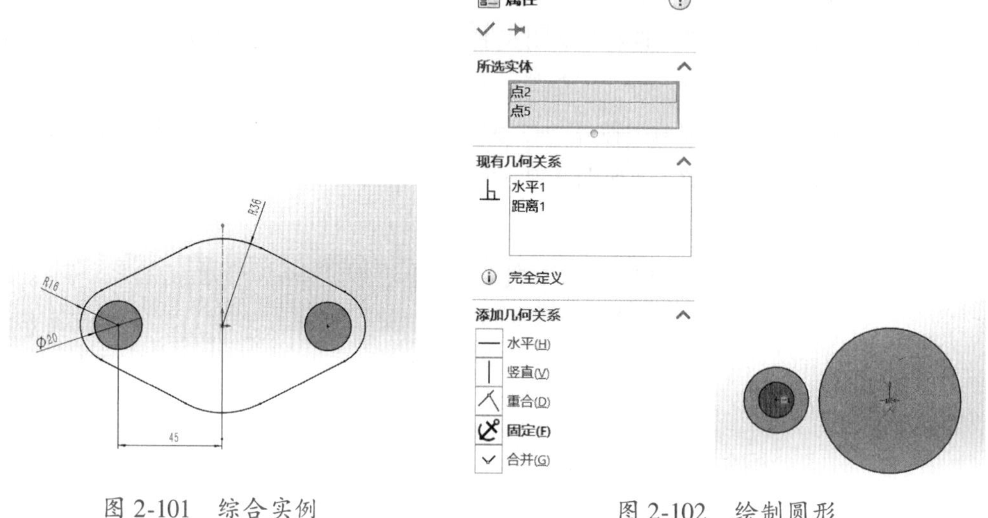

图 2-101　综合实例　　　　图 2-102　绘制圆形

(3)上、下分别绘制两条斜直线与外侧的两个圆相切，且距离圆有一定距离，如图 2-103所示。

(4)按住 Ctrl 键，单击上方的直线，再选中 R16 的圆，在弹出的“属性”对话框中设置几何约束为“相切”。同样选择这条直线，再选中 R36 的圆，也设定几何约束“相切”。下方直线也同样约束，如图 2-104 所示。

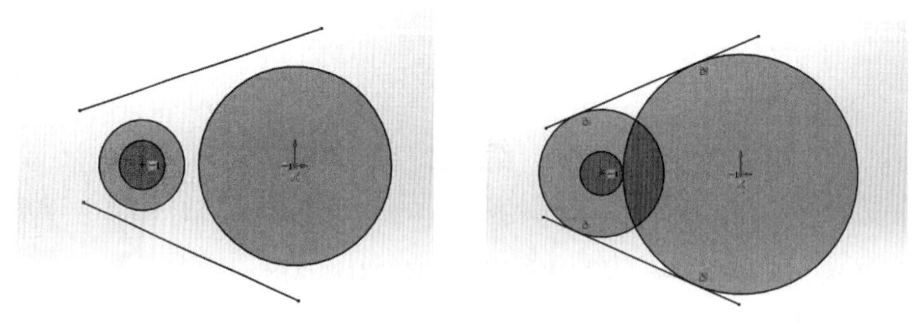

图 2-103　绘制直线　　　　图 2-104　几何约束“相切”

(5)将多余的线段剪掉，单击草图面板中的“剪裁实体”，选择“强劲剪裁”，按住鼠标划过需要剪裁的“线段”即可，如图 2-105 所示。

(6)给现有图形标注尺寸，参考图 2-100。然后，经过草图原点画一条竖直的中心线作为镜像线，完成后效果如图 2-106 所示。

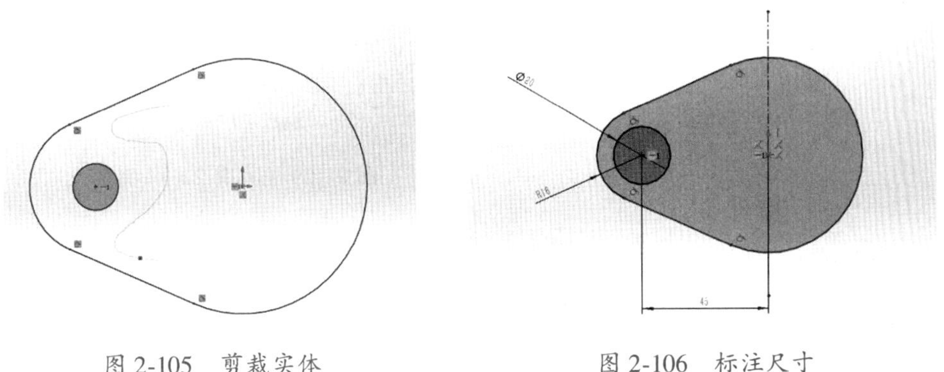

图 2-105　剪裁实体　　　　图 2-106　标注尺寸

(7)单击草图面板中的“镜像实体”，选择镜像实体(除了 R36 的大圆，其他左侧部分)和镜像轴，单击“确定”，绘制图形如图 2-107 所示。

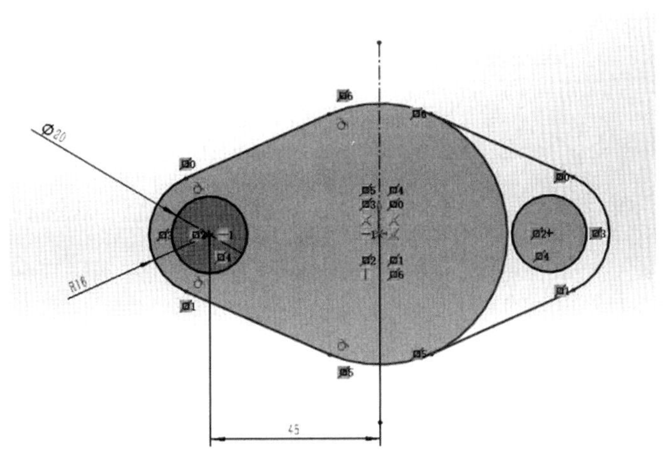

图 2-107　镜像实体

本章课后练习

(1)绘制如图 2-108 所示的草图 1。

(2)绘制如图 2-109 所示的草图 2。

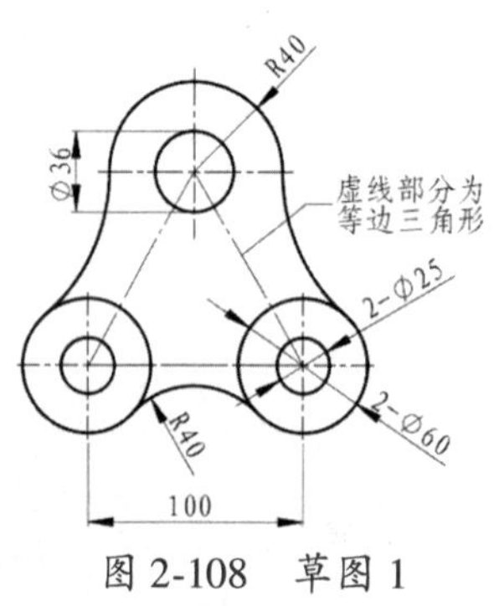

图 2-108　草图 1

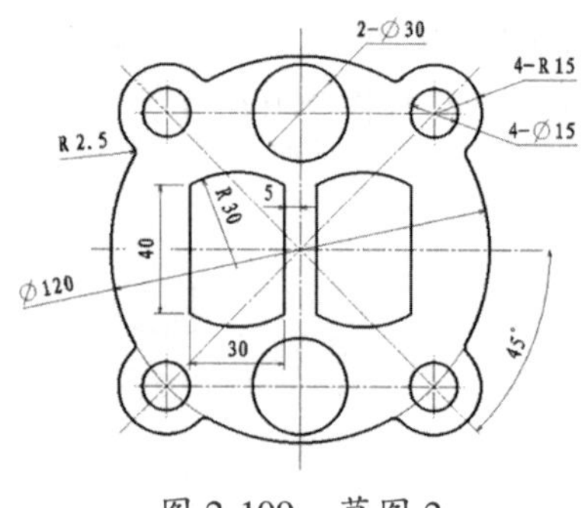

图 2-109　草图 2

(3)绘制如图 2-110 所示的草图 3。

(4)绘制如图 2-111 所示的草图 4。

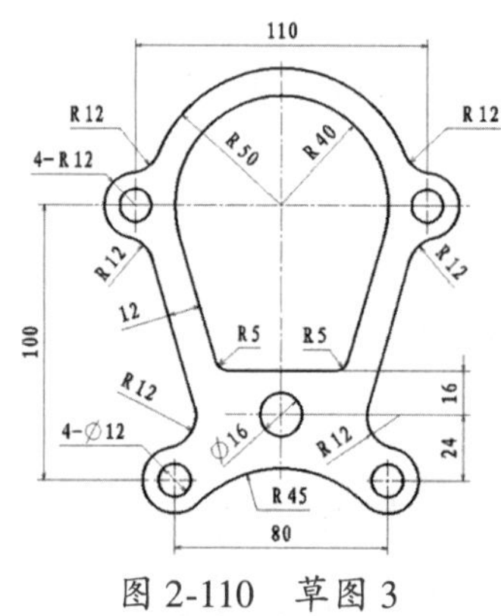

图 2-110　草图 3

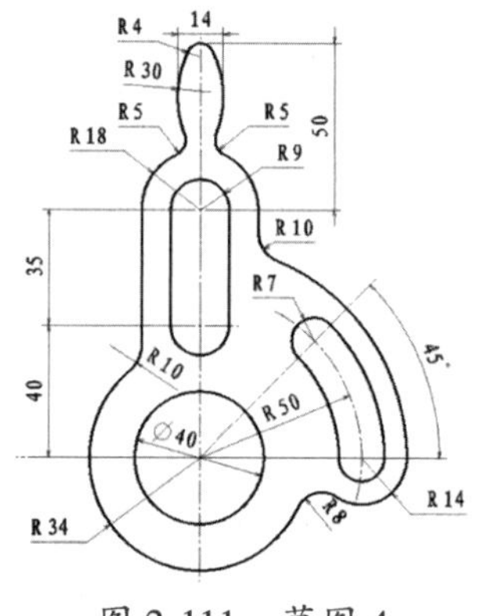

图 2-111　草图 4

(5)绘制如图 2-112 所示的草图 5。

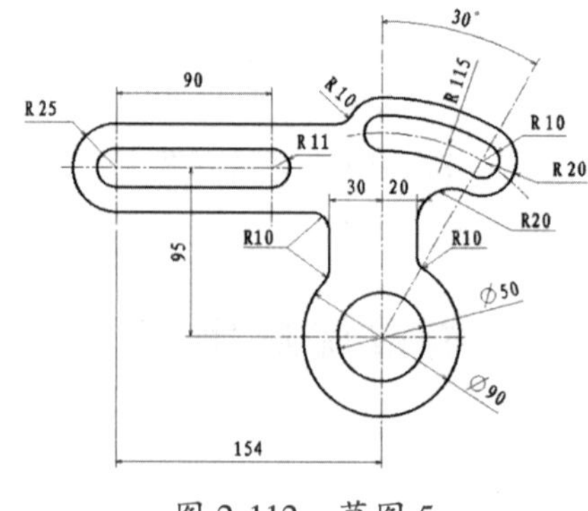

图 2-112　草图 5

第 3 章

基础特征建模

2D 草图是三维建模的基础，而三维建模又是创建装配体的基础。本章将介绍创建三维模型特征的各种常用命令，为后面创建装配体做准备。

本章重点：

- 三维建模的常用命令
- 三维几何特征的应用

3.1 零件基础特征概述

零件的结构和形状有很多，常用零件大致可以分为以下 4 类：轴套类、盘盖类、叉架类和箱体类零件，如图 3-1 所示。

创建一个完整的零件所应用的命令分为以下两类：

1. 基本特征创建命令

基本特征要求先绘出特征的一个/多个截面，再根据某种形式生成基本特征。创建命令包括有拉伸、旋转、扫描、放样等。

2. 附加特征创建命令

对基本特征进行更进一步的操作，例如圆/倒角、筋、拔模、抽壳、镜像等。

(a)轴套类　(b)盘盖类

(c)叉架类　(d)箱体类

图 3-1　常见零件

3.2　参考几何体

参考几何体主要是为实体造型提供参考，也可以作为绘制草图时的参考面。参考几何体包括基准面、基准轴、坐标系、基准点以及配合参考，如图 3-2 所示。

3.2.1　基准面

1. 新建基准面

单击特征面板上“参考几何体”按钮，再单击“基准面”按钮，在绘图区左侧会弹出“基准面”属性对话框，如图 3-3(a)所示。选择参考以后，会出现如图 3-3(b)所示的选项。

根据不同的参考可以生成相应的基准面。

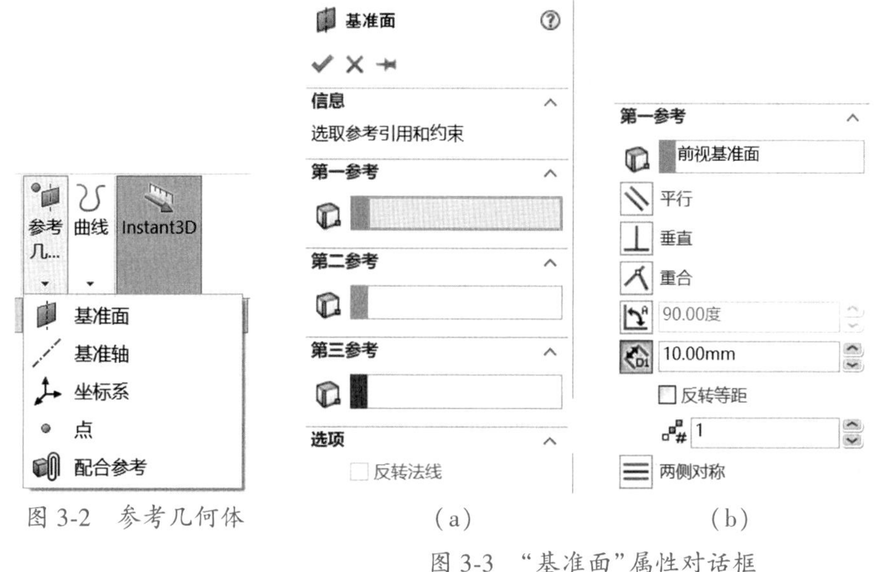

图 3-2 参考几何体

(a) (b)

图 3-3 “基准面”属性对话框

2. 常用的约束类型

常用的约束类型详见表 3-1。

表 3-1 **常用的约束类型**

约束类型	按钮	说　明
平行		生成一个与选定基准面平行的基准面。例如，为一个参考选择一个面，为另一个参考选择一个点，软件会生成一个与这个面平行并与这个点重合的基准面
垂直		生成一个与选定参考垂直的基准面。例如，为一个参考选择一条边线或曲线，为另一个参考选择一个点或顶点，软件会生成一个与穿过这个点的曲线垂直的基准面。将原点设在曲线上会将基准面的原点放在曲线上，如果不选中此选项，原点就会位于顶点或点上
重合		生成一个穿过选定参考的基准面
投影		将单个对象(如点、顶点、原点或坐标系)投影到空间曲面上
平行于屏幕		在平行于当前视图定向的选定顶点创建平面

续表

约束类型	按钮	说　　明
相切		生成一个与圆柱面、圆锥面、非圆柱面以及空间面相切的基准面
两面夹角		生成一个基准面，它通过一条边线、轴线或草图线，并与一个圆柱面或基准面形成一定的角度。可以指定要生成的基准面数
偏移距离		生成一个与某个基准面或面平行，并偏移指定距离的基准面。可以指定要生成的基准面数
两侧对称		在平面、参考基准面以及 3D 草图基准面之间生成一个两侧对称的基准面。对两个参考都选择两侧对称

3. 常见基准面的创建方法

（1）三个参考分别为空间内的三个“点”，如图 3-4 所示。

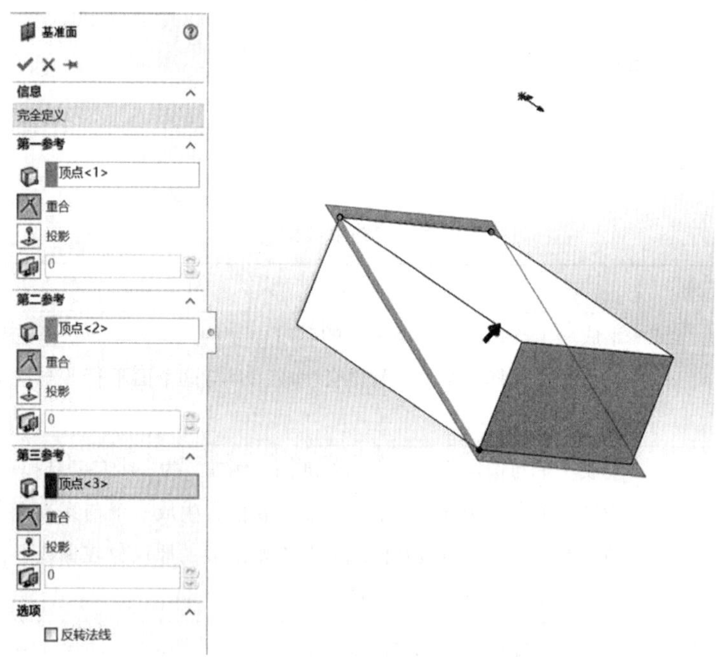

图 3-4　参考三个点

（2）第一参考为一条“直线”，第二参考为一个“端点”，如图 3-5 所示。

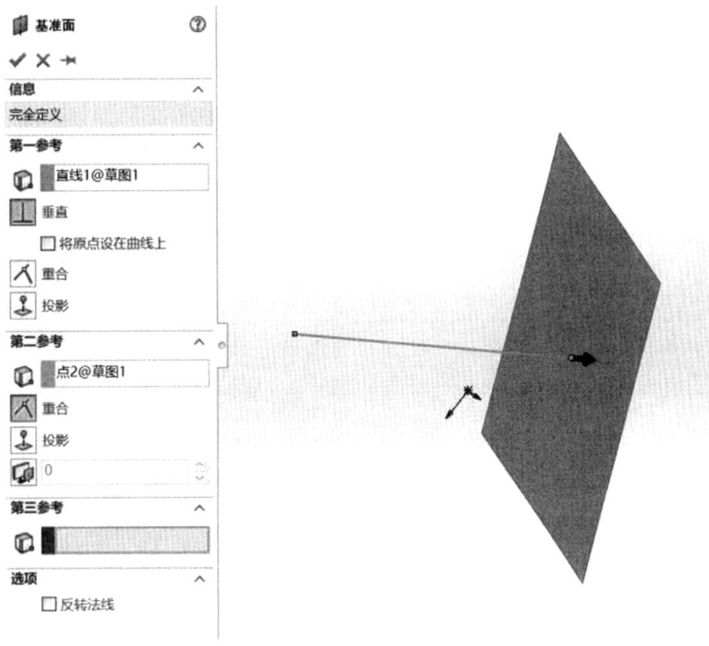

图 3-5　一条直线和一个端点

(3)第一参考为一个"面"，第二参考为面外的一个"端点"，如图 3-6 所示。

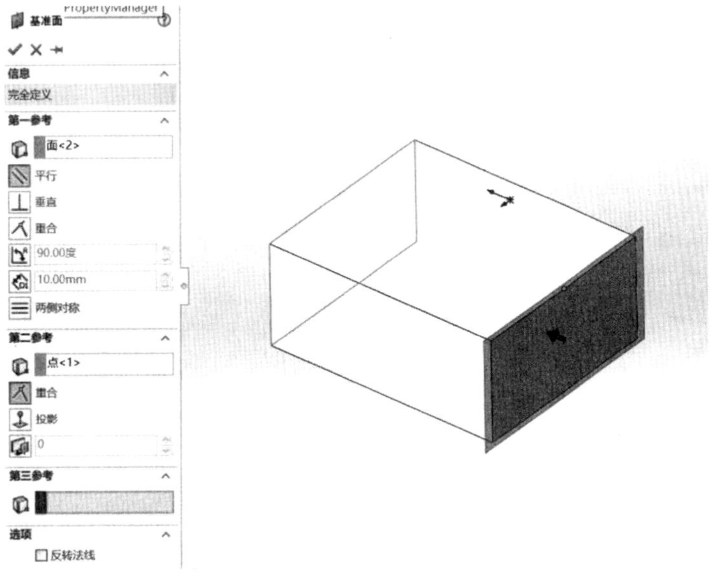

图 3-6　面和面外一点

(4)第一参考为一个“面”，第二参考为面内的一条“线”，如图 3-7 所示。

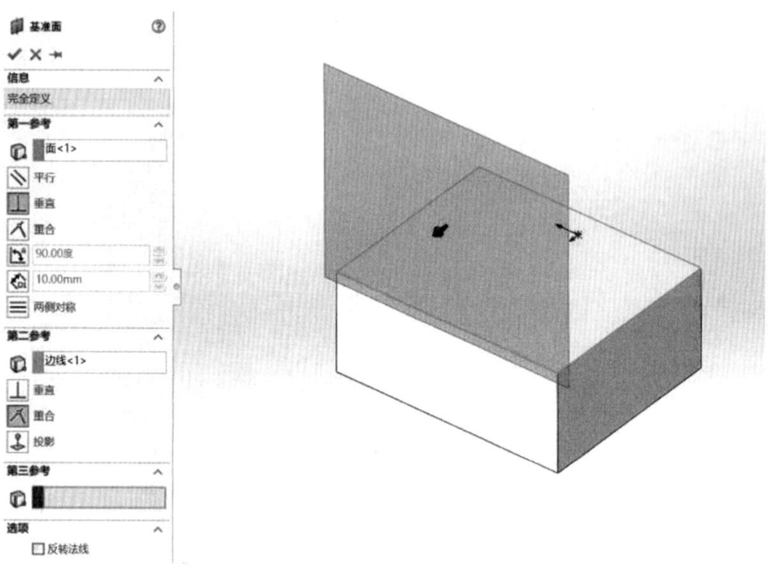

图 3-7　面和面内一条线

(5)参考一个“面”，如图 3-8 所示。

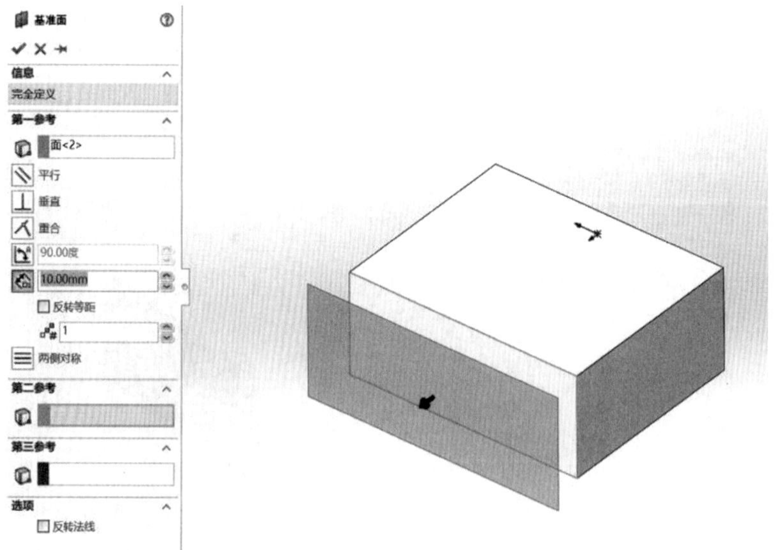

图 3-8　参考一个面

(6)第一参考为一个“曲面”，第二参考为“曲面外一点”，如图 3-9 所示。

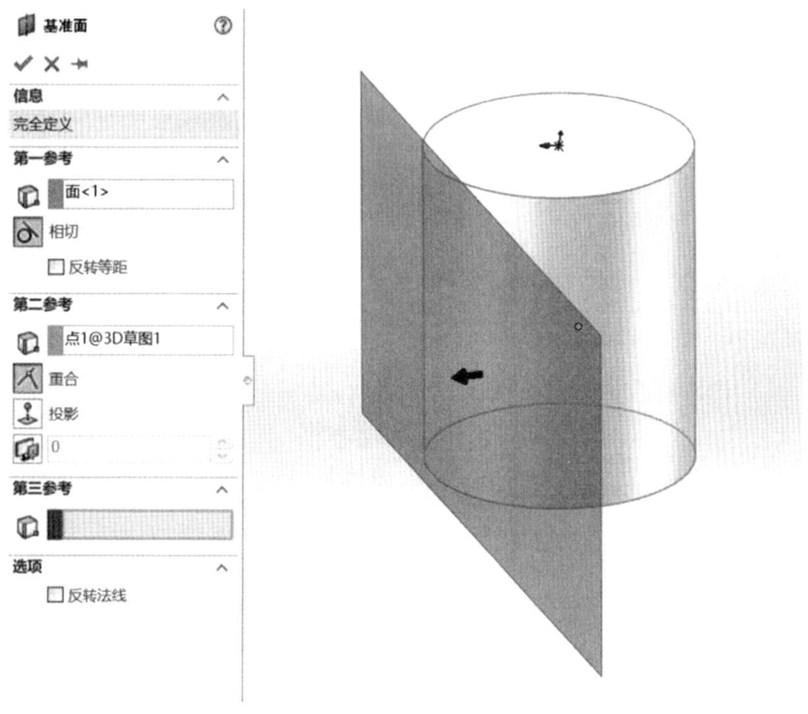

图 3-9 曲面和面外一点

3.2.2 基准轴

1. 临时轴

回转体的中心轴线称为临时轴，一般情况下是不可见的，可以通过单击菜单栏上的“视图”，单击“隐藏/显示”，勾选“临时轴”使其显示，如图 3-10 所示。

2. 新建基准轴

单击特征面板上“参考几何体”的下拉按钮，再单击“基准轴”按钮，或选择菜单栏中的“插入”，单击“参考几何体”，再单击“基准轴”，在绘图区左侧弹出“基准轴”属性对话框，如图 3-11 所示。

表 3-2 为常用的新建基准轴的几种方法。

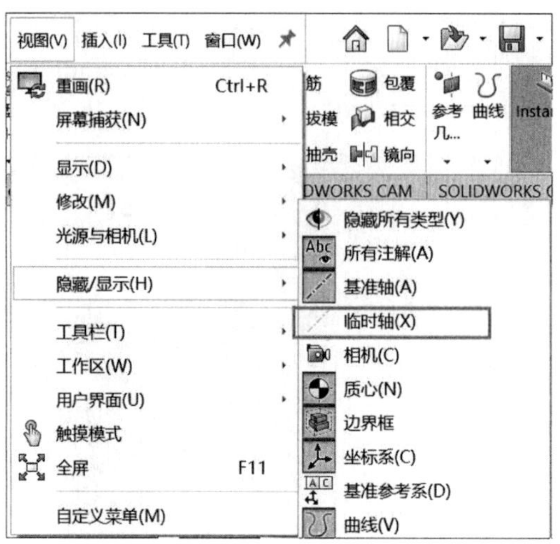

图 3-10　基准轴

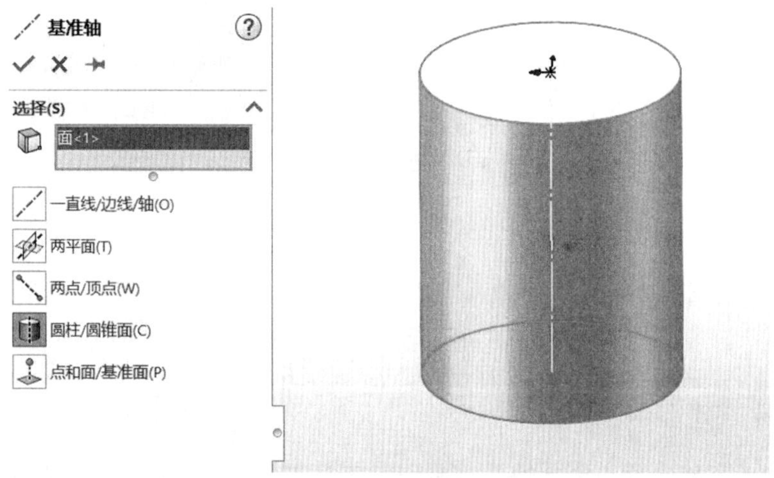

图 3-11　新建基准轴

表 3-2　**常用新建基准轴的方法**

按钮	名　　称	说　　明
▢	参考实体	显示所选实体
⋰	一直线/边线/轴	选择一草图直线、边线，或选择“视图”→“隐藏/显示”→“临时轴”命令，然后选择所显示的轴

续表

按钮	名称	说明
	两平面	选择两个平面，或选择“视图”→“隐藏/显示”→“基准面”命令，然后选择两个平面
	两点/顶点	选择两个顶点、点或中点
	圆柱/圆锥面	选择一圆柱或圆锥面
	点和面/基准面	选择一曲面或基准面及顶点或中点，所产生的轴通过所选顶点、点，或中点而垂直于所选曲面或基准面。如果曲面为非平面，点必须位于曲面上

3.2.3 坐标系

新建坐标系：先单击特征面板上“参考几何体”的下拉按钮，再单击“坐标系”按钮；或者先选择菜单栏上的“插入”，再选择“参考几何体”，然后单击“坐标系”命令，在绘图区左侧会弹出“坐标系”属性对话框，分别选择“坐标原点”以及几个坐标轴的“方向”，即可生成新的坐标系，如图 3-12 所示。

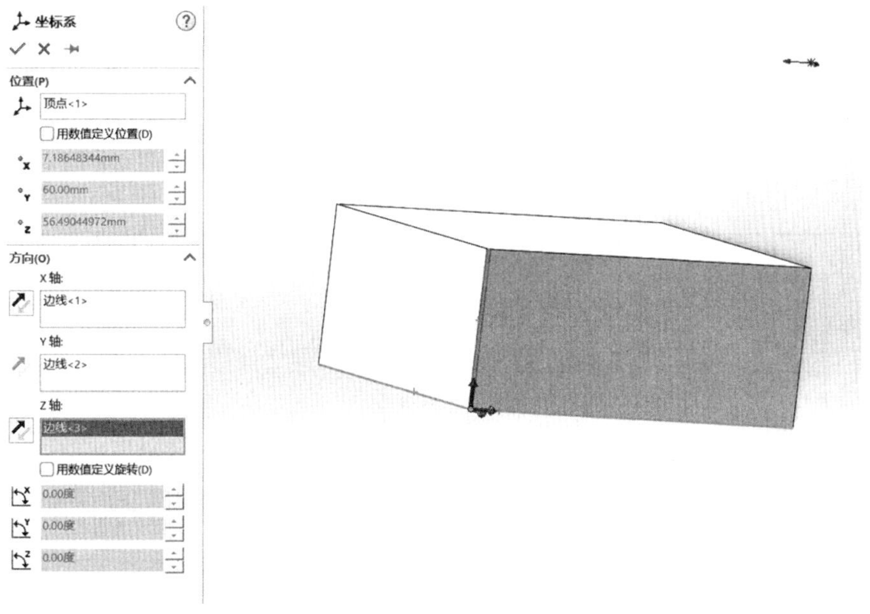

图 3-12 新建坐标系

3.2.4 基准点

新建基准点：先单击特征面板上“参考几何体”的下拉按钮，再单击“点”按钮；或首先选择菜单栏上的“插入”，然后选择“参考几何体”，再单击“点”命令，在绘图区左侧会弹出“点”属性对话框，如图3-13所示。

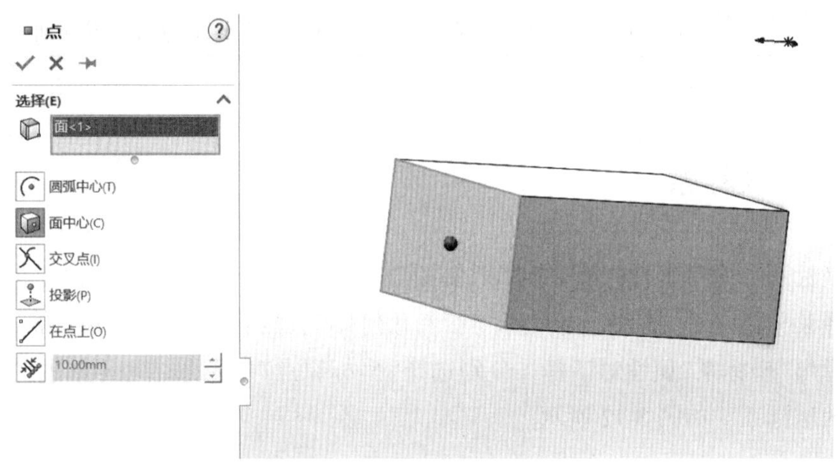

图3-13 新建基准点

表3-3为创建基准点的几种方法。

表3-3 创建基准点的方法

按钮	名称	说明
	参考实体	显示用来生成参考点的所选实体。可在下列实体的交点处创建参考点：①轴和平面；②轴和曲面，包括平面和非平面；③两个轴
	圆弧中心	在所选圆弧或圆的中心生成参考点
	面中心	在所选面的质量中心生成参考点，可选择平面或非平面
	交叉点	在两个所选实体的交点处生成一参考点。可选择边线、曲线及草图线段
	投影	生成从一个实体投影到另一实体的参考点
	在点上	可以在草图点和草图区域末端上生成参考点
	沿曲线距离或多个参考点	沿边线、曲线，或草图线段生成一组参考点

3.3 拉伸特征

拉伸特征是将一个用草图描述的截面沿指定方向(一般情况下是沿垂直于截面方向)延伸一段距离后形成的特征。拉伸特征是 SolidWorks 模型中常见的类型，可生成具有相同截面、有一定长度的实体，如长方体、圆柱体等都可以由拉伸特征来形成。

3.3.1 拉伸凸台/基体

将要拉伸的草图截面画好后，单击“草图”，再单击特征面板上的“拉伸凸台/基体”按钮；或单击菜单栏上的“插入”，单击“凸台/基体”，再单击“拉伸”命令，会弹出“凸台-拉伸”属性对话框，如图 3-14 所示。

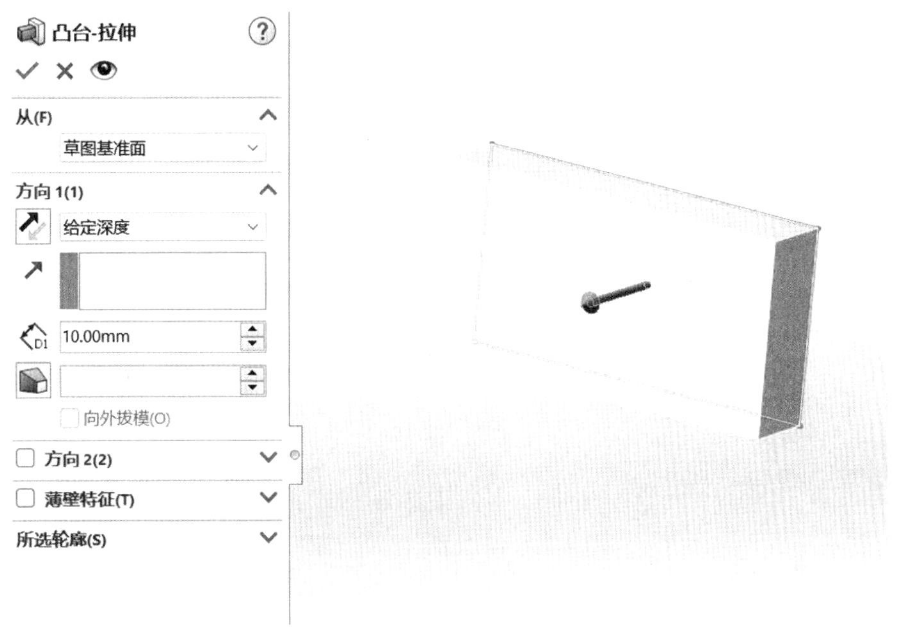

图 3-14 “凸台-拉伸”属性对话框

“凸台-拉伸”属性对话框中，有多种方式来定义实体的拉伸长度，如图 3-15 所示。

1. 给定深度

1) 单向拉伸和双向拉伸

单向拉伸即只勾选"方向 1"，如图 3-16 所示。

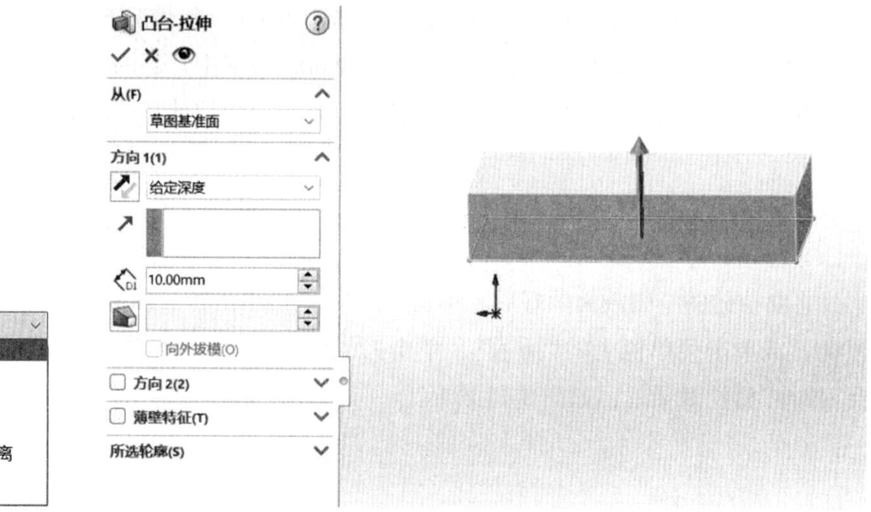

图 3-15　拉伸定义方式　　　　图 3-16　单向拉伸

双向拉伸即在"方向 1"的基础上再勾选"方向 2"，如图 3-17 所示。

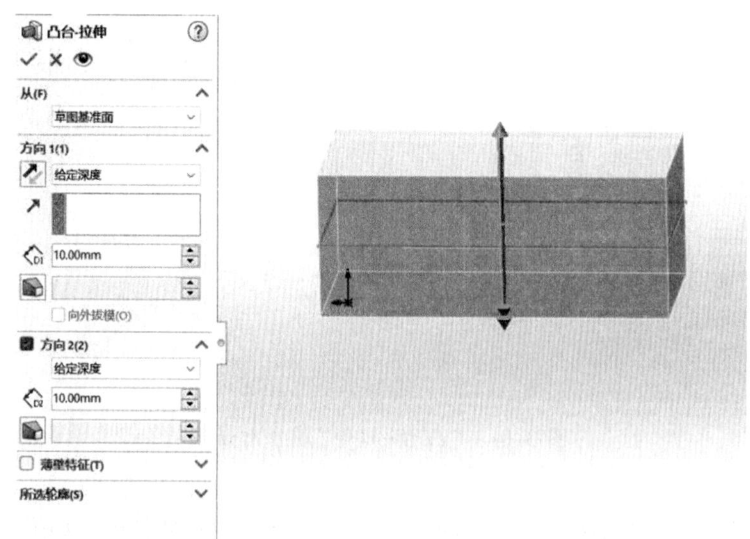

图 3-17　双向拉伸

2)拔模拉伸

在“凸台-拉伸”属性对话框中单击“拔模”按钮，并输入拔模角度，即可生成拔模拉伸实体，如图 3-18 所示。

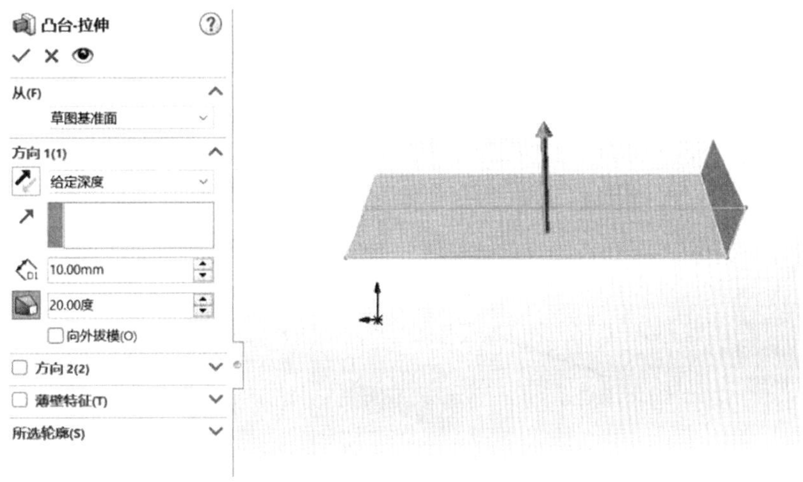

图 3-18 拔模拉伸

3)薄壁拉伸

在“凸台-拉伸”属性对话框中勾选“薄壁特征”复选框，并输入“壁厚”，即可生成薄壁拉伸实体，如图 3-19 所示。

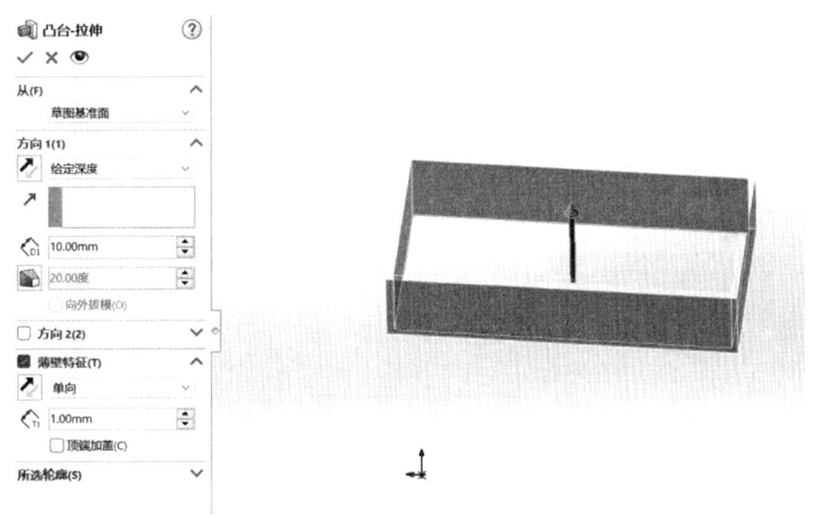

图 3-19 薄壁拉伸

2. 完全贯穿

完全贯穿是拉伸贯穿所有的几何体的操作，如图 3-20 所示。

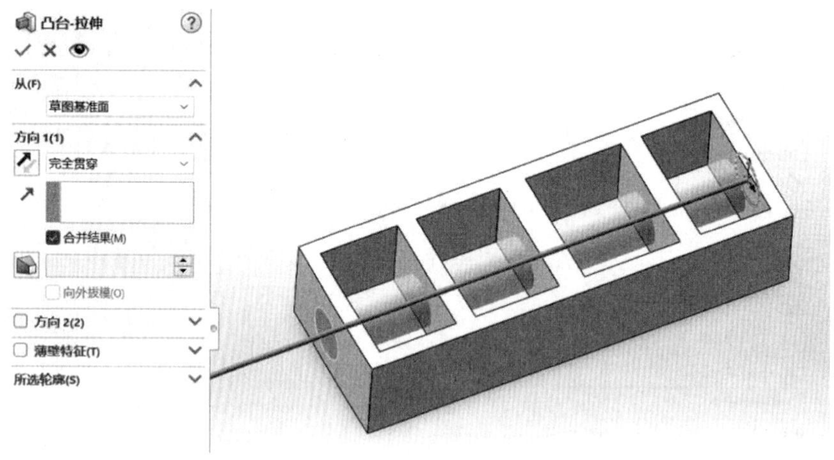

图 3-20　完全贯穿

3. 成型到下一面

成型到下一面是拉伸特征至下一基准面或者零件表面的操作，如图 3-21 所示。

图 3-21　成型到下一面

4. 成型到顶点

成型到顶点是拉伸特征至一顶点位置的操作，如图 3-22 所示。

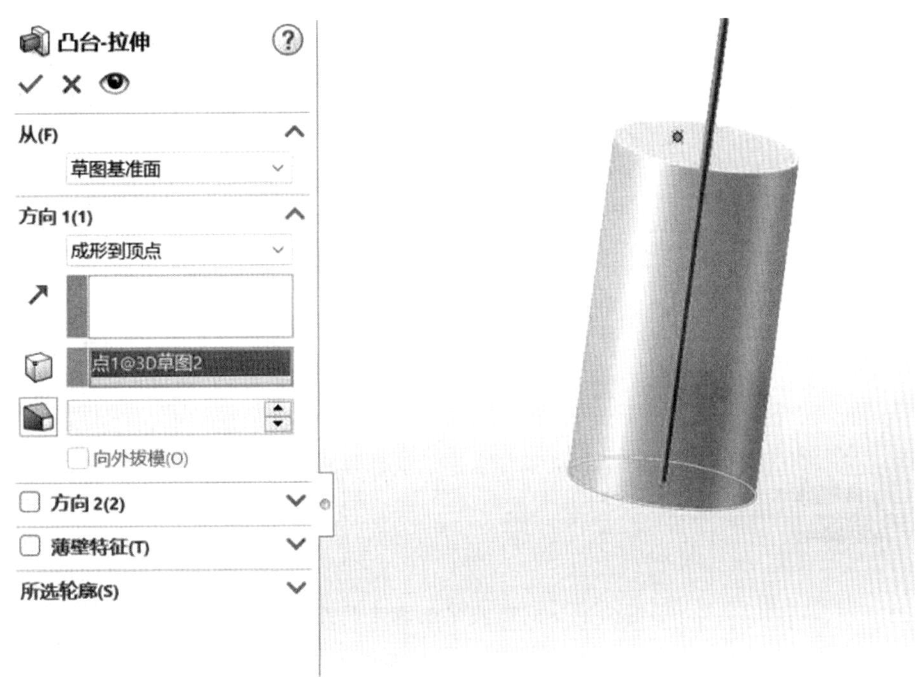

图 3-22　成型到顶点

5. 成型到面

同上“成型到下一面”，但面可以指定为任意面。

6. 到离指定面指定的距离

拉伸至离指定的面有一定的距离，如图 3-23 所示。

7. 成型到实体

拉伸特征至一实体的操作，如图 3-24 所示。

8. 两侧对称

以草图平面为中心向两侧对称拉伸的操作，如图 2-25 所示。

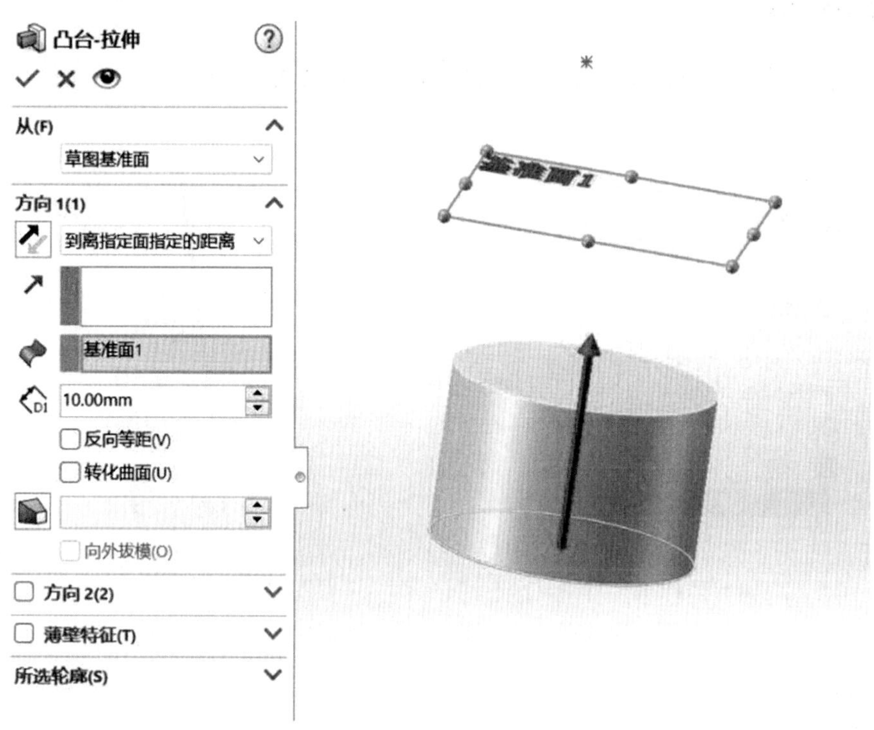

图 3-23　到离指定面指定的距离

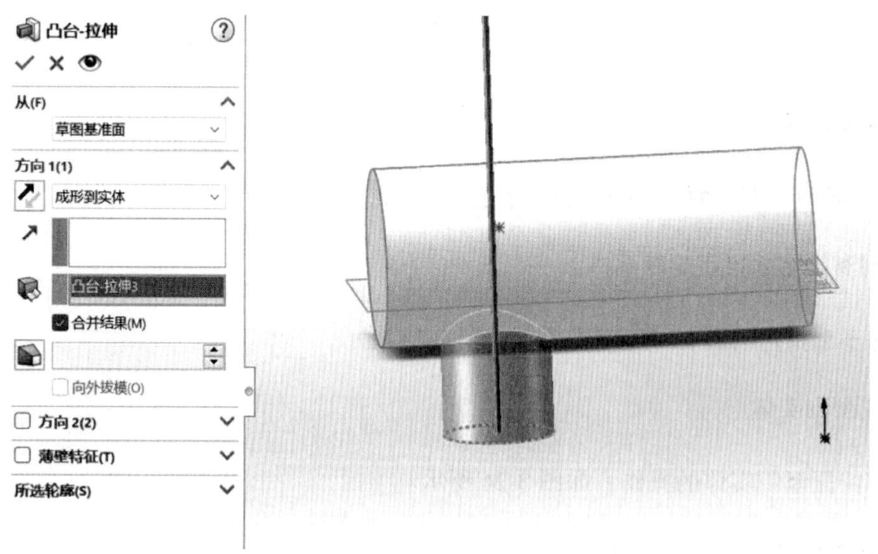

图 3-24　成型到实体

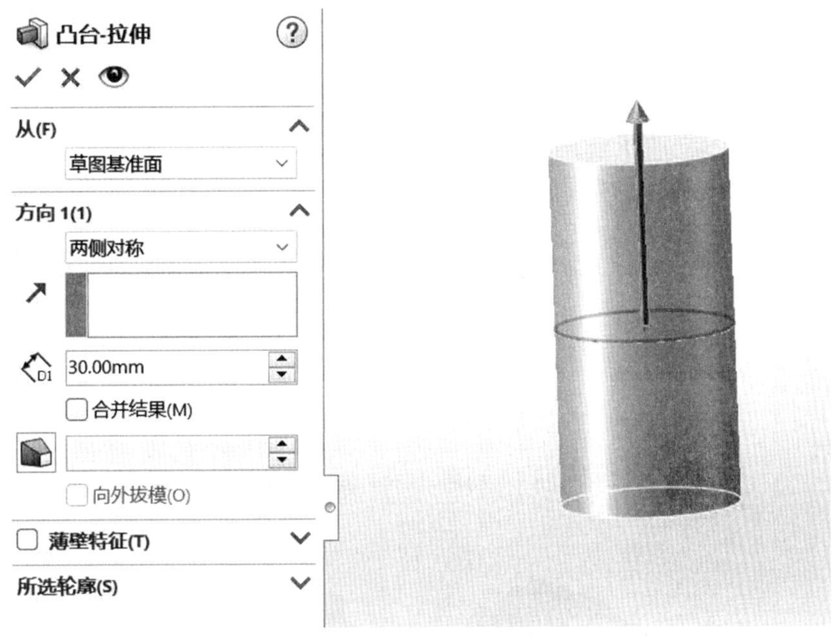

图 3-25　两侧对称

注意：有的拉伸方式要在特定条件下才会显示，比如“完全贯穿”“成型到下一面”等。

3.3.2　切除拉伸

单击特征面板上的“拉伸切除”按钮，或选择菜单栏上的“插入”按钮，单击“切除”，再单击“拉伸”命令，即可弹出“切除-拉伸”属性对话框，如图 3-26 所示，该对话框中各选项的功能和“拉伸凸台/基体”类似，此处不再赘述。

3.3.3　连接块绘制实例

连接块绘制实例

现要求绘制如图 3-27 所示的连接块草图。

绘制步骤如下：

(1)单击菜单栏上的“新建”按钮，选择“零件”模块，如图 3-28 所示，单击“确定”。

(2)选择设计树中的“上视基准面”作为绘图平面，单击“草图绘制”，生成“草图 1”。再单击草图面板中的“矩形”下拉图标，选择“中心矩形”，绘制一个 50×50 的矩

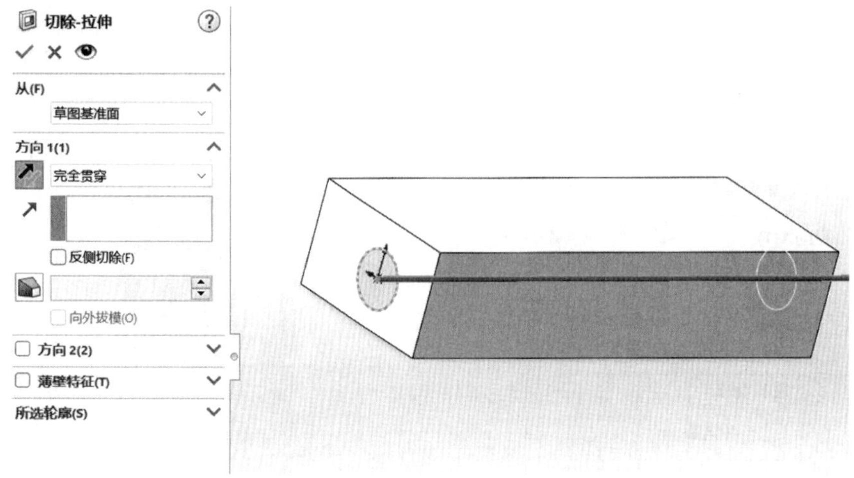

图 3-26　“切除-拉伸”属性对话框

图 3-27　连接块

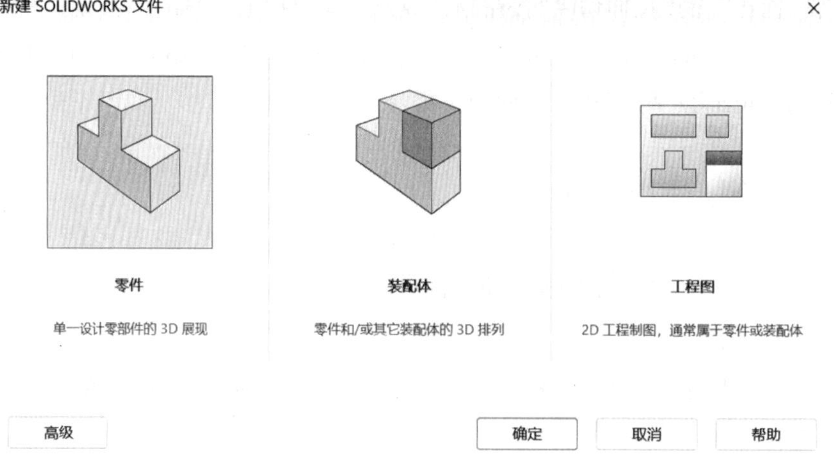

图 3-28　新建文件

形，如图 3-29 所示。

(3)单击草图面板中的“圆形”下拉图标⊙·，选择“周边圆”，在四个角内绘制圆。按住 Shift 键，分别选中四个圆，添加它们的几何关系为“相等”，绘制操作如图 3-30 所示。

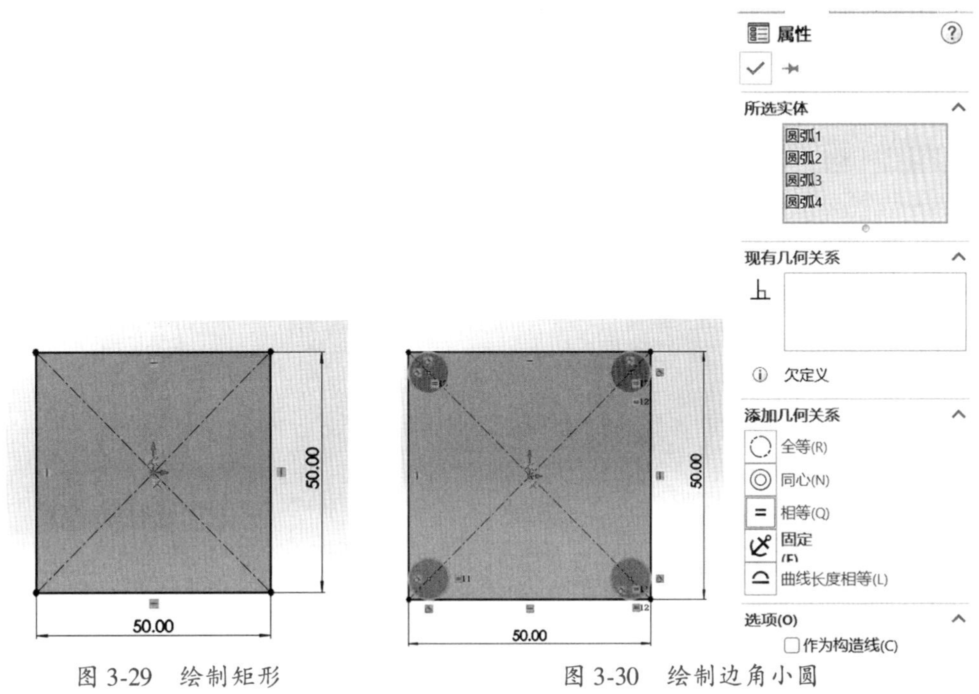

图 3-29　绘制矩形　　　　图 3-30　绘制边角小圆

(4)选择草图面板中的“剪裁实体”图标，将多余的线段剪掉，并定义小圆弧的半径为 6，如图 3-31 所示。

(5)选择矩形上、下两端水平线的中点和坐标原点，添加几何关系为“竖直”，选择矩形左、右两端竖直线的中点和坐标原点，添加几何关系为“水平”，使其完全定义，如图 3-32所示。

(6)选择草图面板上的“圆形”图标⊙，根据四个 R6 的圆弧圆心画直径为 6 的四个圆，在草图原点再画一个直径为 10 的圆，如图 3-33 所示。

(7)退出草图，单击“草图 1”，再单击特征面板上的“拉伸凸台/基体”图标，给定深度为 20mm，如图 3-34 所示，再单击“确定”。

(8)鼠标左键单击实体的“顶面”，再单击“草图绘制”，新建“草图 2”。绘制四个带有圆弧半径为 5 的 12×12 的矩形，如图 3-35 所示。

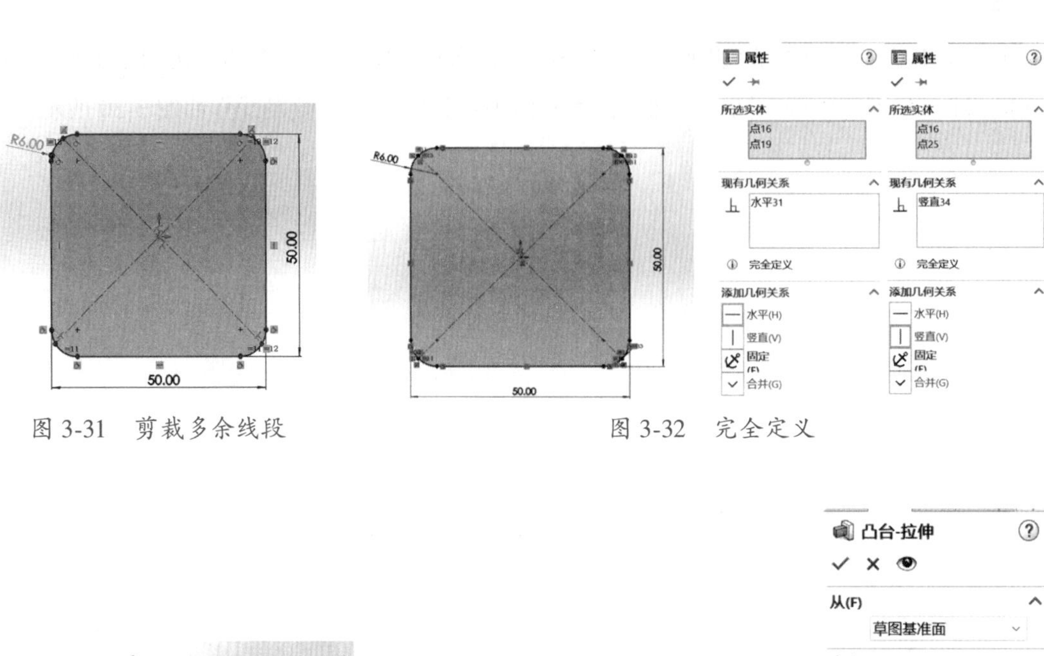

图 3-31　剪裁多余线段　　　　图 3-32　完全定义

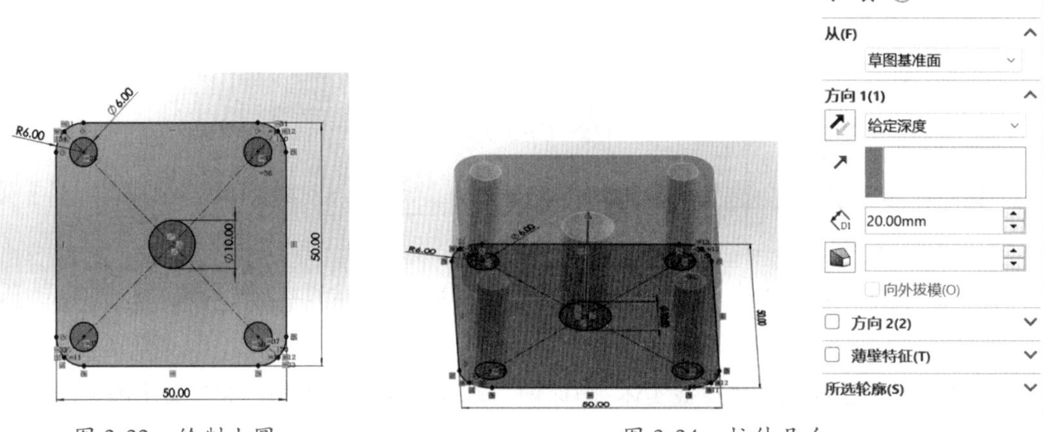

图 3-33　绘制小圆　　　　图 3-34　拉伸凸台

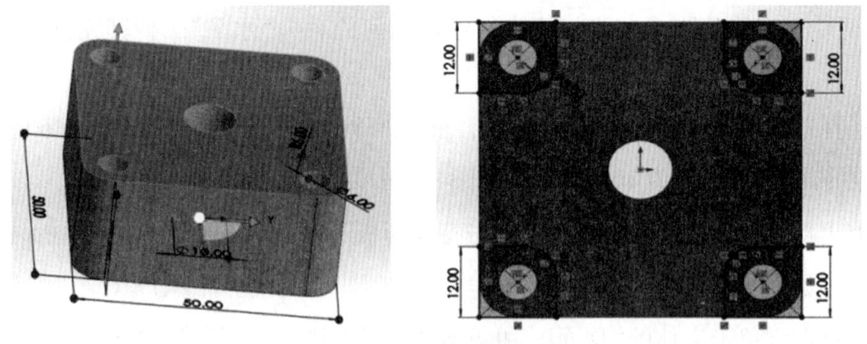

图 3-35　绘制圆弧矩形

(9)退出草图，单击“草图 2”，再选择特征面板中的“拉伸切除”图标，给定深度为10mm，如图 3-36 所示，单击“确定”。

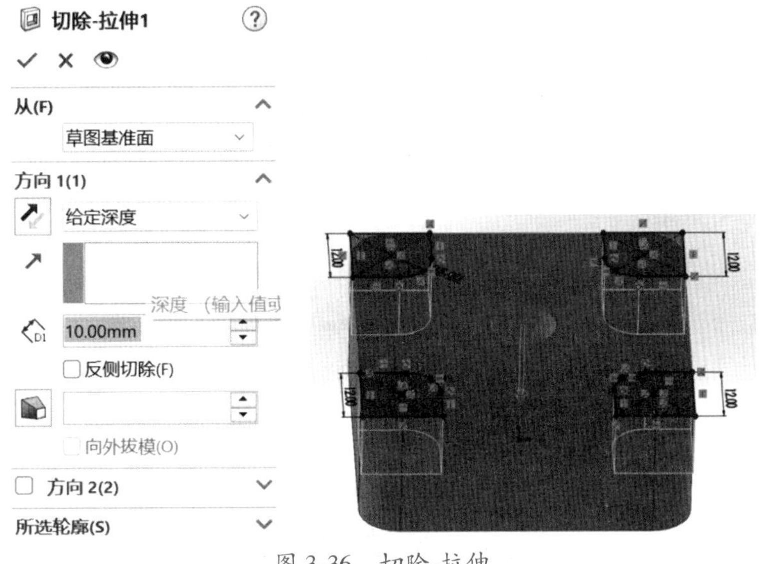

图 3-36 切除-拉伸

(10)鼠标单击实体的“正面”，如图 3-37 所示，选择“草图绘制”。单击草图面板上的“圆形”，绘制一个与原点距离为 8 且直径为 8 的圆，如图 3-38 所示。

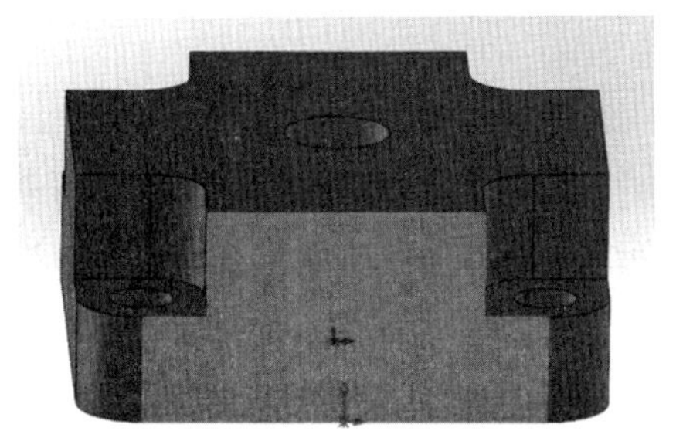
图 3-37 选择正面

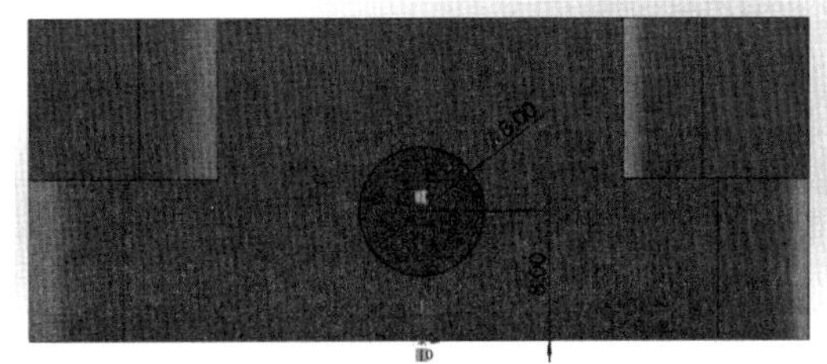
图 3-38 绘制圆

(11)退出草图，单击“草图 3”，再单击特征面板上的“拉伸切除”，方向选择“完全贯穿”，如图 3-39 所示，单击“确定”。最终绘制效果如前文图 3-27 所示。

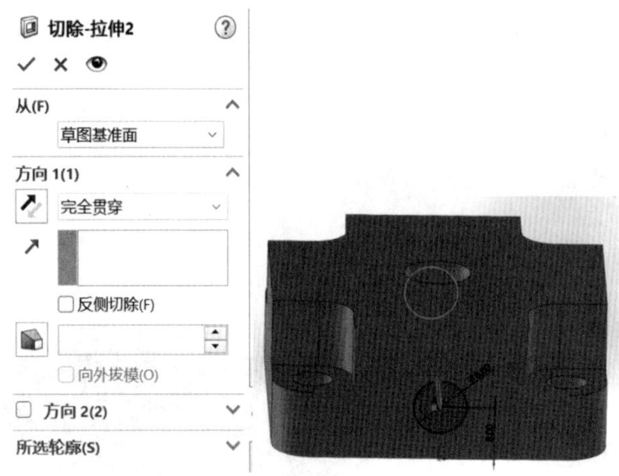

图 3-39　拉伸切除

3.4　旋 转 特 征

旋转特征是将草图绕着一个轴，旋转一定的角度形成实体(一般是整周 360 度)。在建立旋转特征时，注意轮廓不能与中心线交叉。

3.4.1　旋转凸台基体

首先绘制一个草图，包含旋转轮廓旋转轴。单击“草图”，再单击特征面板上的“旋转凸台/基体”按钮，或选择菜单栏中的“插入”，单击“凸台基体”，再选择“旋转”命令，弹出“旋转”属性对话框，如图 3-40 所示。

“旋转”属性对话框中的各选项功能和拉伸凸台/基体的类似，如图 3-41 所示，这里不再赘述。

注意：旋转特征的草图中要有“中心线”才可以自动完成旋转，否则要手动指定旋转轴。

3.4.2　回转手柄实例

现要求绘制如图 3-42 所示的回转手柄草图。

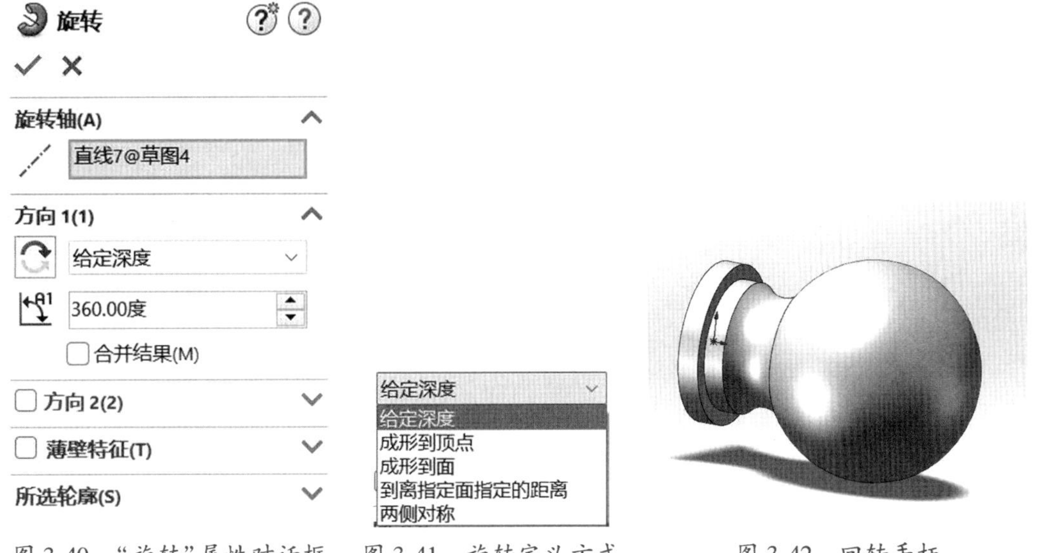

图 3-40 “旋转”属性对话框　图 3-41 旋转定义方式　图 3-42 回转手柄

绘图步骤如下：

(1)单击菜单栏上的“新建”按钮，选择零件模块后单击“确定”。

(2)选择设计树中的“前视基准面”，单击“草图绘制”，再单击草图面板中的“中心线”命令绘制一个旋转轴。再用“直线”命令、“3 点圆弧”命令绘制出大致形状，如图 3-43 所示。

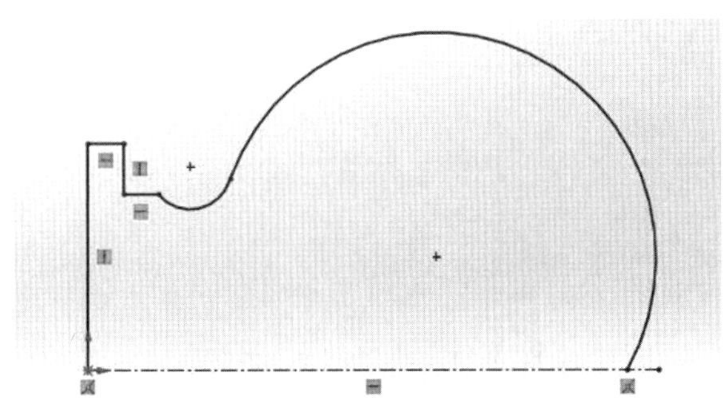

图 3-43 绘制大致形状

(3)对草图进行几何约束，按住 Ctrl 键，选中大圆的圆心与中心轴线，设定几何约束为“重合”，如图 3-44 所示。

再按住 Ctrl 键，选中小圆和大圆，设定几何约束为“相切”，如图 3-45 所示。

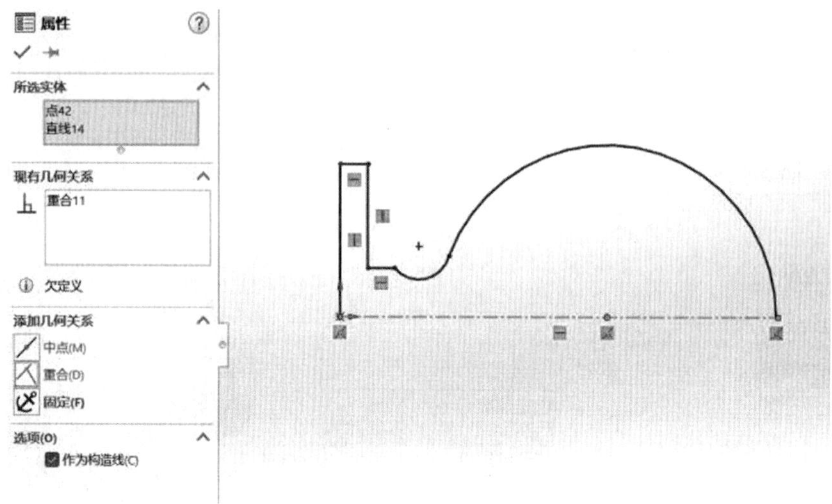

图 3-44　几何约束“重合”

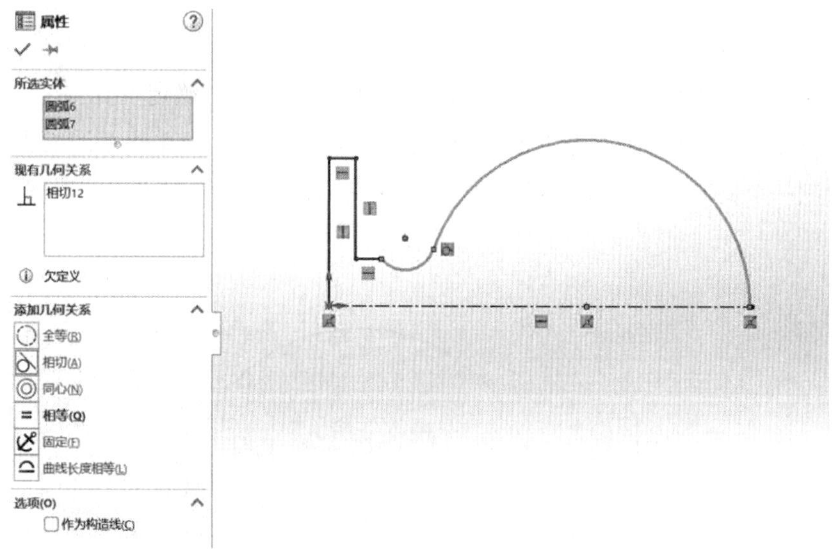

图 3-45　几何约束“相切”

(4)对草图进行尺寸标注，如图 3-46 所示。

(5)退出草图，在设计树中单击“草图”，再单击特征面板中的“旋转凸台/基体”，会弹出一个如图 3-47 所示的提示，单击“是”按钮(因为草图不是封闭的，中心线不能作为实线形成闭环)。

(6)绘图区左侧会弹出“旋转”属性对话框，选择中心线为旋转轴，如图 3-48 所示，单

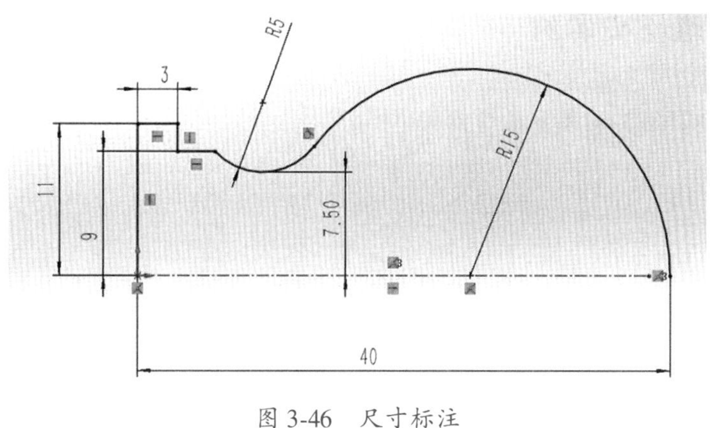

图 3-46 尺寸标注

击“确定”，最终生成如前文图 3-42 所示的实体。

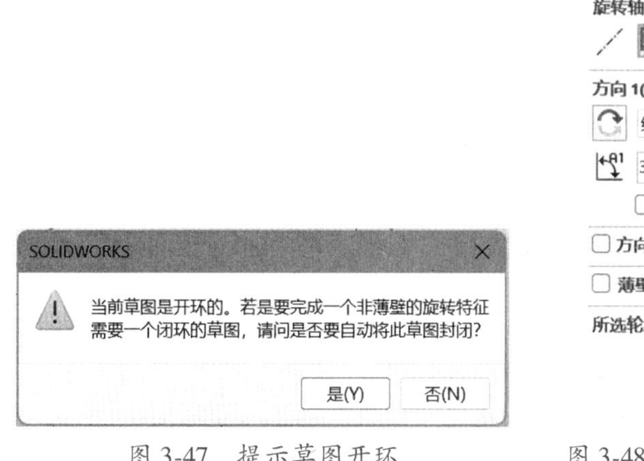

图 3-47 提示草图开环

图 3-48 “旋转”属性对话框

3.4.3 旋转切除

单击特征面板上的“旋转切除”按钮，或选择菜单栏中的“插入”按钮，单击“切除”，再选择“旋转”命令，即可弹出“切除-旋转”属性对话框，如图 3-49 所示，该对话框操作和“旋转”属性对话框类似，这里不再赘述。

3.4.4 螺栓头实例

现要求绘制如图 3-50 所示的螺栓头草图。

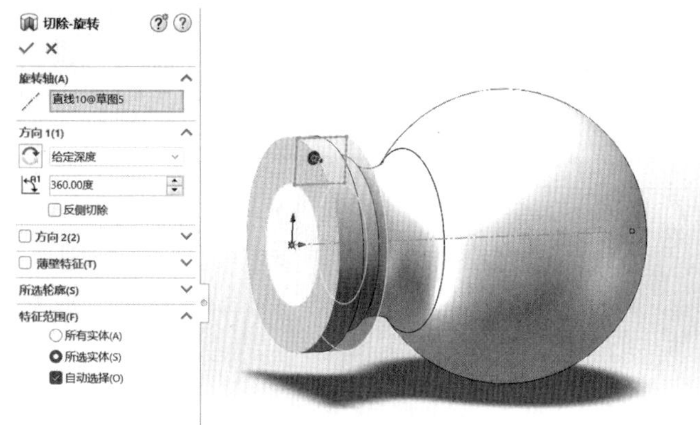

图 3-49 “切除-旋转”属性对话框

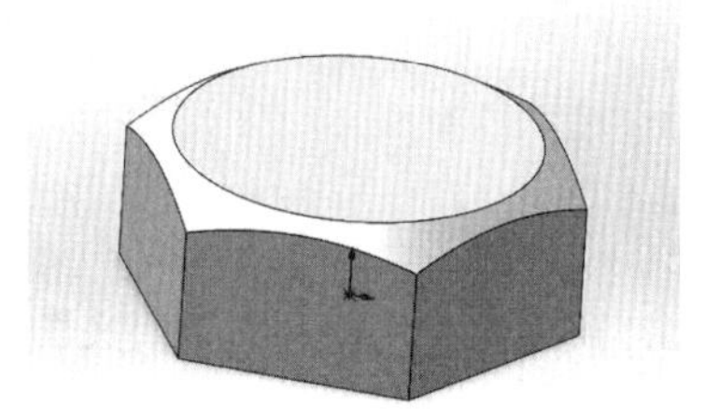

图 3-50 螺栓头

绘图步骤如下：

(1) 单击菜单栏中的“新建”按钮，选择“零件”模块。

(2) 鼠标左键单击设计树中的“上视基准面”，单击“草图绘制”，单击草图面板中的“多边形”命令，绘制一个六边形，并标注内接圆尺寸大小为 20，如图 3-51 所示。

(3) 此时草图并未完全定义，按住 Crtl 键，单击多边形“最左”“最右”点以及草图“原点”，设置几何约束为“水平”，如图 3-52 所示。

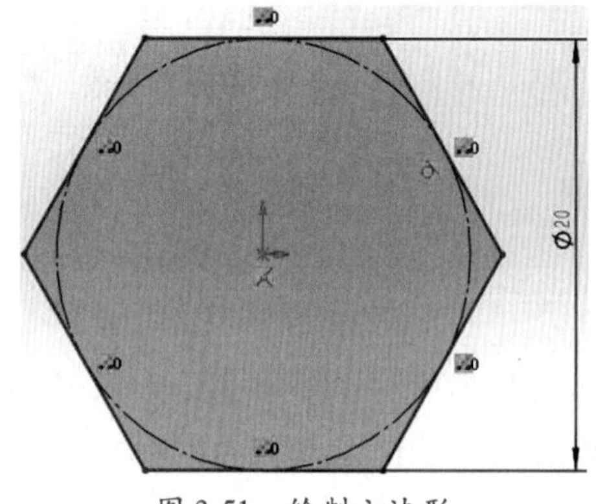

图 3-51 绘制六边形

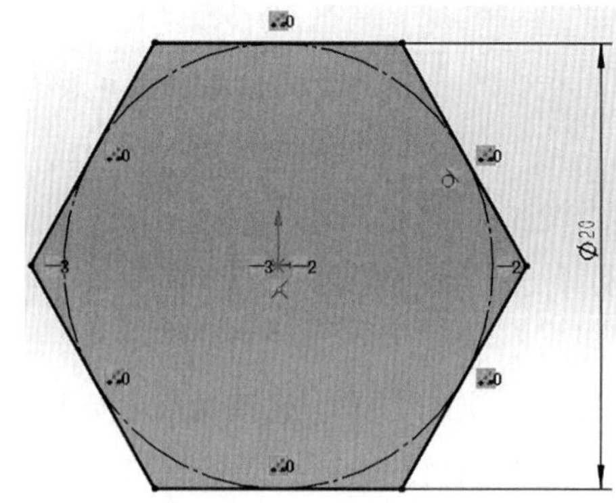

图 3-52 完全定义

(4)退出草图，单击设计树中的“草图 1”，再单击特征面板上的“拉伸凸台/基体”按钮，弹出“凸台-拉伸”属性对话框，设置给定深度为 8mm，如图 3-53 所示，再单击“确定”。

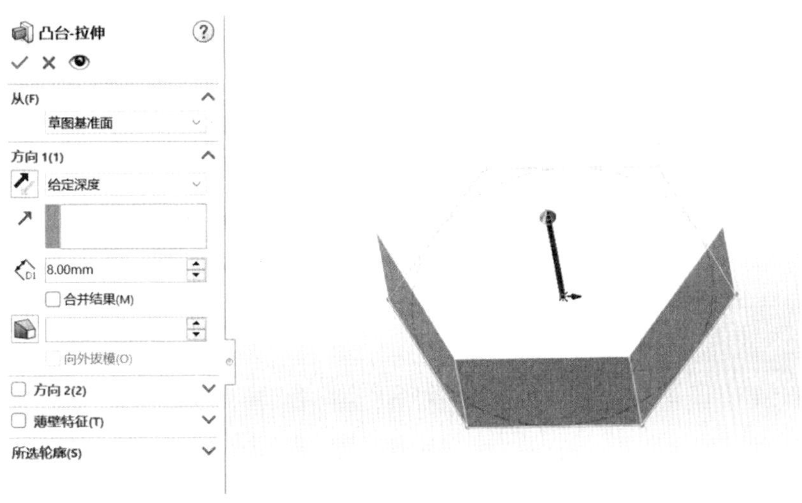

图 3-53 “凸台-拉伸”属性对话框

(5)单击设计树中“前视基准面”，选择“草图绘制”，绘制如图 3-54 所示的草图，并标注尺寸(注意绘制中心线)。

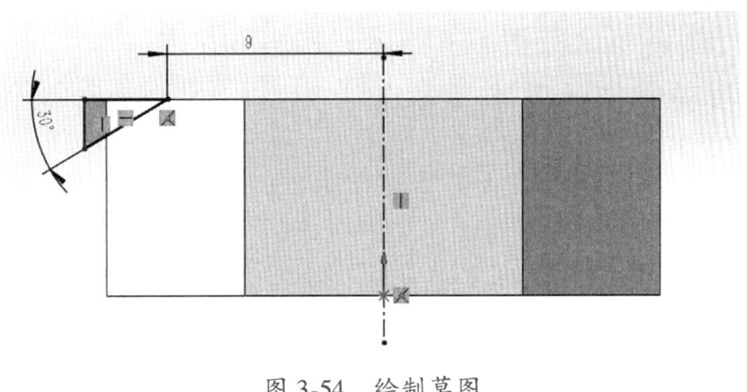

图 3-54 绘制草图

(6)退出草图，单击设计树中的“草图 2”，再单击特征面板中的“旋转切除”按钮，弹出“切除-旋转”属性对话框，以中心线为旋转轴，如图 3-55 所示，单击“确定”，生成如图 3-50 所示的实体。

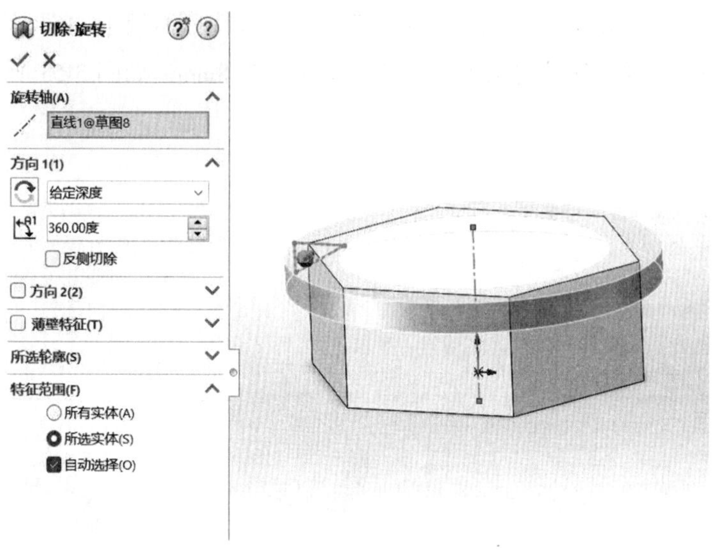

图 3-55　“切除-旋转”属性对话框

3.5　扫 描 特 征

在 SolidWorks 中，扫描特征是一种强大的工具，允许用户通过沿特定路径移动一个或多个轮廓来创建复杂的三维形状。扫描特征包括基体、凸台、切除和曲面等多种类型，具体选择哪种类型取决于所需生成的几何体。

3.5.1　扫描特征的基本步骤

1. 生成扫描特征的基本步骤

(1)绘制轮廓：在工作平面上绘制一个或多个闭环的轮廓，这些轮廓将定义扫描特征的横截面形状。

(2)设置路径：定义一个路径，扫描特征将沿这条路径移动，路径可以是草图、现有的模型边线或曲线。

(3)选择扫描类型：在 SolidWorks 的特征工具栏中，选择“扫描”命令。根据需要，可以选择生成基体、凸台、切除或曲面等类型的扫描特征。

(4)设置选项：在扫描属性管理器中，设置各种选项，如轮廓和路径的选择、方向控制、薄壁特征等。

(5)完成扫描：确认所有设置后，单击“确定”完成扫描特征的生成。

2. 注意事项

(1)轮廓和路径的要求：轮廓必须是闭环的，而路径可以是开环或闭环。路径必须与轮廓的平面交叉，且不能出现自相交叉的情况。

(2)引导线的使用：对于某些扫描特征，如需要沿特定路径精确移动轮廓，可以使用引导线。引导线必须与轮廓或轮廓草图中的点重合。

(3)薄壁特征：如果需要生成薄壁特征，可以在扫描属性管理器中选择“薄壁特征”复选框，并设置薄壁厚度。

3.5.2 扫描

在“前视基准面”绘制一个大小为10的圆，再在“右视基准面”绘制一个样条曲线。然后单击特征面板上的“扫描”按钮，或选择菜单栏中的“插入”，单击“凸台基体”，再单击“扫描”命令，在绘图区左侧弹出“扫描”属性对话框，选择“草图轮廓”，分别选择轮廓和路径，单击“确定”即可完成扫描特征，如图3-56所示。

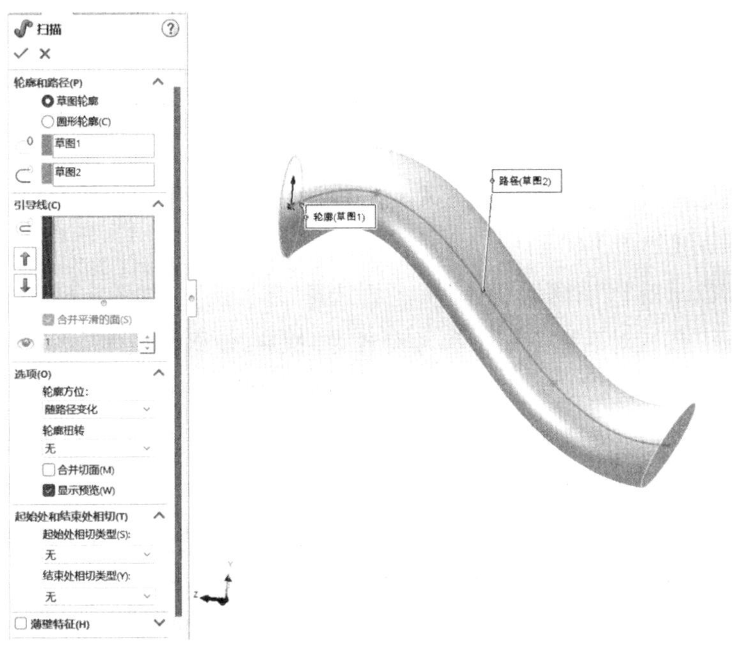

图3-56 扫描特征

3.5.3　螺旋弹簧绘制实例

螺旋弹簧
绘制实例

现要求绘制如图 3-57 所示的螺旋弹簧草图。

绘制步骤如下：

(1)单击“新建”按钮，选择零件模块。

(2)选择设计树中的“上视基准面”，单击“草图绘制”，单击草图面板的“圆形”按钮，绘制一个直径大小为 10 的圆，如图 3-58 所示。

(3)退出草图，单击设计树中的“草图 1”，再选择特征面板上的“曲线”，然后单击“螺旋线/涡状线”，如图 3-59 所示。

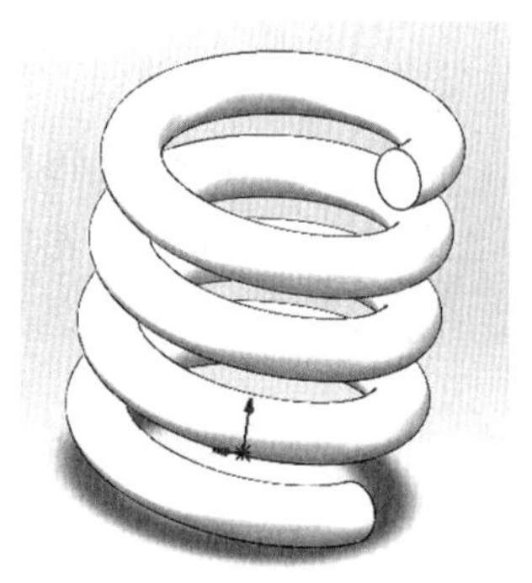

图 3-57　螺旋弹簧

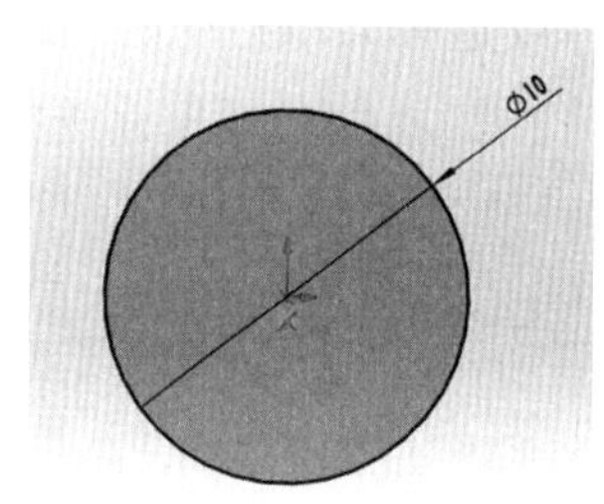

图 3-58　绘制圆形

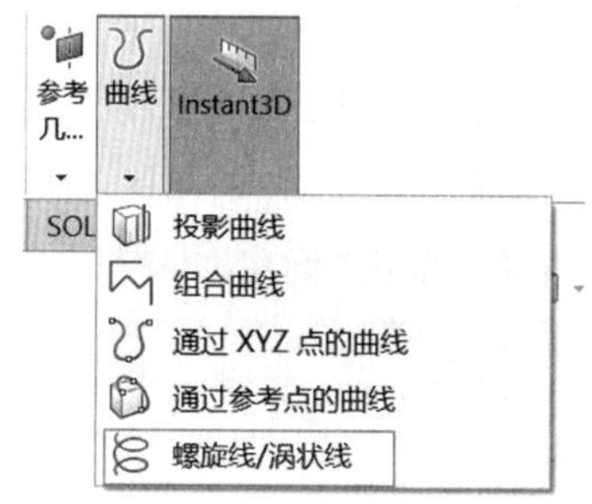

图 3-59　选择“螺旋线/涡状线”

(4)在绘图区左侧弹出的“螺旋线/涡状线 1”属性对话框中，参数设置完成后单击“确定”，生成的螺旋线如图 3-60 所示。

(5)单击特征面板上“参考几何体”，再选择“基准面”，如图 3-61 所示。

(6)“基准面”属性对话框中第一参考设置为“螺旋线/涡状线 1”，第二参考选择螺旋线末端的顶点，单击“确定”，生成的基准面如图 3-62 所示。

(7)单击设计树中新建的“基准面 1”，单击“草图绘制”，选择草图面板上的“圆形”，绘制一个直径大小为 2 的圆，如图 3-63 所示。

(8)此时草图并未完全定义，按住 Ctrl 键，选中小圆的“圆心”和“螺旋线”，在弹出的属性对话框里添加几何关系为“穿透”，如图 3-64 所示，单击“确定”。

(9)退出草图，单击设计树中的“草图 2”，再单击特征面板上的“扫描”按钮 扫描，弹出“扫描 1”属性对话框。选择“草图轮廓”，选择“草图 2”，选择“螺旋线/涡状线 1”，如图 3-65 所示。单击“确定”，最终生成如图 3-57 所示的螺旋弹簧。

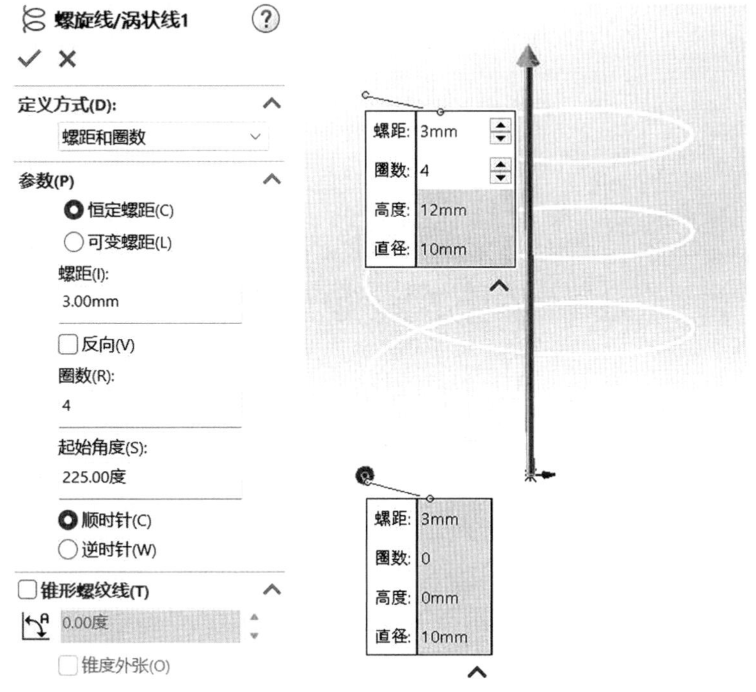

图 3-60 “螺旋线/涡状线 1”属性对话框

图 3-61 选择“基准面”

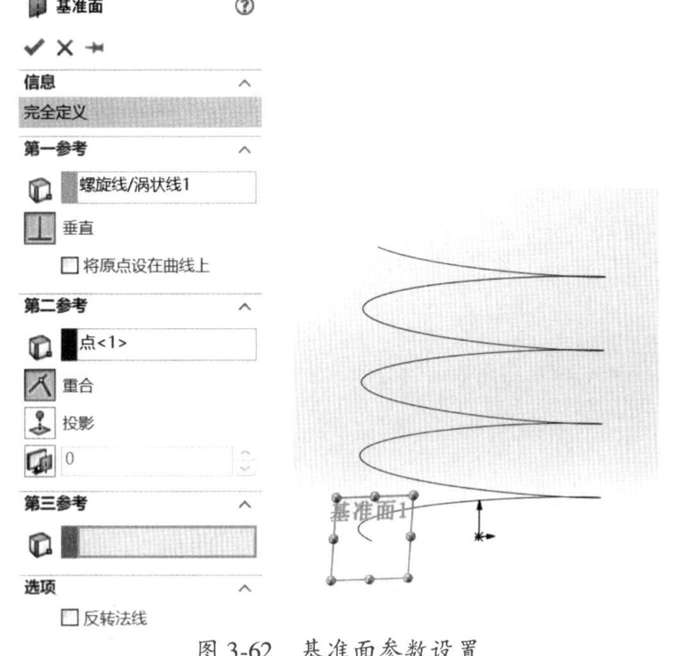

图 3-62 基准面参数设置

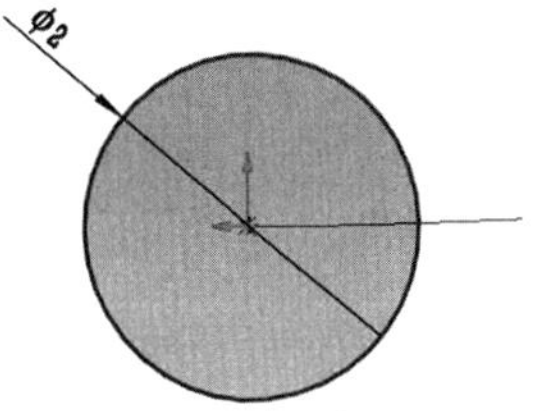

图 3-63 绘制草图 2

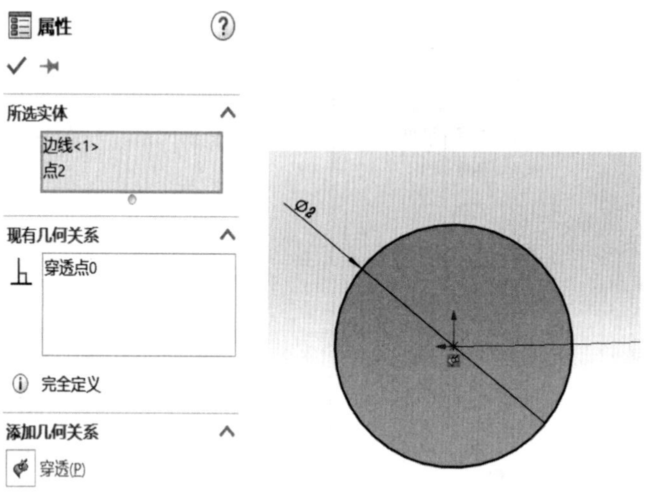

图 3-64　添加几何关系“穿透”

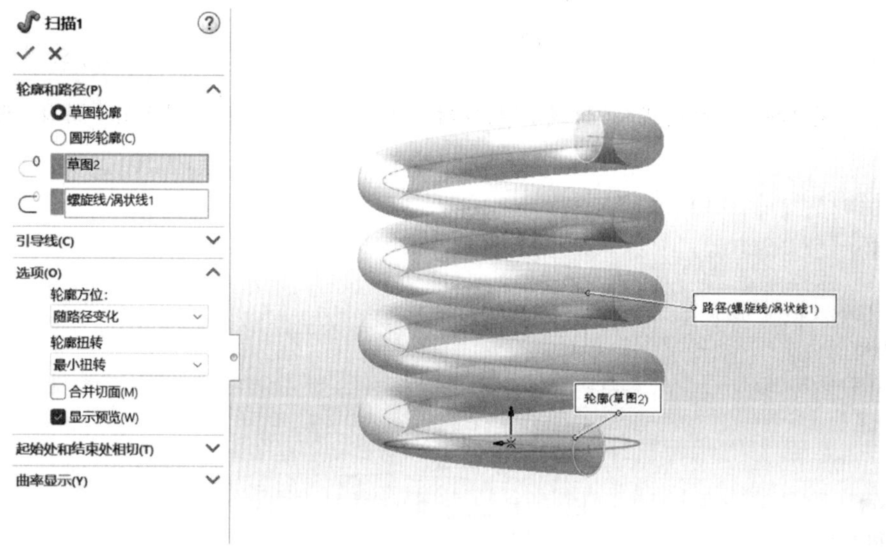

图 3-65　扫描参数设置

3.5.4　引导线扫描

引导线是一种可选的几何特征，用于指导扫描过程中轮廓的移动方向。它必须与轮廓或轮廓草图中的点重合，通过扫描可以自动推理是否存在穿透几何关系。引导线的存在可以帮助用户更精确地控制扫描特征的形状和方向。引导线可以是任何草图曲线、模型边线或者曲线，并且必须相交于一个点，这个点即扫描曲面的顶点。

引导线扫描的注意事项：

(1)路径和引导线草图应在生成路径和引导线之后生成截面。

(2)带引导线的扫描不要求穿透几何关系。

(3)扫描的中间轮廓由路径及引导线决定。

(4)路径必须为单一实体(如直线、圆弧等)或路径线段必须相切(不成一定角度)。

(5)几何关系，如水平或竖直，可能在绘制截面时被自动添加，这些几何关系会影响中间截面的形状，可能产生令人失望的结果。使用显示/删除几何关系来删除不想要的几何关系，这样中间截面可以根据需要扭转。

(6)路径和引导线的长度可能不同，如果引导线比路径长，扫描将使用路径的长度。如果引导线比路径短，扫描将使用最短的引导线的长度。

3.5.5 花瓶绘制实例

现要求绘制如图 3-66 所示的花瓶草图。

绘制步骤如下：

(1)单击“新建”按钮，选择零件模块。

(2)选择设计树中的“上视基准面”，单击“草图绘制”，选择草图面板的“圆形”按钮，绘制一个不定义大小的圆，如图 3-67 所示。

图 3-66 花瓶

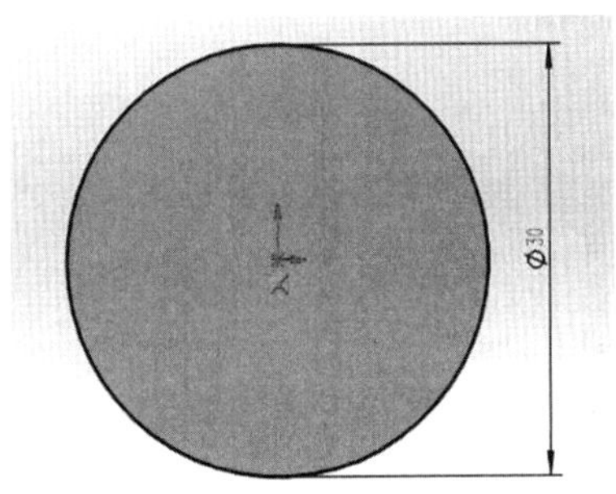

图 3-67 绘制圆形

(3)退出草图，选择设计树中的“前视基准面”，选择“草图绘制”，单击草图面板的“直线”按钮，绘制一条长度为 40 的直线，再绘制一条具有花瓶大致外形的样条曲线。按住 Ctrl 键，选中样条曲线的底部“端点”和草图 1 的“圆”，设置几何关系为“穿透”，效果如图 3-68 所示。

(4)退出草图，单击特征面板上的“扫描”按钮，弹出“扫描”属性对话框。选择“草图轮廓”，选择“圆”为轮廓，选择“直线”为路径。在绘图区空白处单击鼠标右键，选择“SelectionManager”，如图 3-69 所示，再选择引导线为样条曲线，单击“确定”，如图 3-70 所示。最终生成如图 3-66 所示花瓶图。

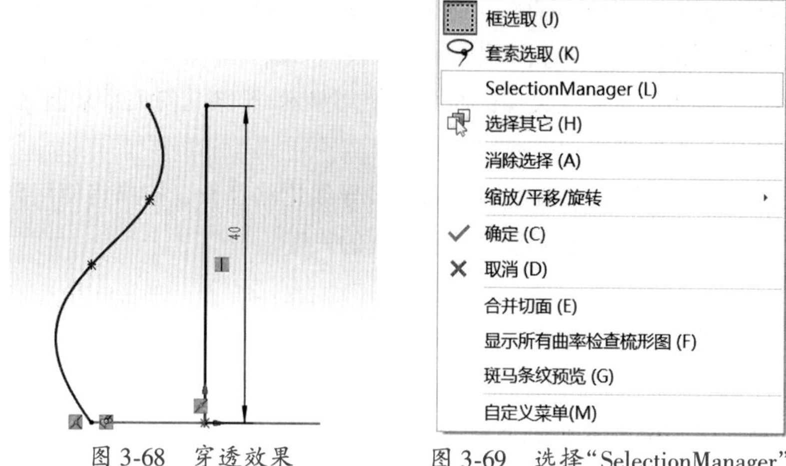

图 3-68　穿透效果

图 3-69　选择“SelectionManager”

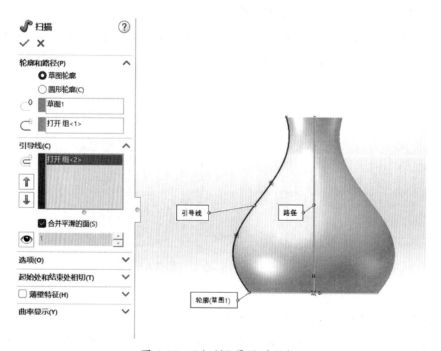

图 3-70　“扫描”属性对话框

3.5.6 切除扫描

在螺旋弹簧中间绘制一个大小为 10 的圆柱体，单击特征面板上的“扫描切除”按钮，或者选择菜单栏上的“插入”，单击“切除”，再单击“扫描”命令，在绘图区左侧弹出“切除-扫描 1”属性对话框。在“切除-扫描 1”属性对话框中，选择“草图轮廓”，分别指定“轮廓”和“路径”，如图 3-71 所示。单击“确定”，生成扫描切除特征，如图 3-72 所示。

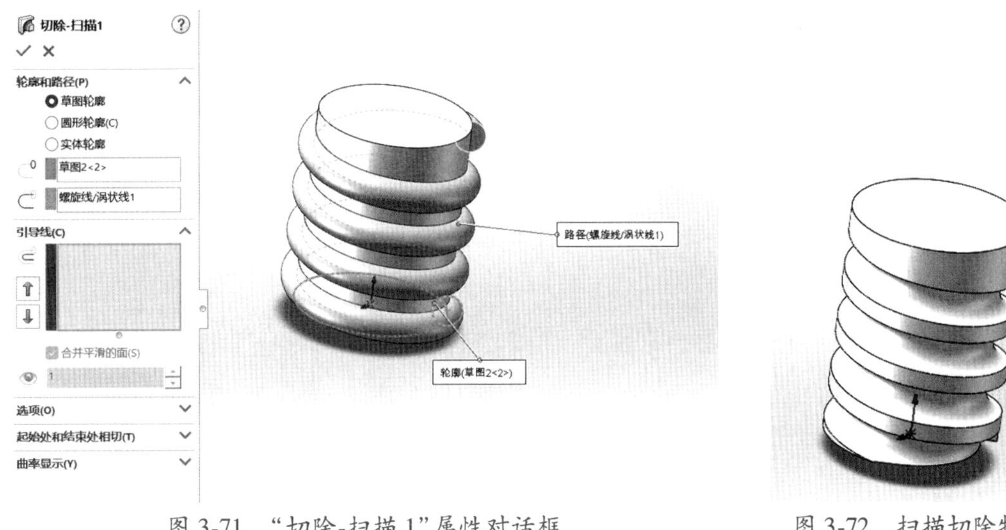

图 3-71 “切除-扫描 1”属性对话框

图 3-72 扫描切除特征

3.6 放样特征

放样特征是指由多个截面或轮廓连接而成的特征，放样通过在轮廓之间进行过渡生成特征。

注意事项：

(1)可以使用两个或多个轮廓生成放样。

(2)仅第一个或最后一个轮廓可以是点，也可以这两个轮廓均为点。

(3)对于实体放样，第一个和最后一个轮廓必须是由分割线生成的模型面或面，或是平面轮廓或曲面。

(4)必须具有两个(或两个以上)以上的草绘。

3.6.1 放样凸台/基体

首先在上视基准面绘制一个圆，再在距离前视基准面 20mm 的位置建立“基准面 1”；然后在基准面 1 上绘制一个“矩形”，再单击特征面板上的“放样凸台/基体”按钮；或选择菜单栏上的“插入”，单击“凸台/基体”，再单击“放样”命令，弹出“放样”属性对话框，如图 3-73 所示。在“轮廓”中选择所绘制的草图，然后单击“确定”按钮即可完成放样凸台基体特征的创建。

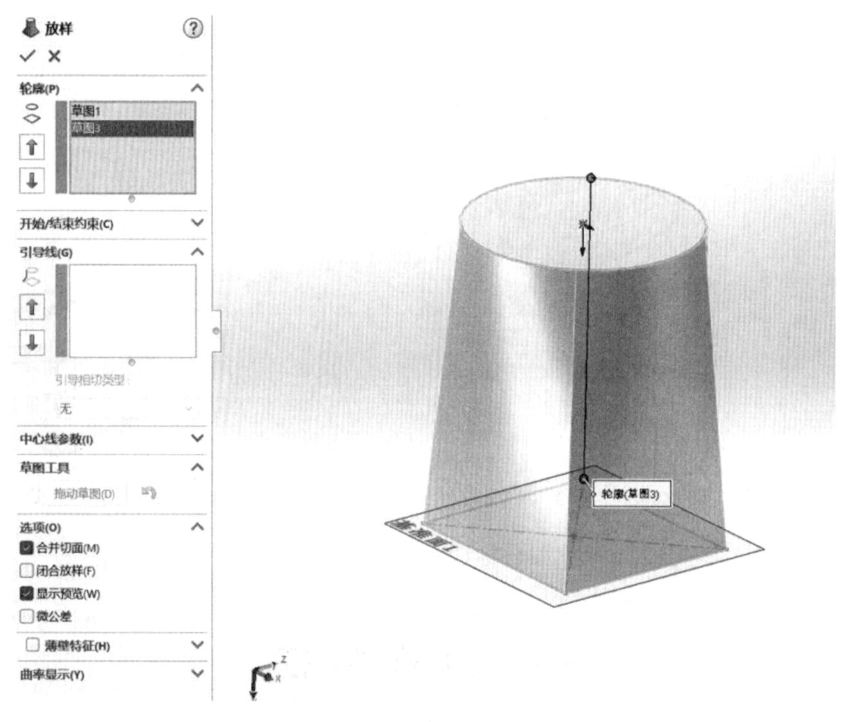

图 3-73 “放样”属性对话框

3.6.2 吊钩绘制实例

吊钩绘制实例

现要求绘制如图 3-74 所示的吊钩草图。

绘制步骤如下：

(1) 单击“新建”按钮，选择零件模块。

(2) 单击设计树中的“前视基准面”，再单击“草图绘制”，先用草图面板中的“直线”将大致轮廓画出，将鼠标拉回，触碰到最后的端点下标会变为，利用这种方法可以提高绘图效率，绘制操作如图 3-75 所示。

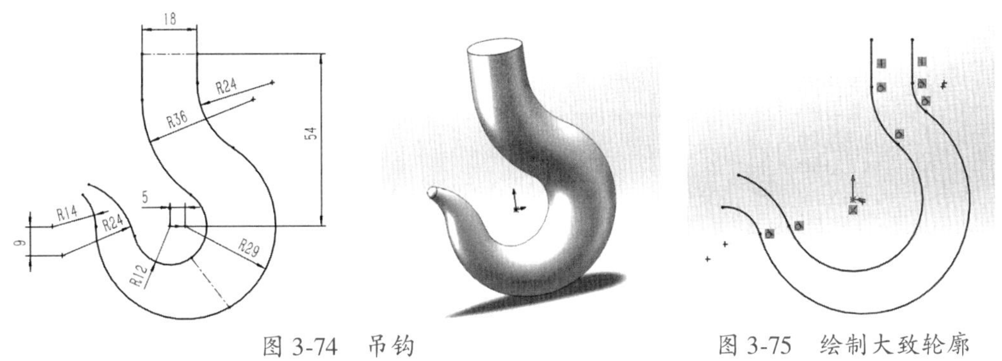

图 3-74 吊钩　　　图 3-75 绘制大致轮廓

(3)按住 Ctrl 键，选择 R14、R29 和 R12 的圆心，设置几何约束为“水平”，再选择尺寸 18mm 两侧直线的上端点，同时设置几何约束为“水平”。再使用“智能尺寸”图标约束标注所有尺寸，再在直线顶端添加一条中心线，将中心线的中点与 R12 圆心设置几何约束为“竖直”，完成后效果如图 3-76 所示。

(4)建议在图 3-77 所示位置用“三点圆弧”再画一个 R2 的小圆弧(为了确保后面加的圆顶衔接得更完美)，并定义与旁边的圆弧“相切”，再把小圆弧删掉，但旁边线段保持不动，否则会变形。

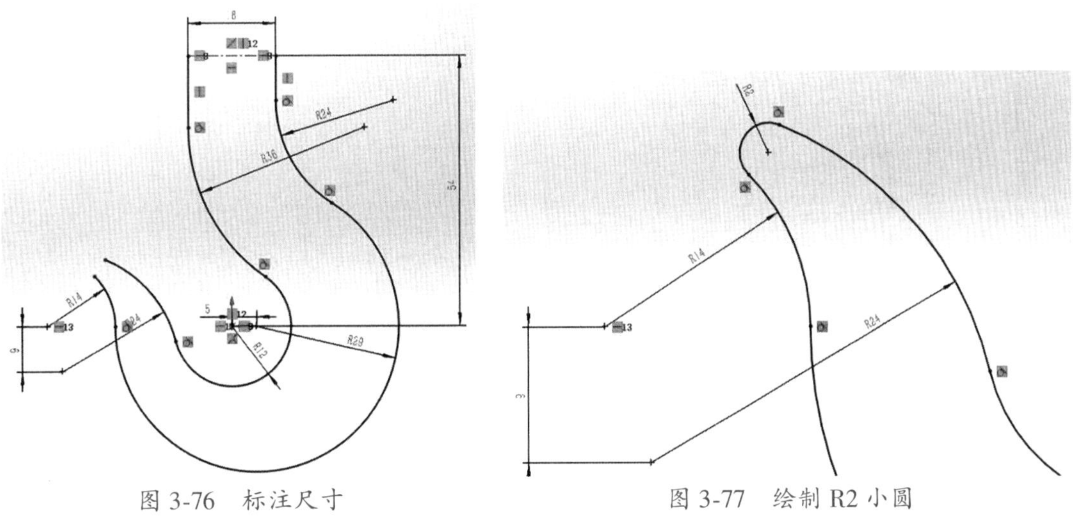

图 3-76 标注尺寸　　　图 3-77 绘制 R2 小圆

(5)退出草图，然后创建一个新的基准面。第一参考为草图 1 最上面的中心线，第二参考为“上视基准面”，并定义平行于参考面，如图 3-78 所示，单击“确定”。

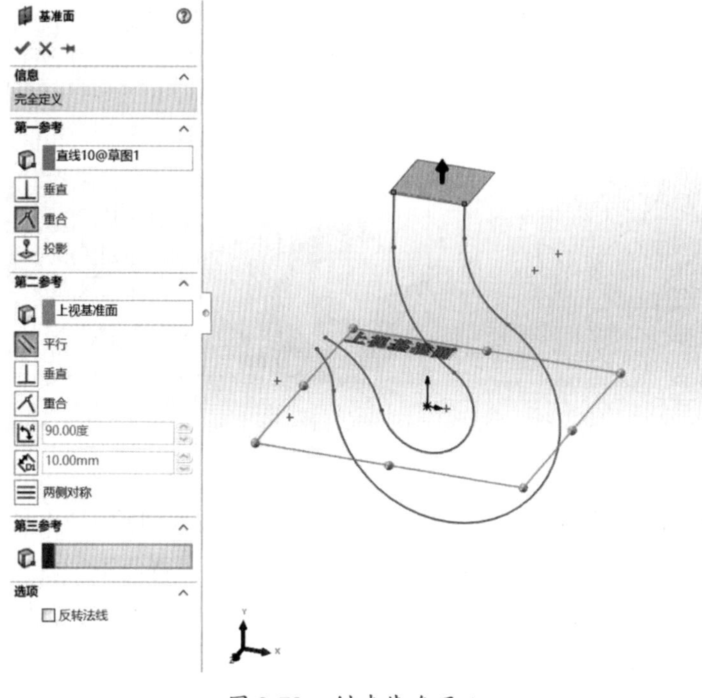

图 3-78　创建基准面 1

(6) 在此基准面上以两点间距为直径大致画一个“圆”，转动视角，将中心线一侧端点与圆设置几何约束为“重合”，如图 3-79 所示。

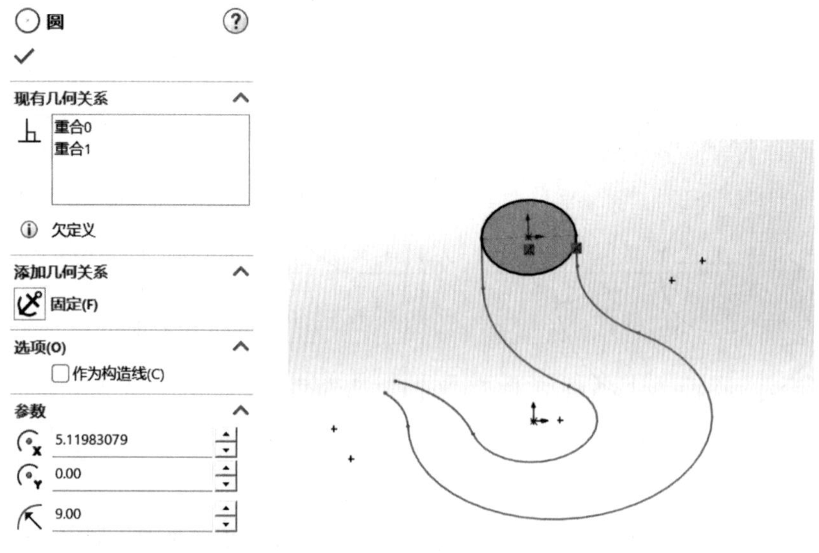

图 3-79　绘制圆 1

(7) 退出草图，再次新建基准面，第一参考为点 1，第二参考为点 2，第三参考为“前视基准面”，并定义垂直于参考面，如图 3-80 所示，单击“确定”。

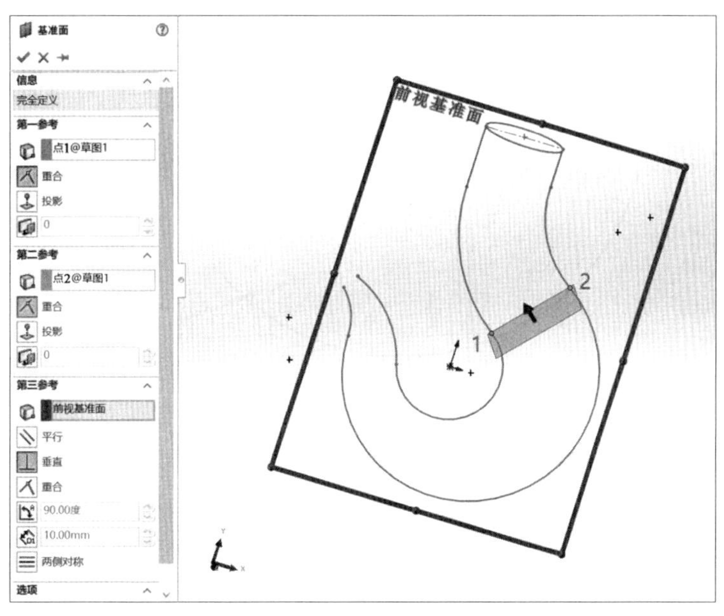

图 3-80 创建基准面 2

(8) 在此基准面上以两点间距为直径大致画一个“圆”，转动视角，将两侧端点都分别与圆设置几何约束为“重合”，如图 3-81 所示。

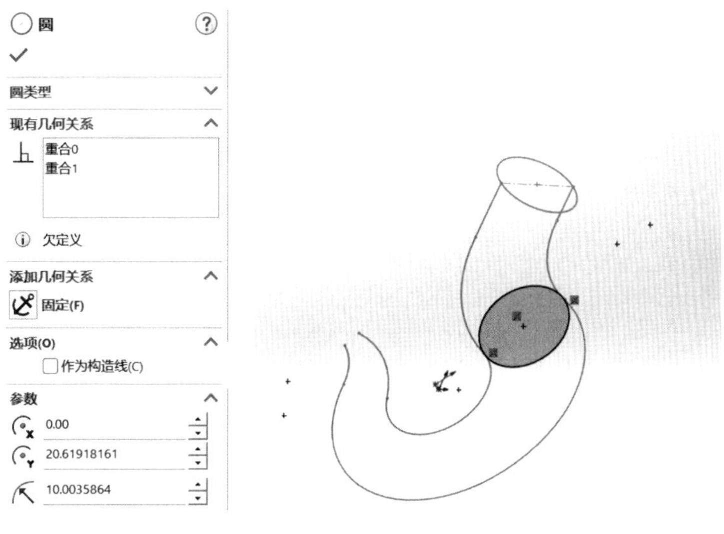

图 3-81 绘制圆 2

(9)退出草图，在“草图 1”里补画一条“过渡线”，如图 3-82 所示。

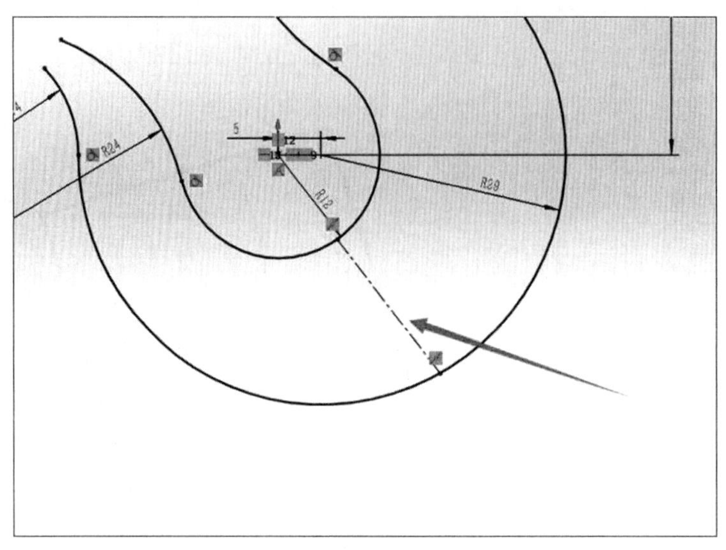

图 3-82　绘制“过渡线”

(10)退出草图，再次新建基准面，第一参考为点 3，第二参考为“前视基准面”，并定义垂直于参考面，如图 3-83 所示，单击“确定”。

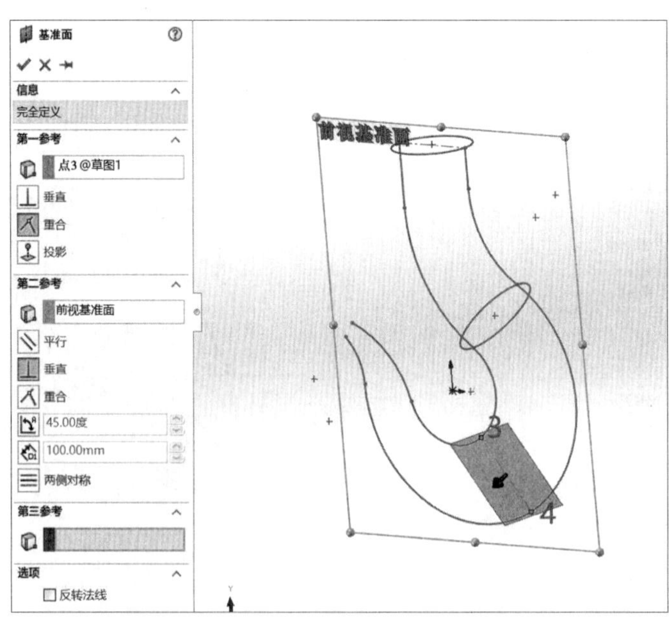

图 3-83　创建基准面 3

（11）在此基准面上以两点间距为直径大致画一个“圆”，转动视角，将两侧端点都分别与圆设置几何约束为“重合”，如图 3-84 所示。

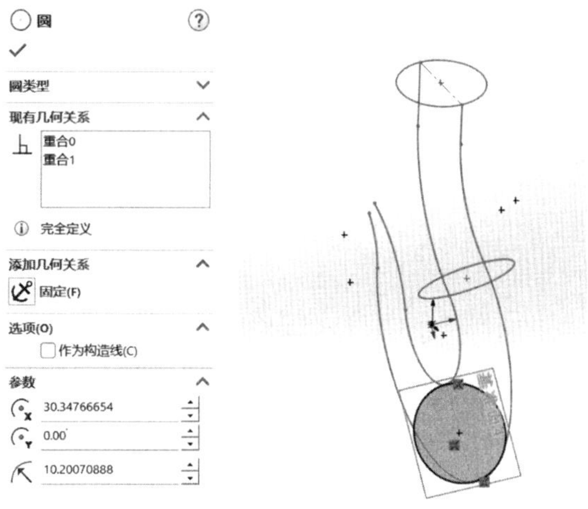

图 3-84 绘制圆 3

（12）退出草图，再次新建基准面，第一参考为点 5，第二参考为点 6，第三参考为“前视基准面”，并定义垂直于参考面，如图 3-85 所示，单击“确定”。

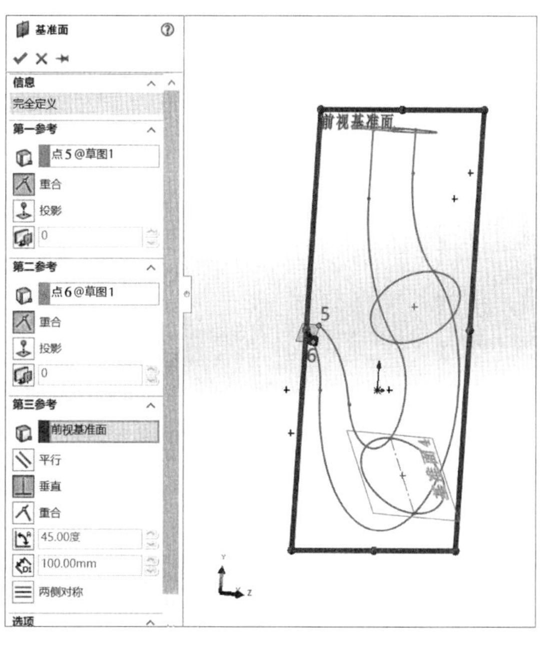

图 3-85 创建基准面 4

(13)在此基准面上以两点间距为直径大致画一个“圆”，转动视角，将两侧端点都分别与圆设置几何约束为“重合”，如图 3-86 所示。

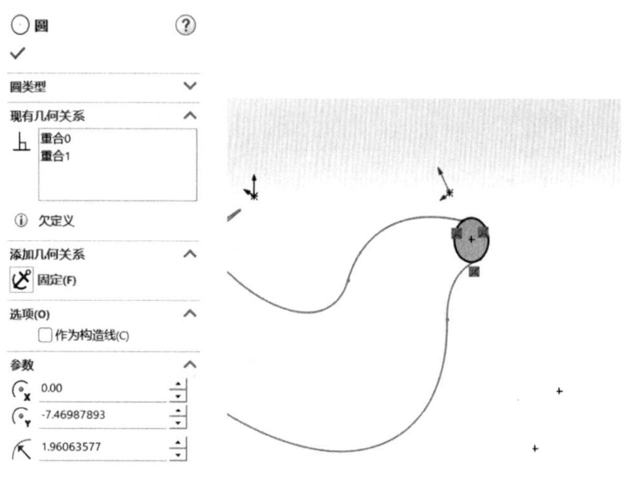

图 3-86　绘制圆 4

(14)退出草图，选择特征面板中的“放样凸台/基体”图标，弹出“放样”属性对话框，选择轮廓为所有新建基准面绘制的“小圆”，引导线为“草图 1”的两条线(分两组选中)，如图 3-87 所示，单击“确定”。

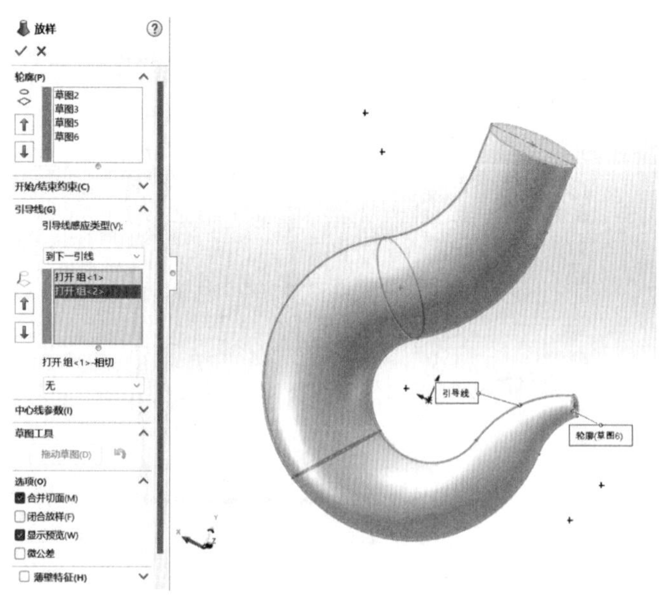

图 3-87　“放样”属性对话框

(15)单击钩尖的小平面，再单击菜单栏的“插入”，选择“特征”，再选择“圆顶”命令，在“圆顶”属性对话框中设置圆顶半径参数为2mm，如图3-88所示。最终生成如前文图3-74所示的吊钩。

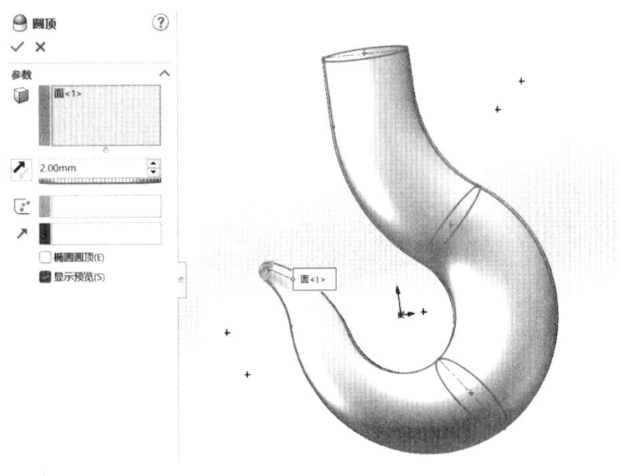

图3-88　圆顶特征

3.6.3　放样切除

放样切除的操作如下：

(1)以“上视基准面”为绘图平面，绘制一个直径30mm、高60mm的圆柱体，如图3-89所示。

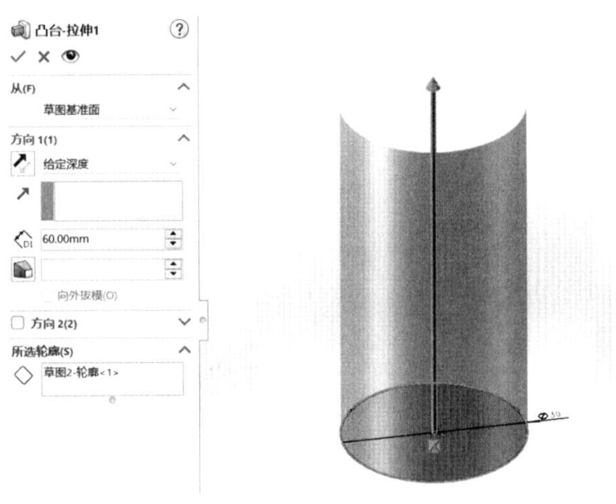

图3-89　绘制圆柱体

(2)在圆柱体的顶面绘制一个直径为 10mm 的小圆，圆心与圆柱体圆心“水平”，与圆柱外轮廓“重合”。底面绘制一个直径为 20mm 的圆，圆心与圆柱体圆心“竖直”，与圆柱外轮廓“重合”，如图 3-90 所示。

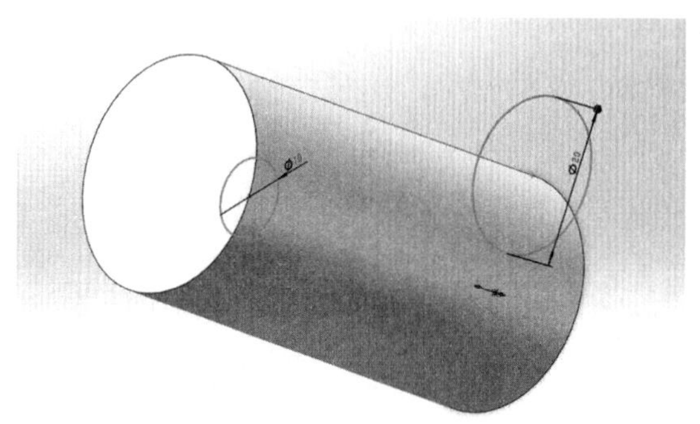

图 3-90　绘制小圆

(3)单击特征面板中的“放样切除”，弹出“切除-放样 1”属性对话框，选择轮廓为 10 和 20 的圆，单击“确定”生成如图 3-91 所示的放样切除特征。

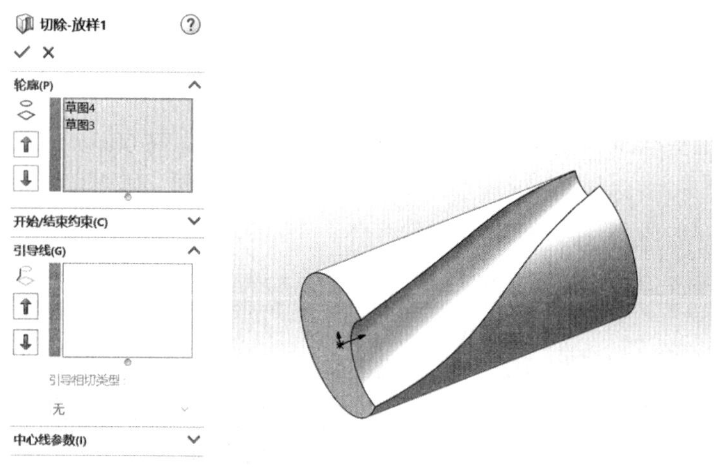

图 3-91　“切除-放样”属性对话框

3.7　茶杯绘制实例

绘制茶杯（使用 Clip-champ 制作）

现要求绘制如图 3-92 所示的茶杯。

绘制步骤如下：

(1) 单击“新建”按钮，选择零件模块。

(2) 选择设计树中的“前视基准面”，单击“草图绘制”，绘制形状及尺寸如图 3-93 所示。

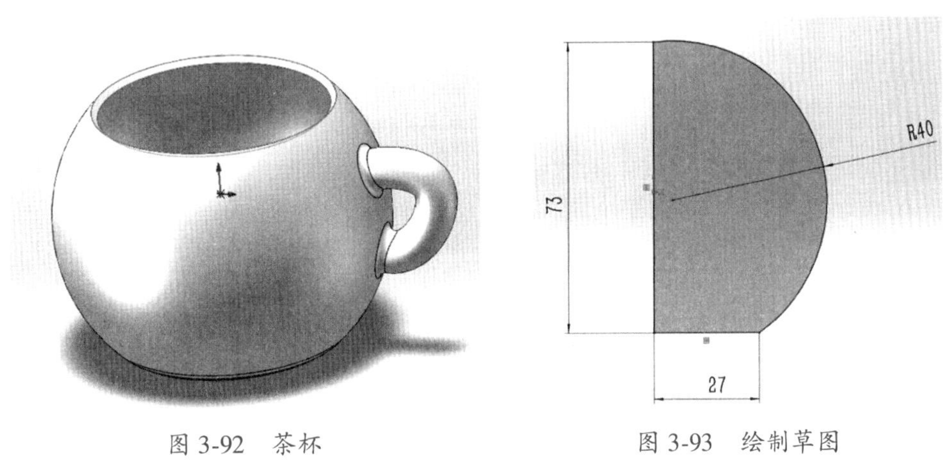

图 3-92　茶杯　　图 3-93　绘制草图

(3) 退出草图，单击特征面板中的“旋转凸台/基体“命令，弹出“旋转 1”属性对话框，选择“旋转轴”，生成如图 3-94 所示的实体。

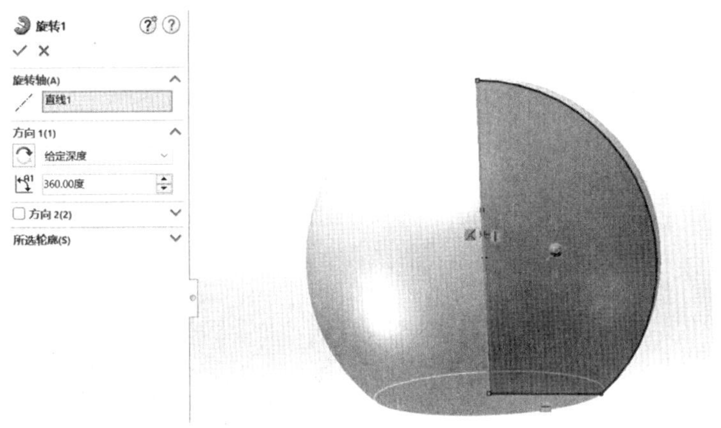

图 3-94　“旋转 1”属性对话框

(4) 单击特征面板中的“参考几何体”，创建一个与上视基准面平行，且位于主体上方的基准面，设置等距距离为 50mm，如图 3-95 所示。

(5) 在此基准面上绘制一个“圆”，圆的直径为 40mm。单击特征面板中的“曲线”，

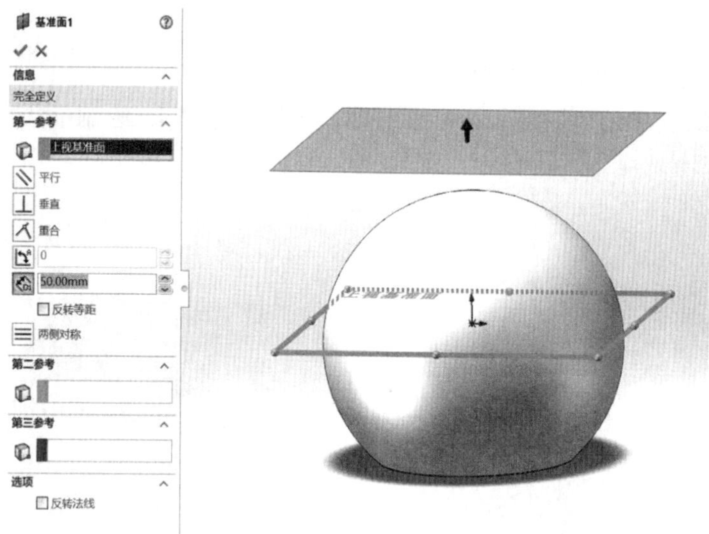

图 3-95　“基准面”属性对话框

选择“分割线”命令，弹出“分割线”属性对话框，选择用“投影”的方式在主体上创建一条分割线，生成如图 3-96 所示的实体。

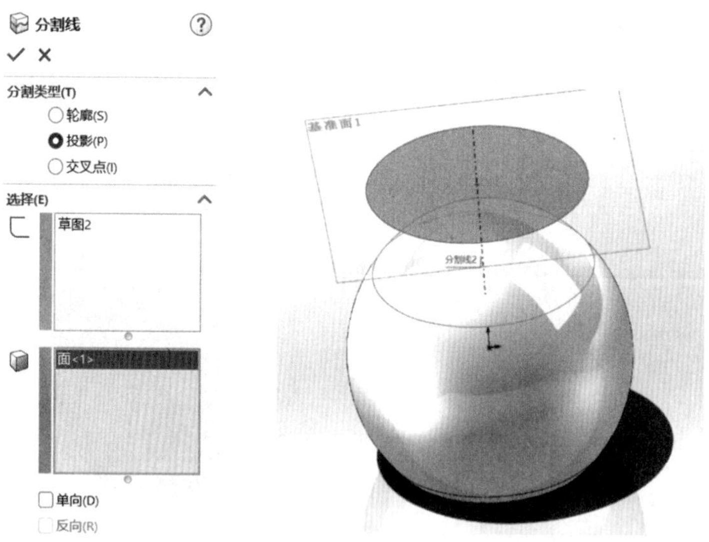

图 3-96　“分割线”属性对话框

（6）单击特征面板中的“圆角”指令，选择茶杯底部“边线”，圆角半径设置为 5mm，如图 3-97 所示。

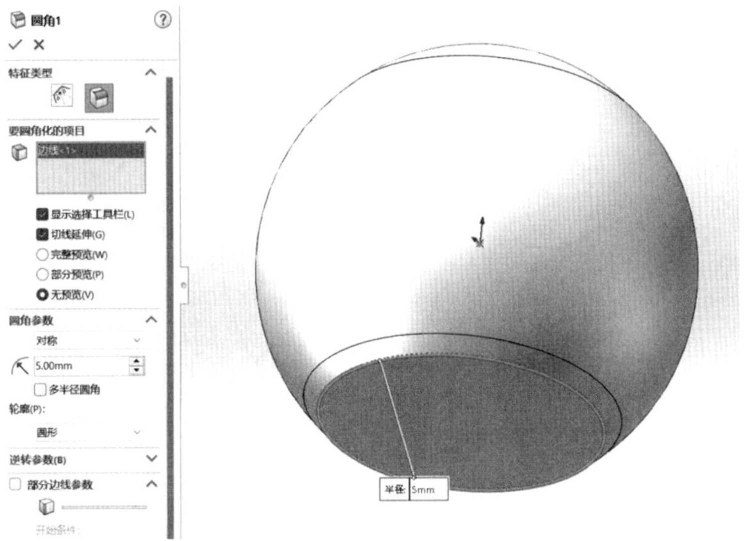

图 3-97 倒圆角

(7)单击特征面板中的“抽壳 1”命令，弹出“抽壳 1”属性对话框，选择分割线上方的“曲面”为开口平面，厚度设置为 2mm，生成抽壳实体，如图 3-98 所示。

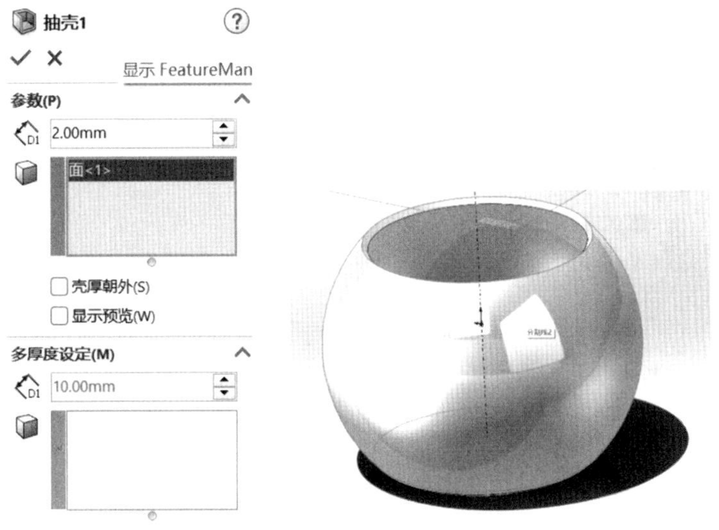

图 3-98 “抽壳 1”属性对话框

(8)选择设计树中“前视基准面”，再选择“草图绘制”，单击“样条曲线”命令绘制手柄路径草图，长度为 56mm，如图 3-99 所示。

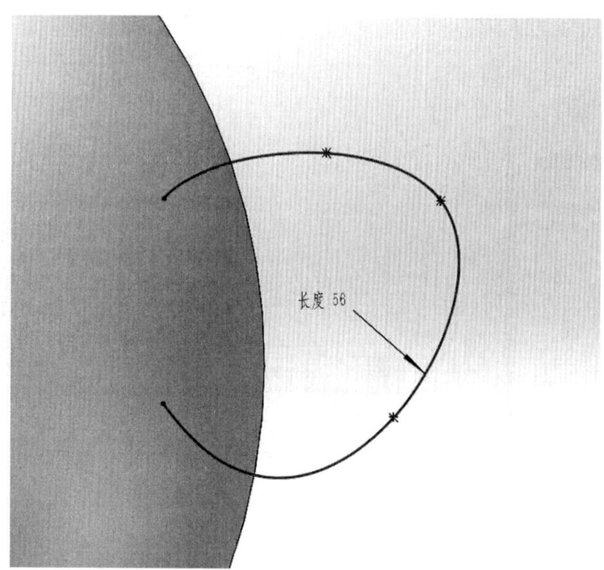

图 3-99　绘制手柄

(9)退出草图，单击特征面板中的“参考几何体”，新建一个基准面，属性对话框中第一参考为“手柄样条曲线”，第二参考为过手柄样条曲线的“端点”，且定义与样条曲线“垂直”，如图 3-100 所示。

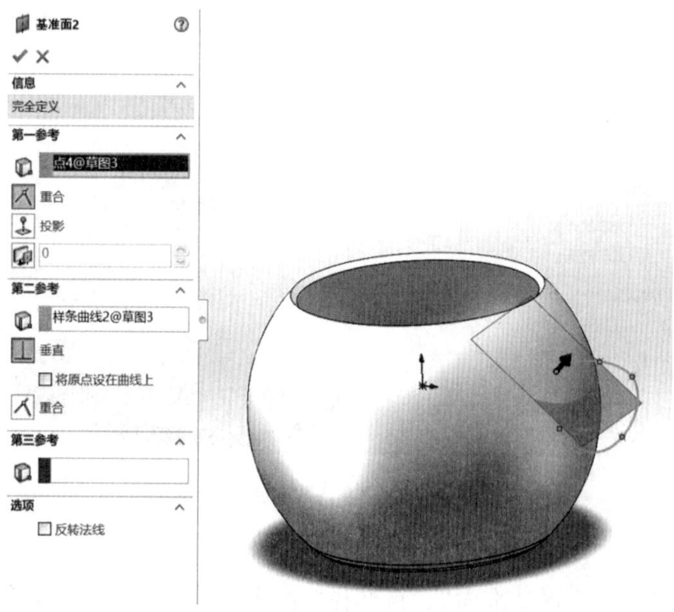

图 3-100　“基准面 2”属性对话框

(10)在新建基准面上绘制一个小圆作为手柄截面草图，直径为10mm，并设置小圆圆心与手柄曲线的几何关系为“穿透”，如图3-101所示。

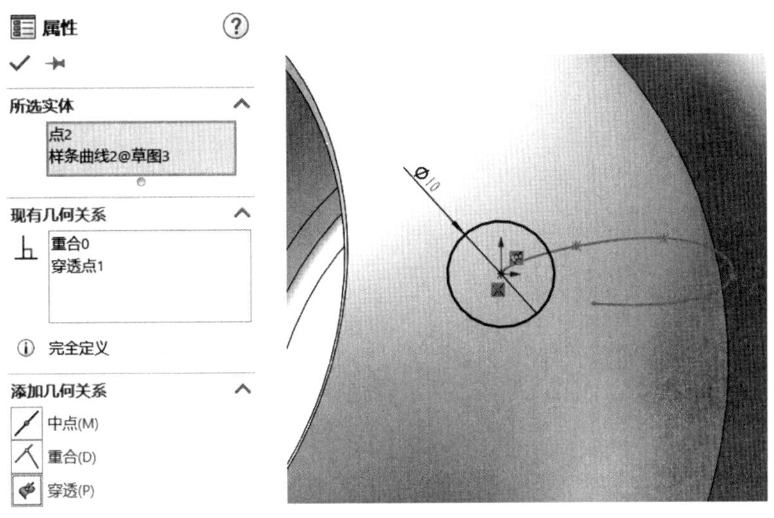

图3-101　手柄截面草图

(11)退出草图，单击特征面板中的“扫描”命令，属性对话框中轮廓选择直径大小为10mm的“小圆”，路径选择“手柄曲线”，生成结果如图3-102所示。

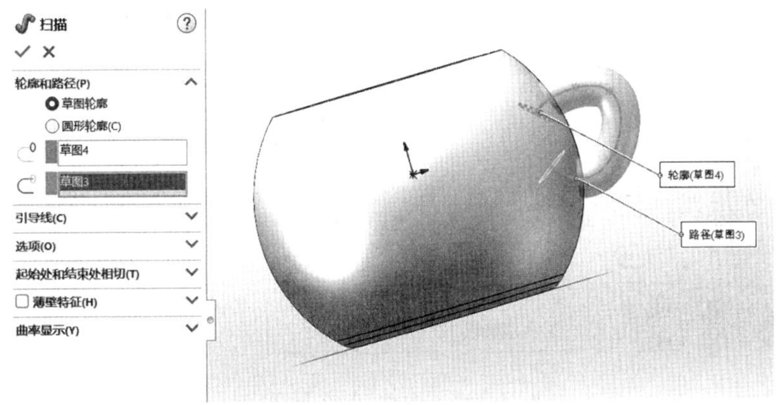

图3-102　“扫描”属性对话框

(12)为了实体的美观性，单击特征面板中的“圆角”命令，选择手柄根部的两条“边线”，设置圆角半径为2，如图3-103所示。最终生成实体如图3-92所示。

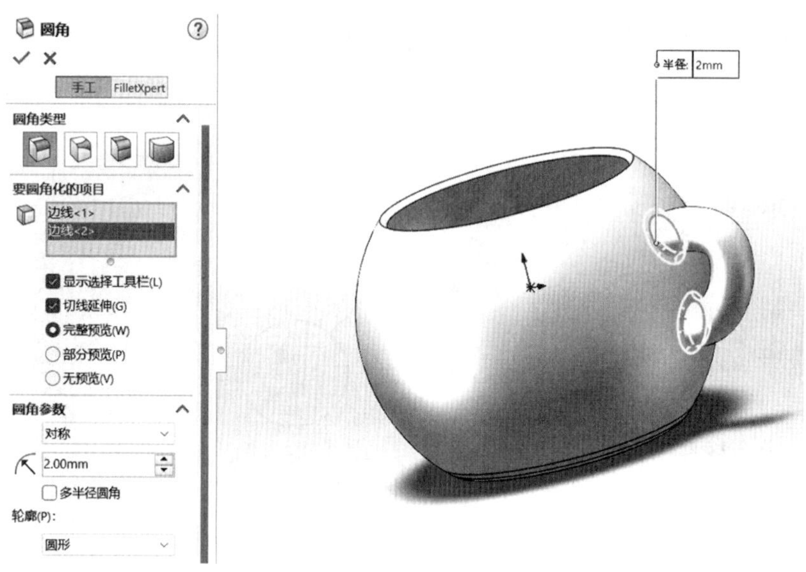

图 3-103　手柄圆角处理

3.8　菜刀绘制实例

(1)选择上视基准面，进行草图绘制，再选择“3 点圆弧”，如图 3-104 所示。

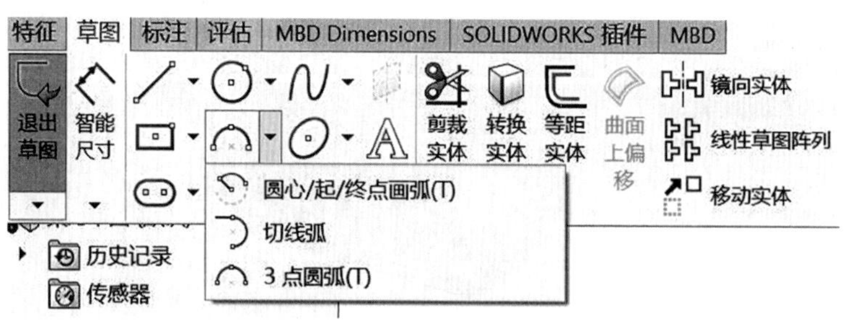

图 3-104　选择“3 点圆弧”

(2)随意画一段圆弧 1，通过 Ctrl 键选择两端点，并添加水平关系，如图 3-105、图 3-106 所示。

(3)通过“智能尺寸”命令定义圆弧 1 的尺寸，如图 3-107 所示 。“智能尺寸”命令可以长按鼠标右键后选择。

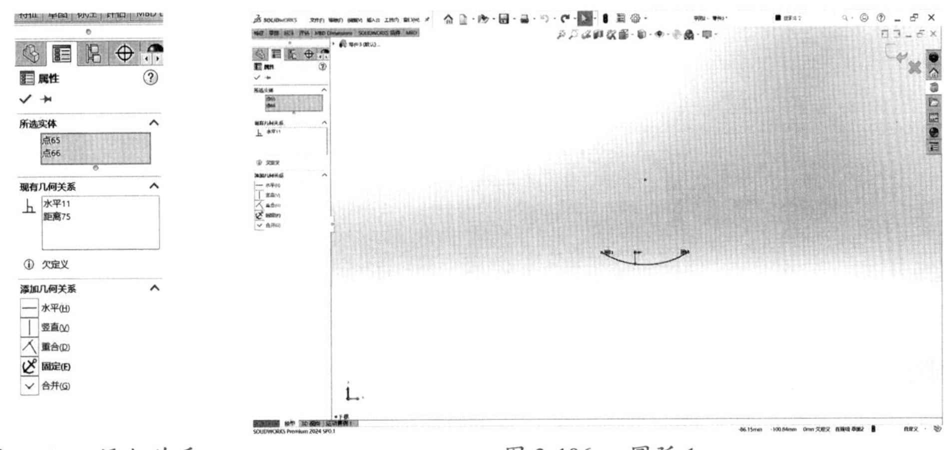

图 3-105 添加关系　　图 3-106 圆弧 1

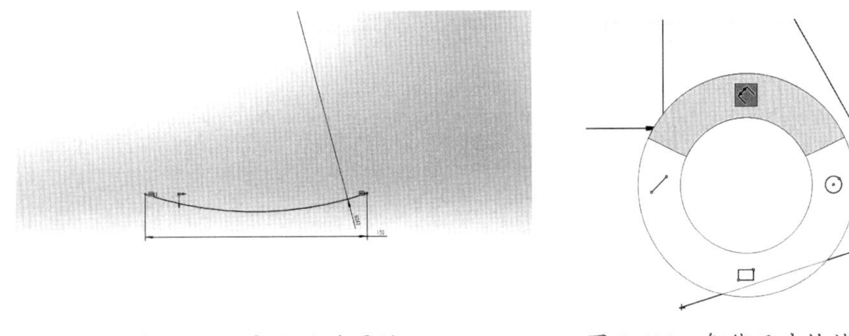

图 3-107 定义后的圆弧 1　　图 3-108 智能尺寸快捷键

(4)选择圆弧 1 右端点作圆弧 2，如图 3-109 所示。

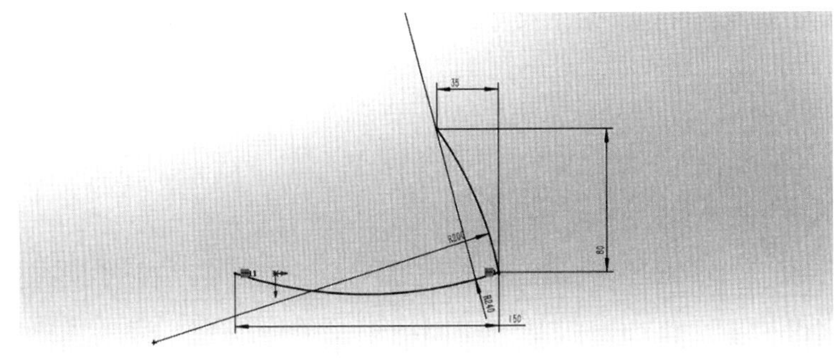

图 3-109 圆弧 2

(5)重复以上类似操作，完成后效果如图 3-110 所示。

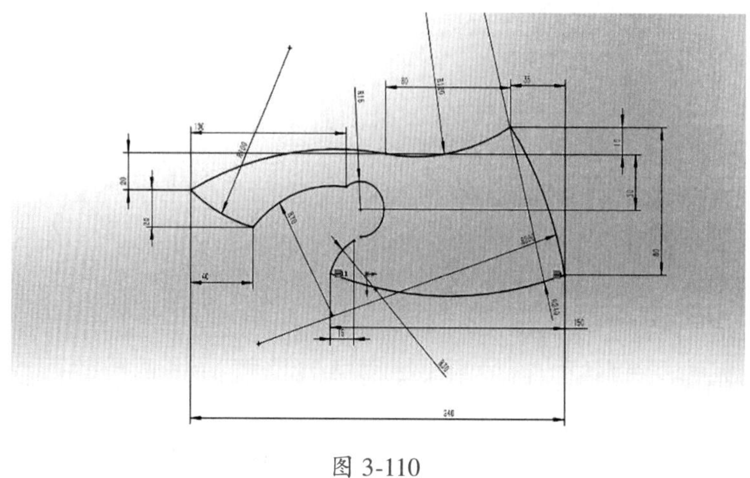

图 3-110

(6) 定义端点 1，2 水平，定义端点 3，4 水平，如图 3-111 和图 3-112 所示。

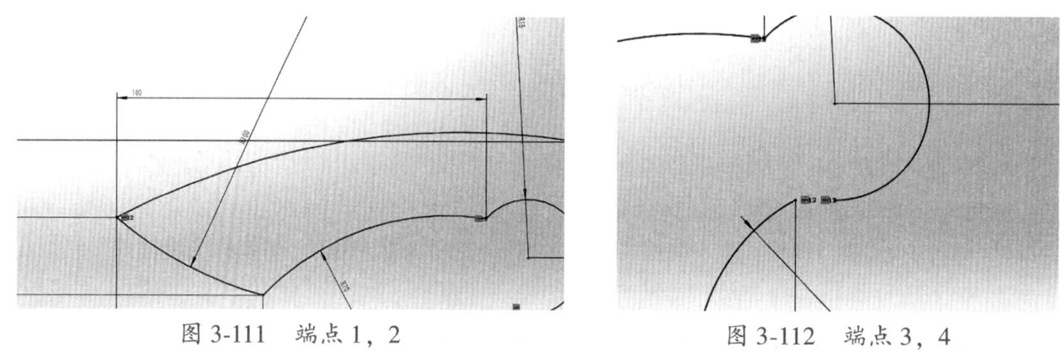

图 3-111　端点 1，2　　　图 3-112　端点 3，4

(7) 连接端点 3，4，并定义余下尺寸，则完成草图，如图 3-113 和图 3-114 所示。

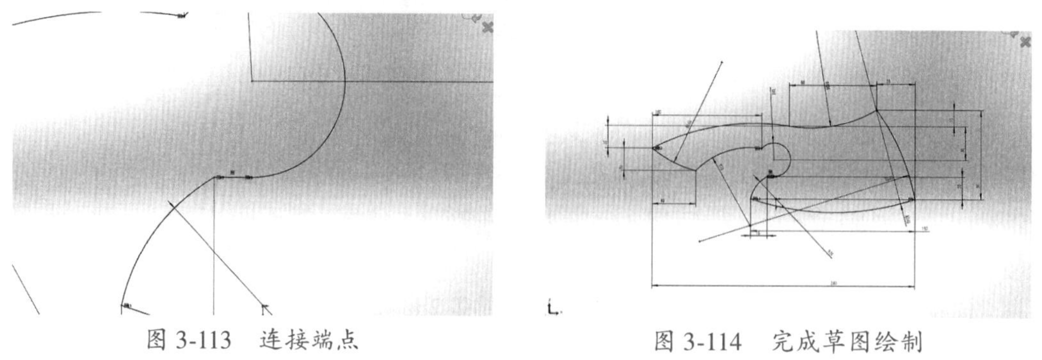

图 3-113　连接端点　　　图 3-114　完成草图绘制

(8)通过“凸台-拉伸“指令拉伸草图，得到图 3-115 和图 3-116。

(9)选择上表面进行草图绘制，绘制如图 3-117 所示草图。进行“切除-拉伸”指令，如图 3-118 所示，得到效果如图 3-119 所示。

图 3-115 拉伸参数

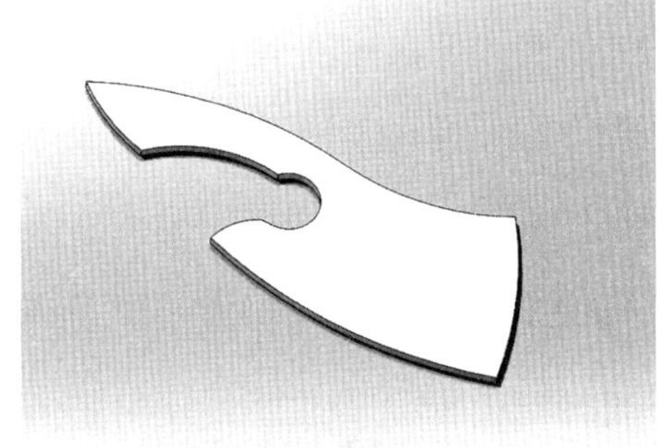

图 3-116

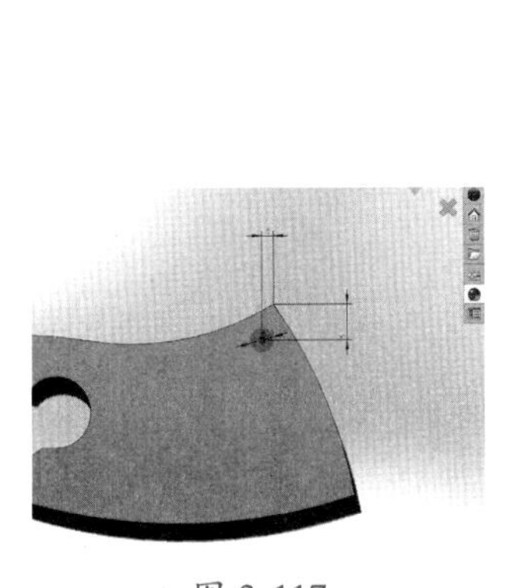

图 3-117

图 3-118 切除参数

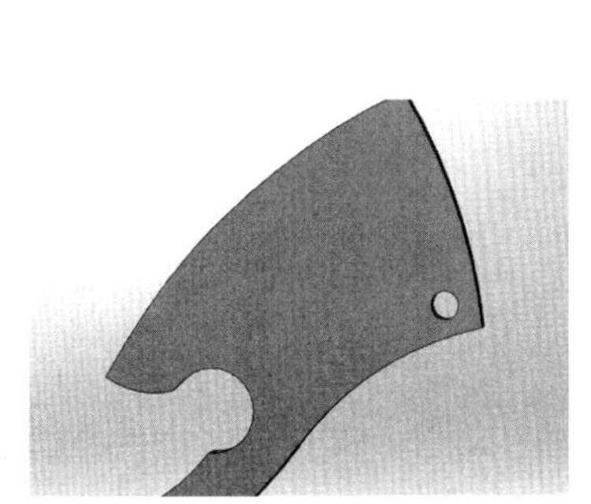

图 3-119 效果图

(10)对刀柄执行“凸台-拉伸“指令(见图 3-120)，得到如图 3-121 所示效果。

(11)对刀柄进行圆角处理，参数设置如图 3-122、图 3-123 所示，得到效果如图 3-124 所示。

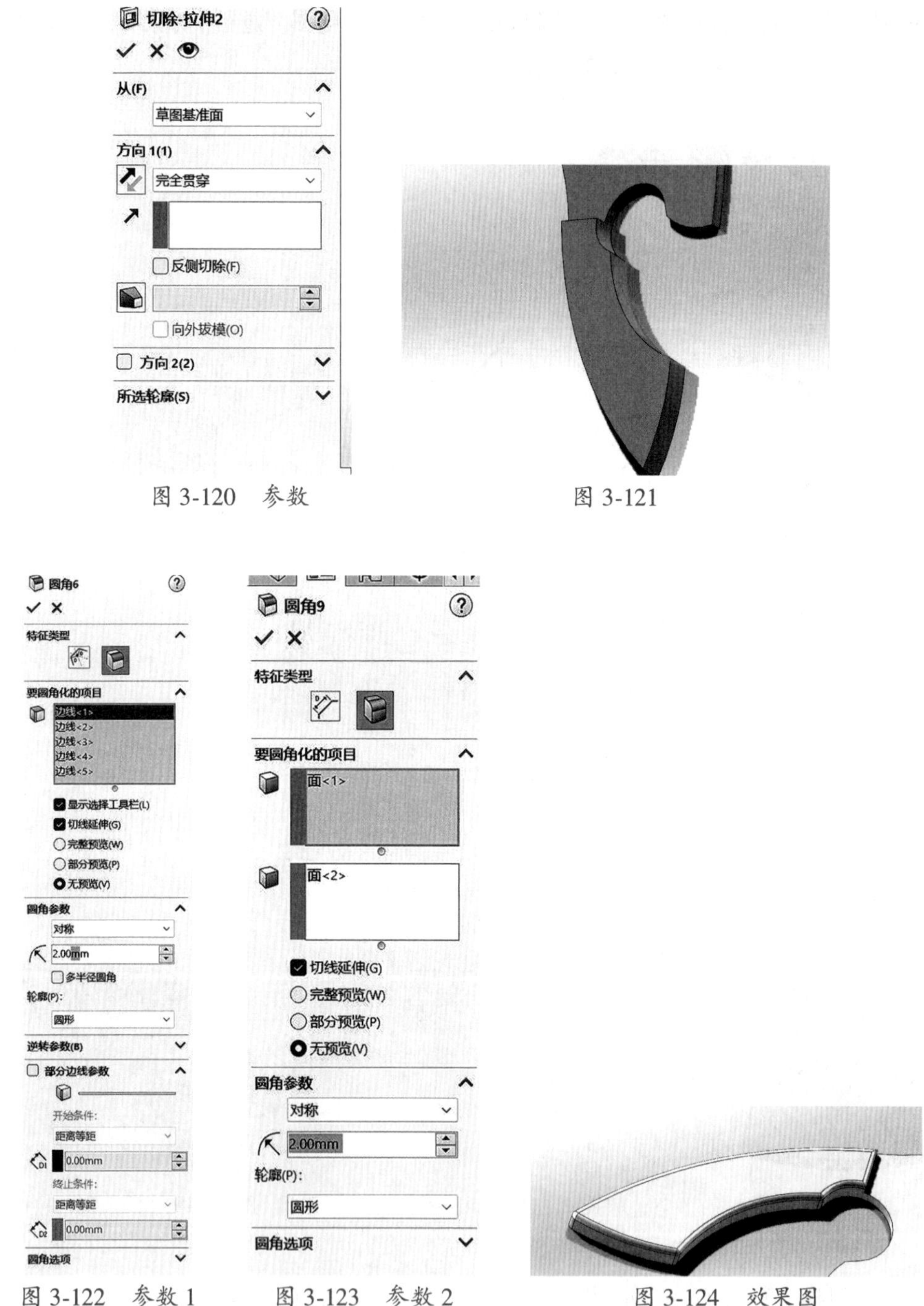

图 3-120　参数　　图 3-121

图 3-122　参数 1　　图 3-123　参数 2　　图 3-124　效果图

(12)对刀柄凸台做镜像处理(见图 3-125)，得到如图 3-126 所示效果。

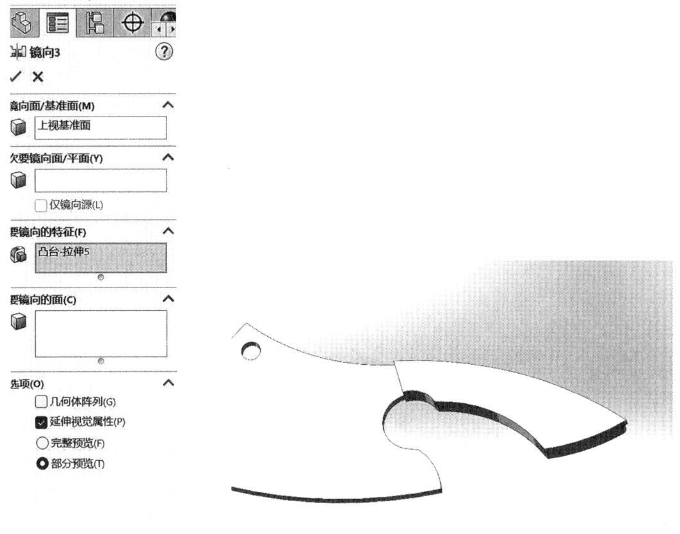

图 3-125　参数　　　　　图 3-126　效果图

(13)对刀柄进行圆角处理(见图 3-127)，对刀尖进行倒角处理(见图 3-128)，效果如图 3-129 所示。

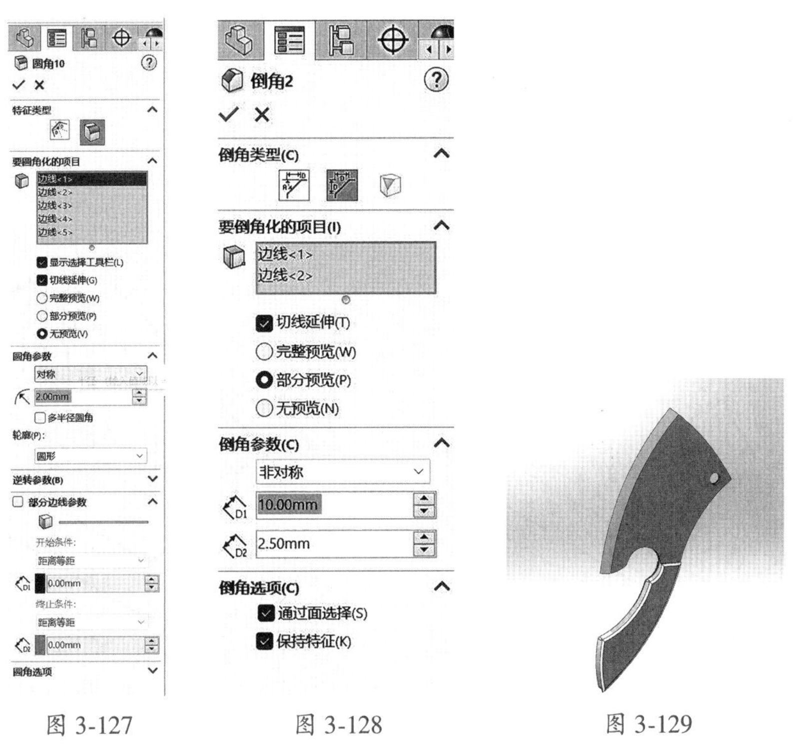

图 3-127　　　　图 3-128　　　　图 3-129

（14）进行上色，完成菜刀绘制，效果如图 3-130 所示。

图 3-130　菜刀绘制效果

本章课后练习

（1）绘制如图 3-131 所示的组合体 1。

（2）绘制如图 3-132 所示的组合体 2。

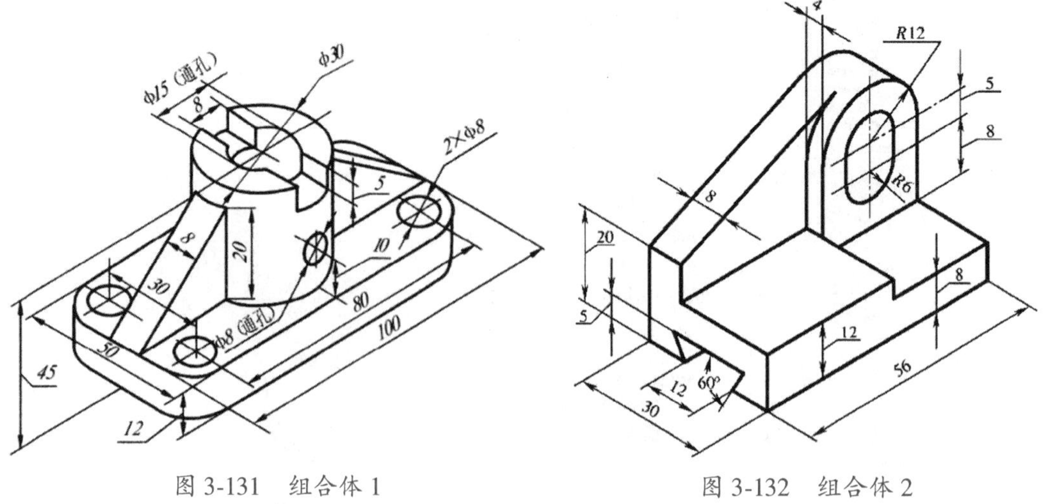

图 3-131　组合体 1

图 3-132　组合体 2

(3)绘制如图 3-133 所示的组合体 3。

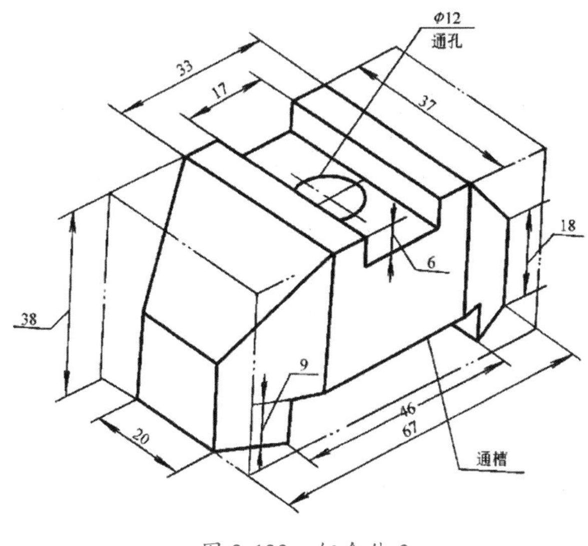

图 3-133　组合体 3

(4)绘制如图 3-134 所示的组合体 4。

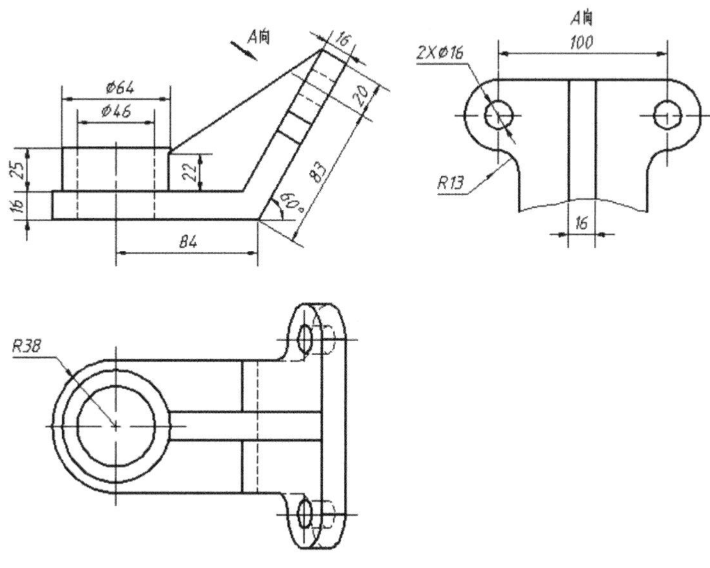

图 3-134　组合体 4

(5)绘制如图 3-135 所示的组合体 5。

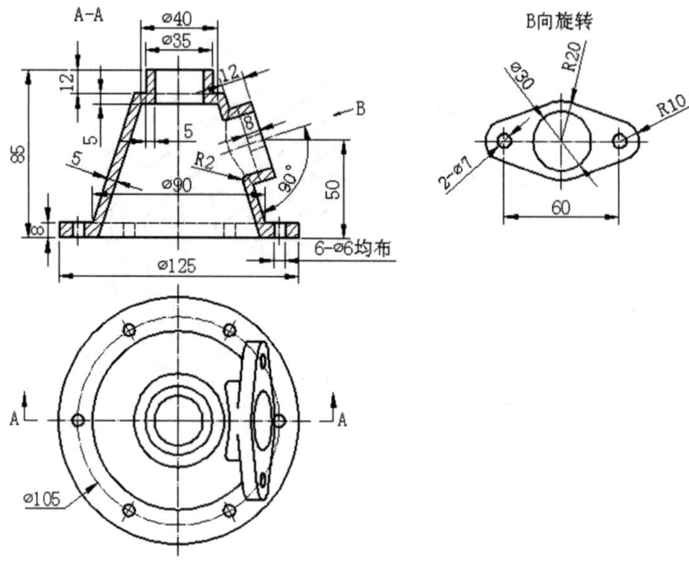

图 3-135　组合体 5

第 4 章

辅助特征建模

辅助特征用于生成模型上的细节，也就是对模型进行一些细节的修饰和完善，如通过圆角、倒角，以及筋、抽壳、孔、异型孔等特征造型来完成结构的建模。辅助特征的建模不仅可以简化建模过程，还能提高零部件的性能，美化模型的外观。

本章重点：

- 常见辅助特征的建立方法
- 辅助特征的编辑修改方法

4.1 圆角特征

圆角特征是在一条或多条边、边链或在曲面之间添加半径创建的特征，用于在现有模型上生成内圆角或者外圆角。使用该特征需要为该特征选择边线或者面，对于选择的面，将在该面的边线上生成圆角。圆角特征不需要草图，直接在现有的模型边线或者面上进行操作，也可以作用在特征上。SolidWorks 2024 常见的圆角有四种形式：固定大小圆角、变量大小圆角、面圆角与完整圆角。

4.1.1 固定大小圆角特征

固定大小圆角特征是指以所选边线生成半径相同的圆弧面，这是零件绘制时最常用的圆角特征。操作如下：

单击“特征”面板中的“圆角”按钮，弹出“圆角”属性对话框，如图 4-1 所示。

其中在“圆角类型”选项中选择第一个“固定大小圆角”，单击所要圆角化的线或面，

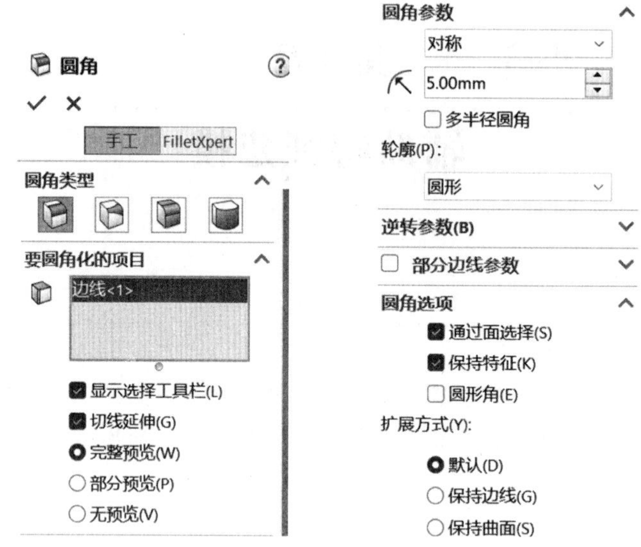

图 4-1　固定大小圆角特征属性框

在“要圆角化的项目”选项中会出现所选定的线或面，在“圆角参数”选项中填写圆角半径，设定好其他选项，单击“确定”按钮，完成操作，固定大小圆角特征属性框如图 4-1 所示，固定大小圆角特征示例如图 4-2 所示。

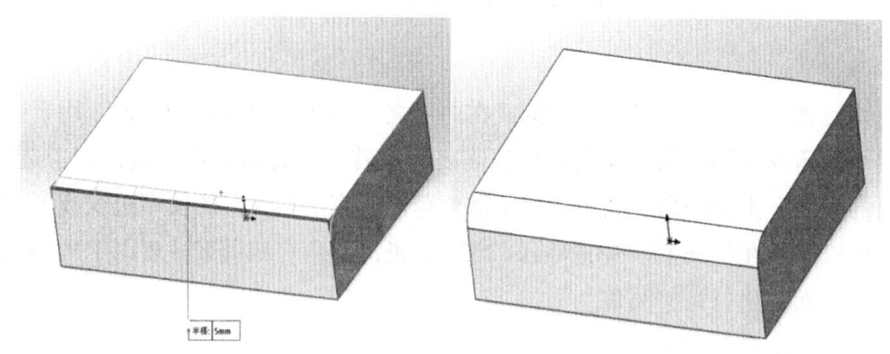
图 4-2　固定大小圆角特征示例

4.1.2　变量大小圆角特征

变量大小圆角特征是指根据一条边线上的不同点设定不同的半径值而生成的圆角特

征。操作如下：

单击“特征”面板中的“圆角”按钮，弹出“圆角”属性对话框。

其中在“圆角类型”选项中选择第二个“变量大小圆角”，单击所要圆角化的线，在“要圆角化的项目”选项中会出现所选定的线，在“变半径参数”选项中可设定边线左右两点之间点的个数，选中某点，设置选中点的半径，选择平滑过渡，设定好其他选项，单击“确定”按钮✓，完成操作，变量大小圆角特征属性框如图 4-3 所示，变量大小圆角特征示例如图 4-4 所示。

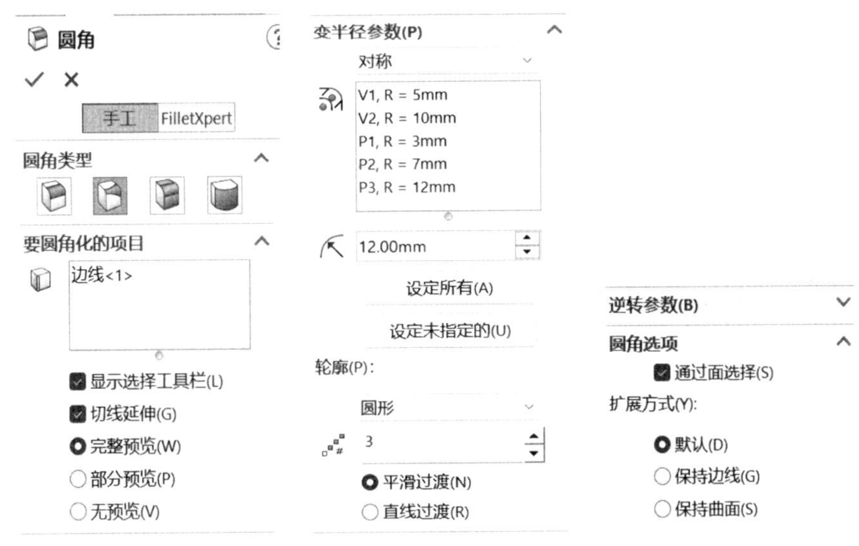

图 4-3　变量大小圆角特征属性框

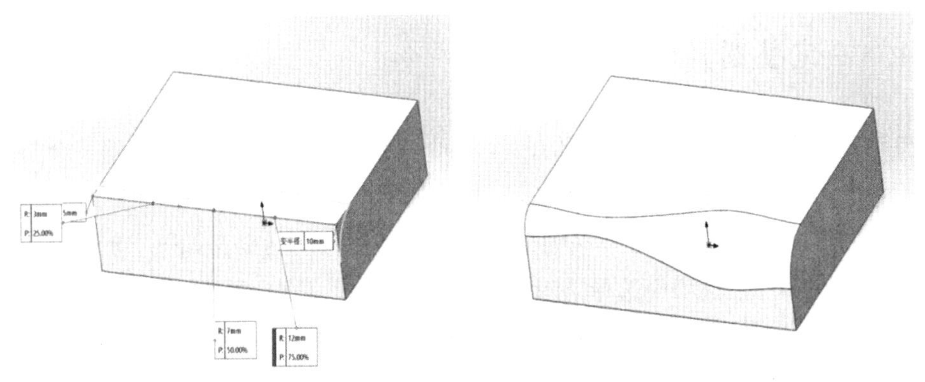

图 4-4　变量大小圆角特征示例

圆角过渡有平滑过渡和直线过渡两种方式。平滑过渡是指两点之间以圆弧形式过渡，直线过渡则是两点之间以直线的形式过渡。图 4-5 为平滑过渡与直线过渡对比图。上方为平滑过渡，下方为直线过渡。

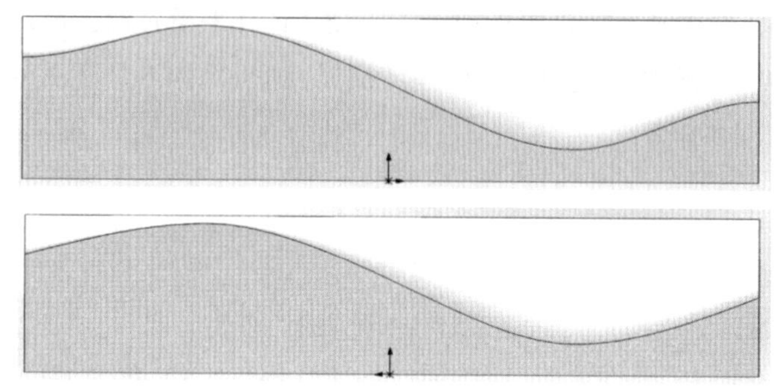

图 4-5　平滑过渡与直线过渡对比图

4.1.3　面圆角特征

面圆角特征是指在两个面之间以指定的半径值生成的圆角特征。操作如下：

单击“特征”面板中的“圆角”按钮，弹出“圆角”属性对话框。

其中在“圆角类型”选项中选择第三个“面圆角”，在“要圆角化的项目”选项中单击所要圆角化的面的邻面为第一个面，再单击选项中第二个面后，选择另一邻面为第二个面。在“圆角参数”选项中填写圆角半径，设置好其他选项，再单击“确定”按钮，完成操作，面圆角特征属性框如图 4-6 所示，面圆角特征示例如图 4-7 所示。

4.1.4　完整圆角特征

完整圆角特征是指在两个相间隔的曲面之间创建完全倒圆角特征，即用一个与两个曲面同时相切的圆弧面来连接两个曲面特征。操作如下：

单击“特征”面板中的“圆角”按钮，弹出“圆角”属性对话框，如图 4-8 所示。

其中在“圆角类型”选项中选择第四个“完整圆角”，在“要圆角化的项目”选项中单击被圆角化的邻面为第一个面，再单击选项中第二个面后，选择被圆角化的面为第二个面，它称为“中央面组”，然后单击选项中第三个面后，选择它的另一邻面为第三个面，最后单击“确定”按钮，完成操作，完整圆角特征属性框如图 4-8 所示，完整圆角特征示例如图 4-9 所示。

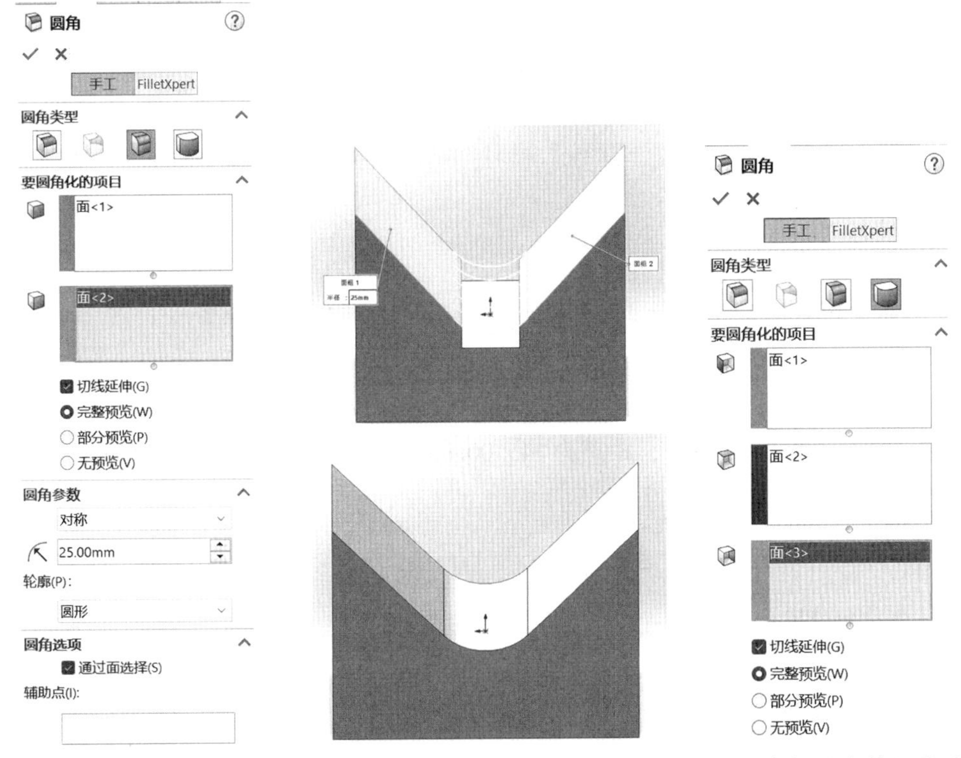

图 4-6　面圆角特征属性框　　图 4-7　面圆角特征示例　　图 4-8　完整圆角特征属性框

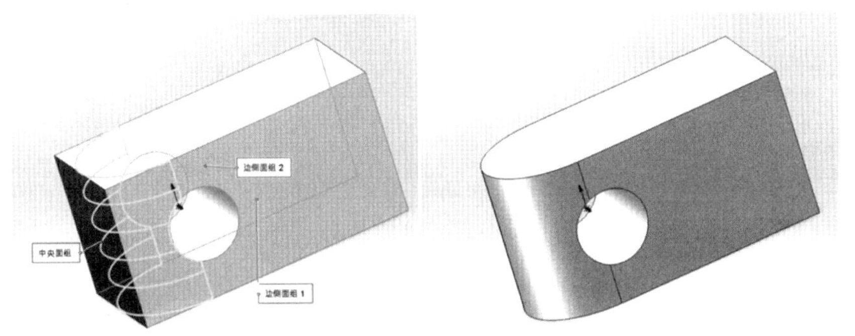

图 4-9　完整圆角特征示例

4.1.5　鼠标造型绘制实例

创建如图 4-10 所示的鼠标造型，操作步骤如下：

(1) 选择“前视基准面”，绘制如图 4-11 所示的草图。

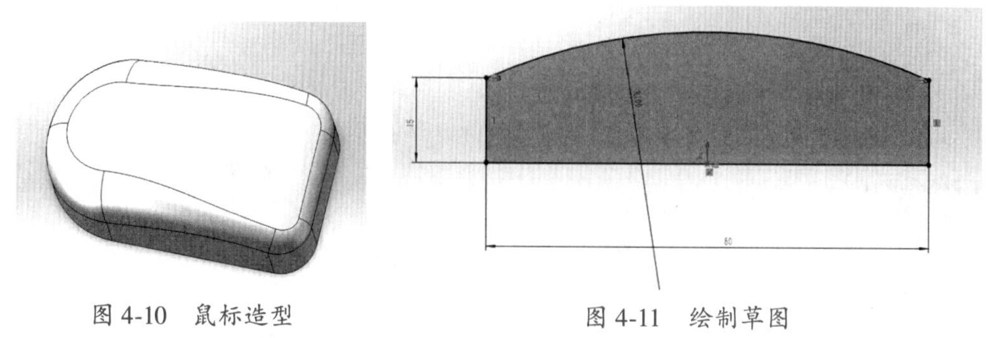

图 4-10　鼠标造型　　　　图 4-11　绘制草图

(2)单击“特征”面板上的“拉伸凸台/基体”按钮，弹出相应属性对话框，在“方向 1”中选择终止条件为“两侧对称”，距离为“45.00mm”，单击“确定”，生成其造型，如图 4-12 所示。

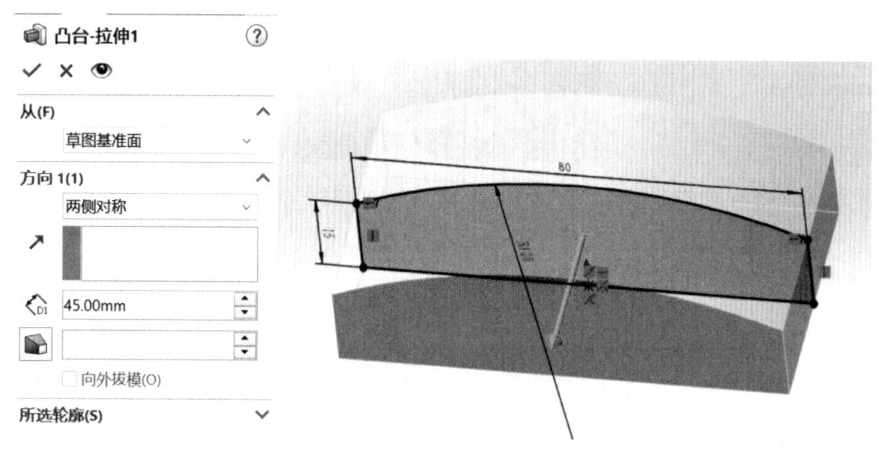

图 4-12　拉伸草图

(3)单击“特征”面板中的“圆角”按钮，弹出“圆角”属性对话框，在“圆角类型”选项中选择“固定大小圆角”，选中竖直的两条边线作为要圆角化的项目，设置半径为“22.50mm”，单击“确定”，生成两个大圆角，如图 4-13 所示。

(4)重复大圆角的“圆角”命令，选中另一侧竖直的两条边线作为要圆角化的项目，设半径为“10.00mm”，单击“确定”，生成两个小圆角，如图 4-14 所示。

(5)单击“特征”面板中的“圆角”按钮，弹出“圆角”属性对话框，在“圆角类型”选项中选择第二个“变量大小圆角”，选择最上面两条平行的边线，分别设半径为“5.00mm”和

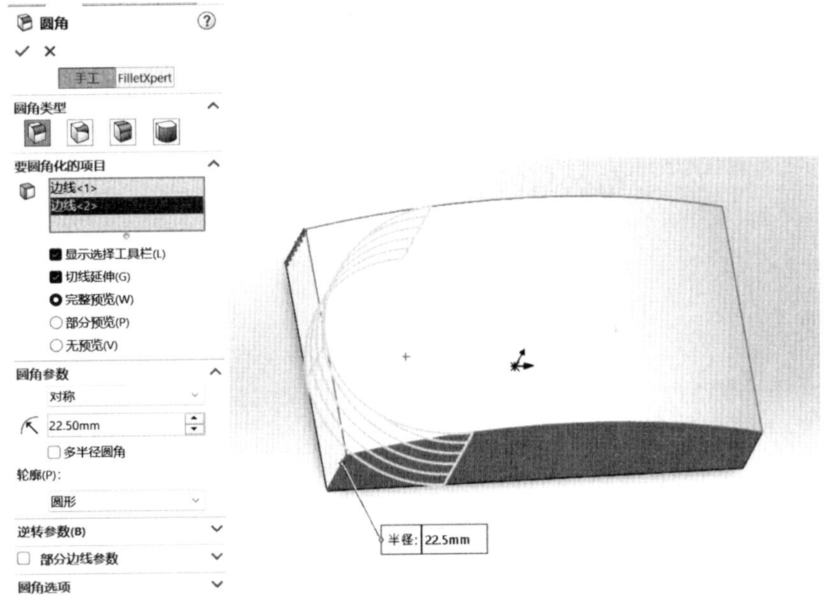

图 4-13 生成大圆角

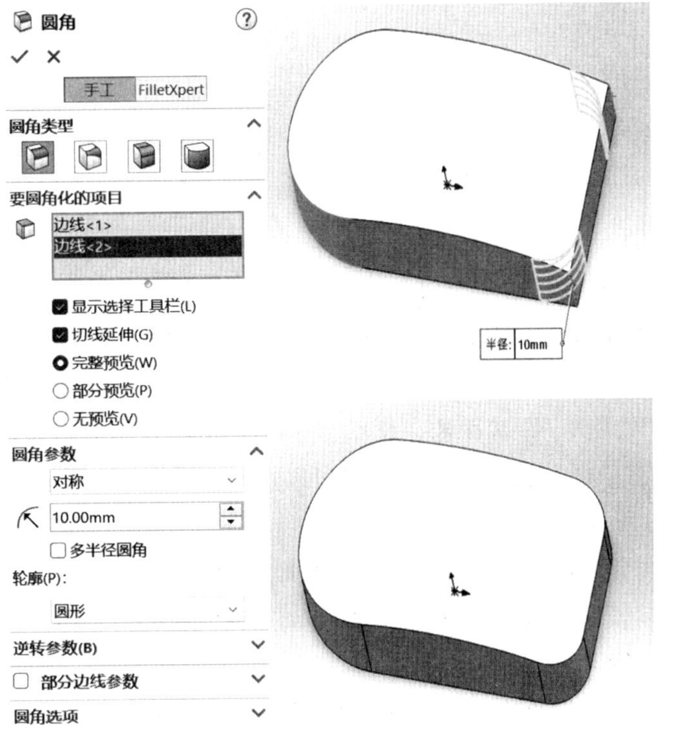

图 4-14 生成两个小圆角

“10. 00mm”，单击“确定”，生成鼠标造型，如图 4-15 所示。

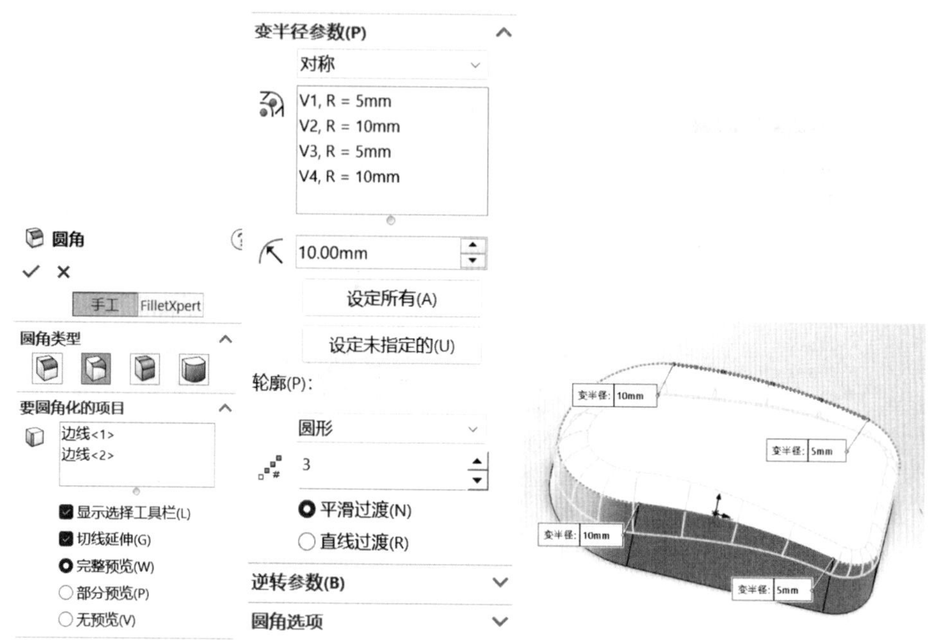

图 4-15　生成鼠标造型

4.2　倒角特征

倒角特征是指将零件边缘或角落部分修剪成斜面，从而使其不再是直角，用于在现有模型上生成内倒角或者外倒角。倒角有助于减少零件的锋利边缘，提高零件的强度和耐久度。

单击“特征”面板中的“圆角”下拉键，选择“倒角”按钮，弹出“倒角”属性对话框。

生成倒角有角度距离、距离距离、顶点、等距面和面-面五种方式。在角度距离、距离距离和等距面方式中的“要倒角化的项目”可以选择边线和面，根据设定“倒角参数”生成倒角，如图 4-16 所示。

(1)角度距离：设定倒角的角度和半径的距离，如图 4-16(a)所示。

(2)距离距离：设定倒角边线到另一侧的距离，在“倒角参数”中可选择“非对称”来调节两侧的距离，如图 4-16(b)所示。

(3)等距面：通过选定边线的偏移来计算倒角，如图 4-16(c)所示。

在顶点方式的“要倒角化的项目”只可选择点，根据设定“倒角参数”生成倒角，其中不选择“相等距离”，可设定三点到顶点的距离。顶点倒角设置如图 4-17 所示。

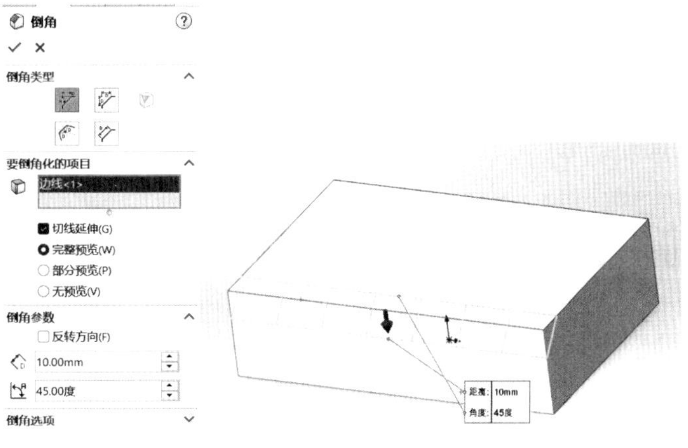

(a)角度距离倒角

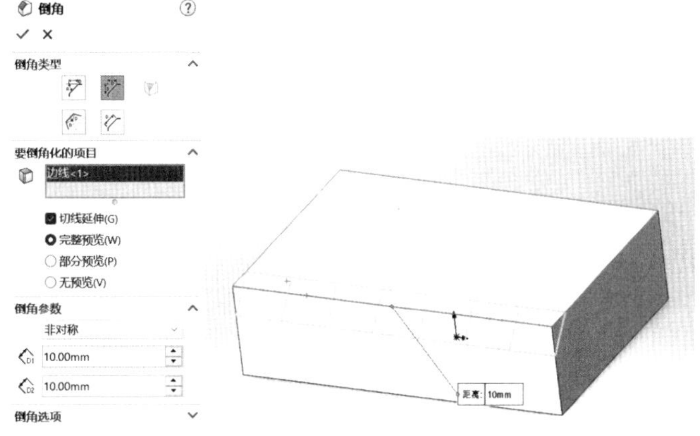

(b)距离距离倒角

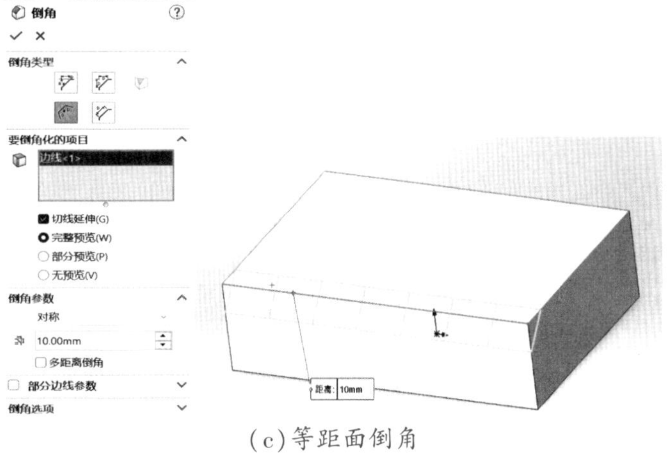

(c)等距面倒角

图 4-16　三种倒角方式

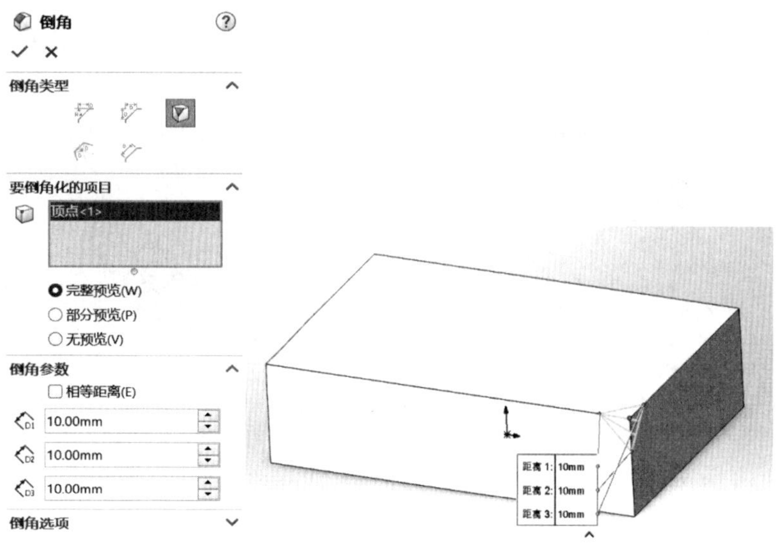

图 4-17　顶点倒角

在面-面方式中的“要倒角化的项目”只可选择面，根据设定的“倒角参数”生成倒角，面-面倒角设置如图 4-18 所示。

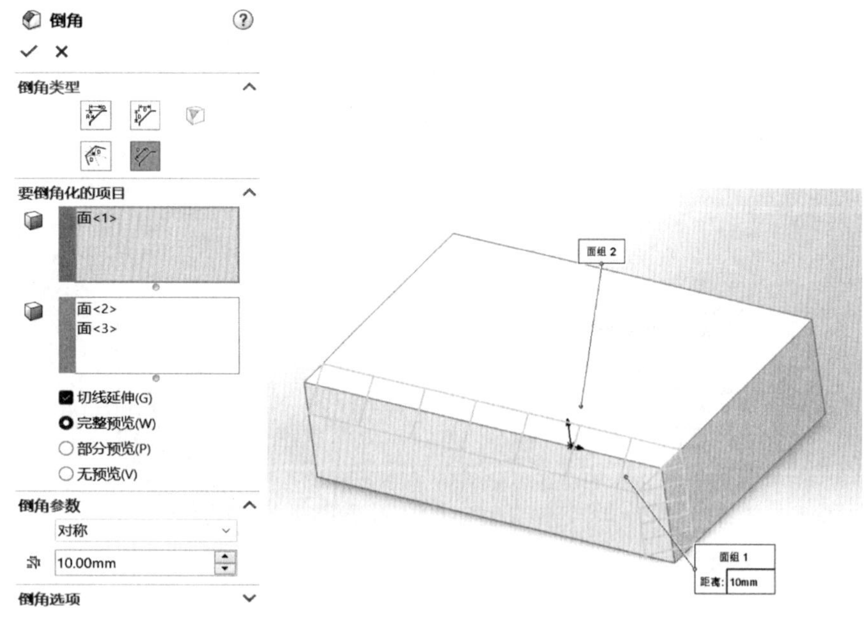

图 4-18　面-面倒角

4.3 抽壳特征

抽壳特征用来掏空零件，可以生成厚度不变的薄壁零件，也可以单独为某些表面指定厚度，从而创建壁厚不等的零件模型。

4.3.1 创建抽壳特征

单击“特征”面板中的“抽壳”抽壳按钮，弹出抽壳的属性对话框。

在“参数”中设定抽壳厚度，可选择移除的面，使所选择的面敞开，在剩余的面上留下指定厚度的壳。如果没有选择实体模型上的任何面，实体零件将被掏空成一个闭合的模型，如图 4-19 所示。

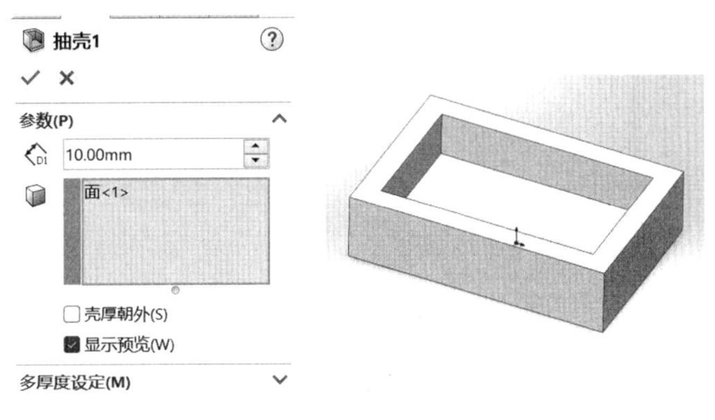

(a)移除面

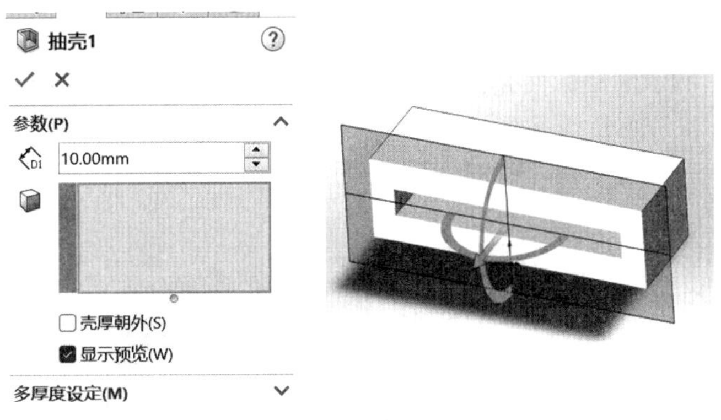

(b)不移除面

图 4-19 不同的抽壳效果

壳厚朝外：以实体为主外包生成一个抽壳体，如图 4-20 所示。

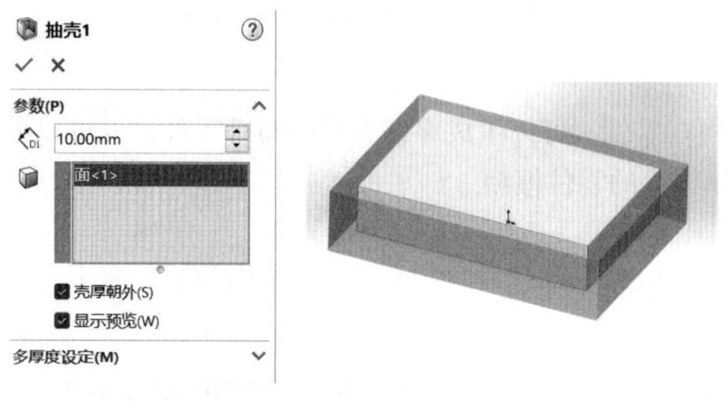

(a)移除面

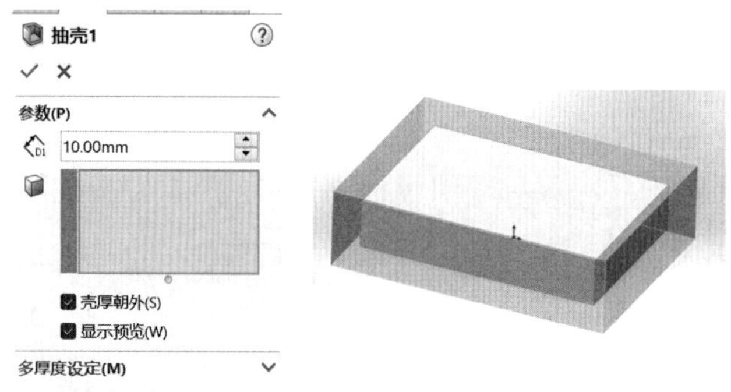

(b)不移除面

图 4-20　壳厚朝外

4.3.2　鼠标抽壳绘制实例

创建如图 4-21 所示的鼠标抽壳，具体操作步骤如下：

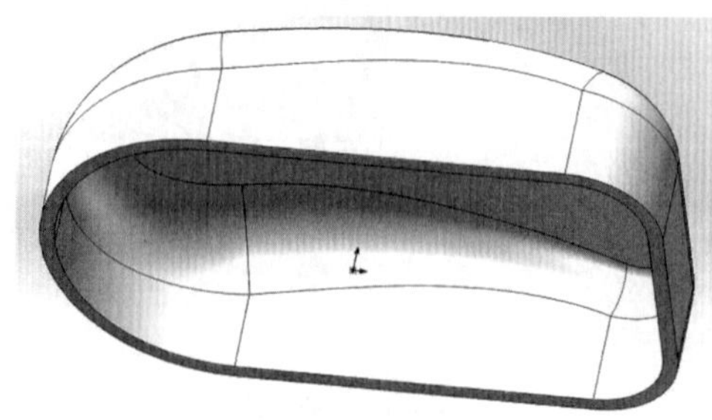

图 4-21　鼠标抽壳

(1)打开已创建的鼠标实体。

(2)单击抽壳按钮，选中鼠标实体的最底面，在抽壳的属性对话框的“参数”中设定厚度为“2.00mm”，勾选“壳厚朝外”，单击“确定”，生成鼠标抽壳，如图 4-22 所示。

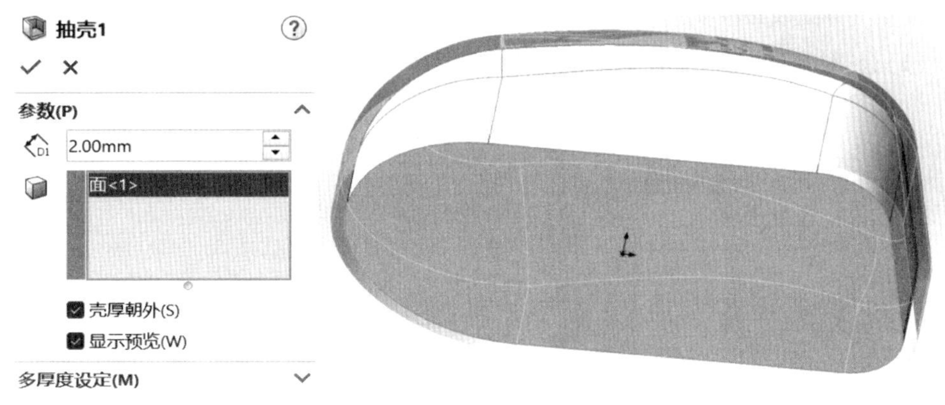

图 4-22 抽壳的属性对话框及鼠标壳体

4.4 筋 特 征

筋特征用于生成模型上的一些加强筋或支撑板结构。筋是从开环或闭环绘制的轮廓所生成的特殊类型拉伸特征，在轮廓与现有零件之间添加指定方向和厚度的材料，可使用单一或多个草图生成筋。SolidWorks 2024 的筋特征主要分为两种，一种是平行于草图的筋，另一种是垂直于草图的筋，如图 4-23 所示。

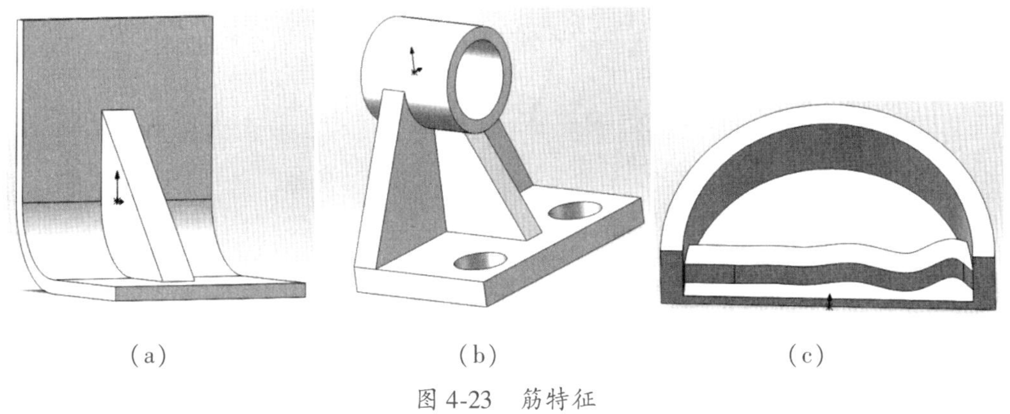

(a) (b) (c)

图 4-23 筋特征

4.4.1　创建筋特征

创建筋特征时，首先要选择对应的基准面，创建决定筋形状的草图，然后设定筋的厚度、位置、方向及拔模角度。

(1)选择相应的基准面作为绘图平面，进一步绘制筋的草图，如图 4-24 所示。

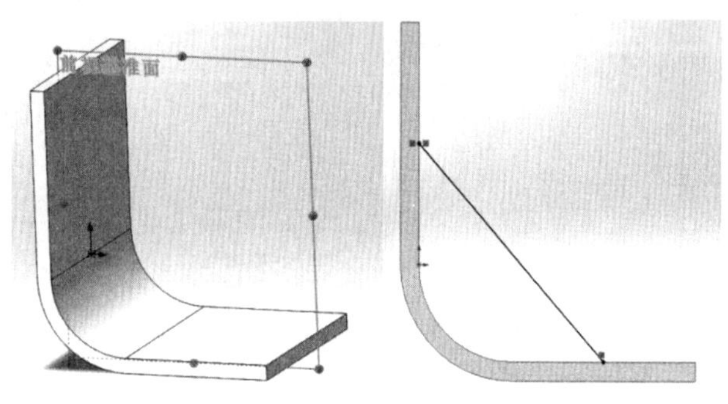

图 4-24　筋的草图

(2)单击“特征”面板上的“筋” 按钮，弹出筋的属性对话框。

(3)在筋的属性对话框内，设定筋的厚度，选择拉伸方向，再单击“确定”，生成如图 4-25 所示的筋特征实体。

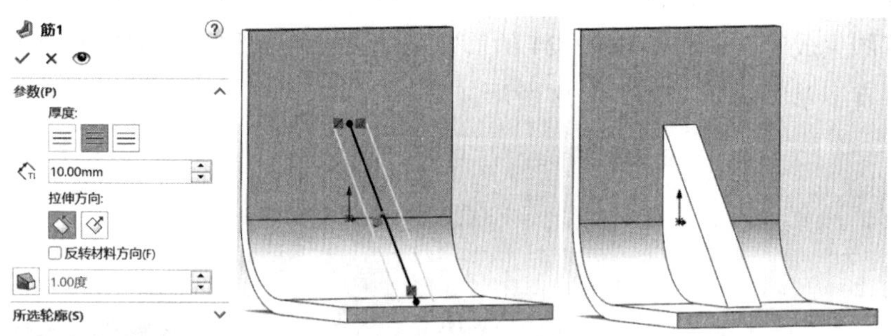

图 4-25　筋的属性对话框及筋特征实体

4.4.2　盖板筋结构绘制实例

创建如图 4-26 所示的盖板筋，具体操作步骤如下：

(1)选择上视基准面，绘制一个如图 4-27 所示的草图。

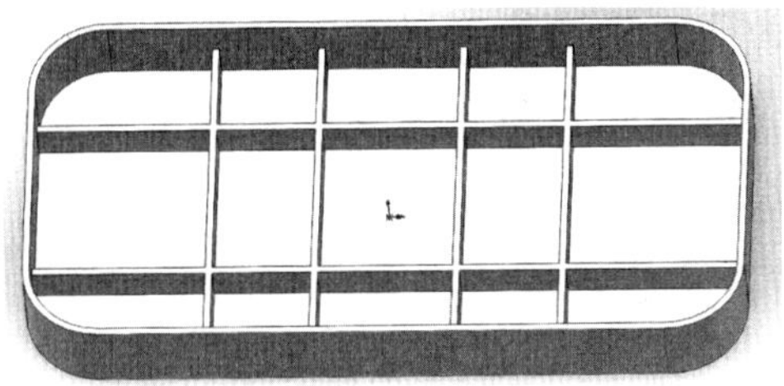

图 4-26　盖板筋

(2)单击“特征”面板上的“拉伸凸台/基体”按钮，弹出相应的属性对话框，选择终止条件为“给定深度”，距离为“10.00mm”，单击“确定”，生成一个带圆角的长方体，如图4-28 所示。

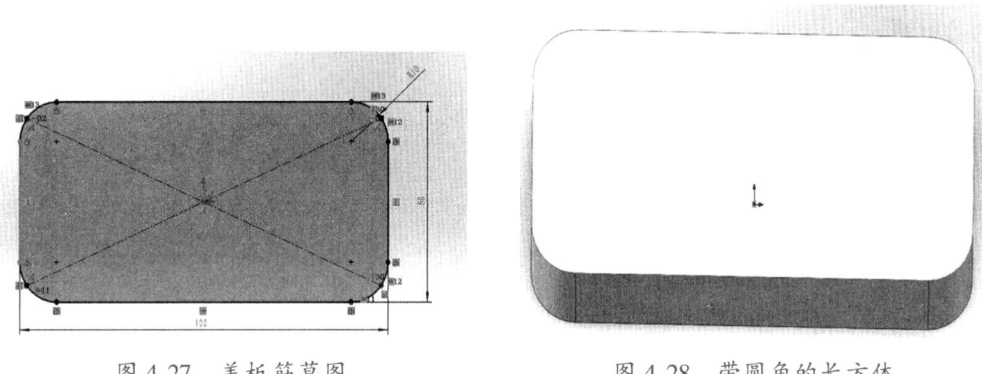

图 4-27　盖板筋草图　　　　图 4-28　带圆角的长方体

(3)单击“特征”面板中的“抽壳”按钮，弹出抽壳的属性对话框，设定厚度为“1.00mm”，选择“壳厚朝外”，将长方体抽壳，如图 4-29 所示。

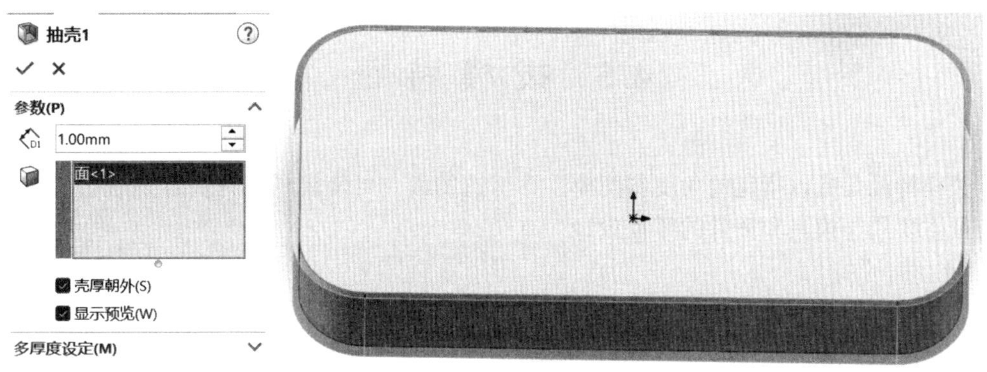

图 4-29　长方体抽壳

(4)选择上视基准面为第一参考面，偏移距离为“5. 00mm”，新建一个基准面作为绘图平面，如图 4-30 所示，绘制如图 4-31 所示的草图。

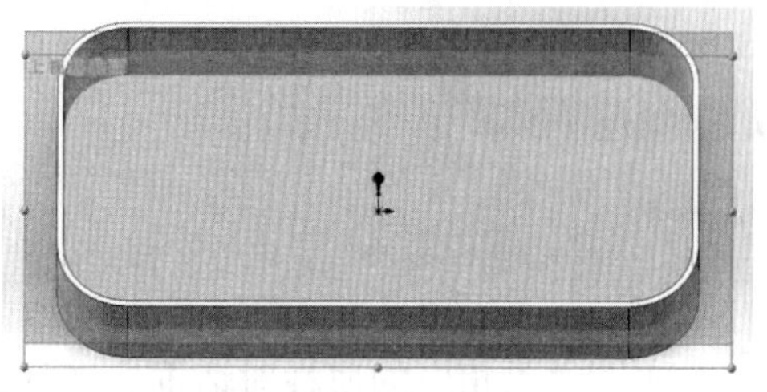

图 4-30　新建基准面

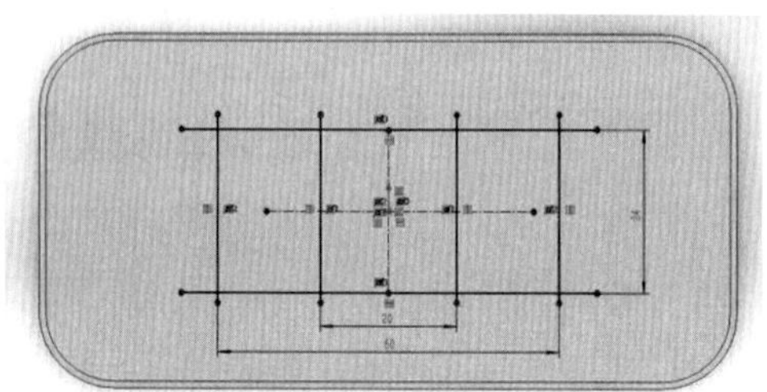

图 4-31　绘制草图

(5)单击“特征”面板上的“筋”按钮，弹出筋的属性对话框，对话框内选择“两侧”，设定筋的厚度为“1. 00mm”，选择拉伸方向为“垂直于草图”，单击“确定”，生成如图 4-32 所示的盖板筋。

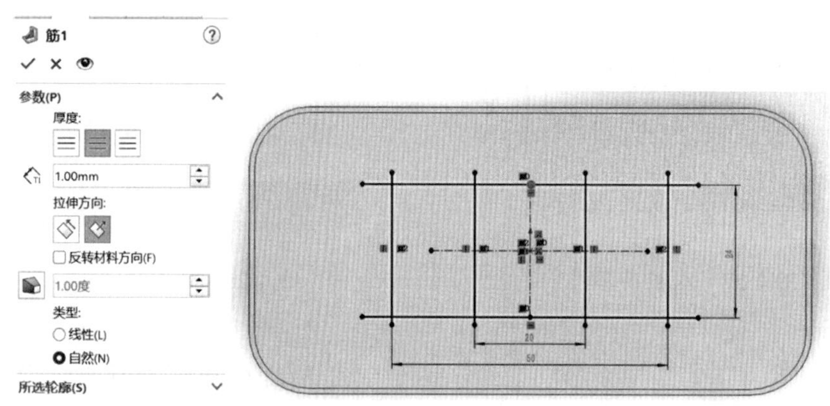

图 4-32　生成盖板筋

4.5　拔模特征

拔模特征是指以指定的角度斜削模型中所选的面，可使模具零件更容易脱出模具。拔模特征主要用于模具和铸件的零件设计。

4.5.1　创建拔模特征

在创建零件特征的时候可利用“拉伸凸台/基体”“筋”等命令自带的“拔模”特征，也可使用“拔模”特征进行操作。

单击“特征”面板中的“拔模”拔模按钮，弹出拔模的属性对话框，然后选择要拔模的特征，设置相应参数即可实现。

“拔模”面板有“手工”和“DraftXpert”两种模式：“手工”指控制特征层次，“DraftXpert”指自动测试并找出拔模过程的错误。我们常使用“DraftXpert”进行拔模，“DraftXpert”属性对话框如图 4-33 所示。

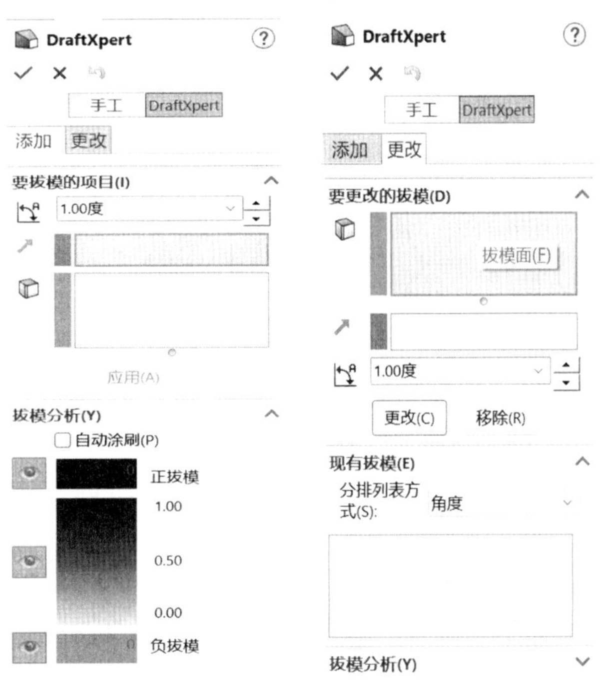

图 4-33 “DraftXpert”属性对话框

“手工”属性对话框中的各选项含义如下：

拔模类型：设置拔模类型，有“中性面”“分型线”“阶梯拔模”等。

拔模角度：在其数值框中可输入要生成拔模的角度。

中性面：决定极具的拔模方向。

拔模面：选择被拔模的面。

要拔模的项目：设置拔模的角度、方向等参数。

拔模分析：核定拔模角度、检查面内角度，并拽出零件的分型线、浇注面和出胚面等。

要更改的拔模：设置拔模角度、方向等参数。

现有拔模：根据角度、中性面或者拔模方向过滤所有的拔模。

“DraftXpert”属性对话框中一些选项的含义如下：

添加：生成新的拔模特征。

更改：修改拔模特征。

4.5.2　圆柱拔模绘制实例

创建如图 4-34 所示的圆柱拔模，操作步骤如下：

(1)选择上视基准面，绘制一个直径为 50.00mm 的草图，选择“拉伸凸台/基体”按钮，选择终止条件为“给定深度”，距离为“50.00mm”，拉伸出一个圆柱，如图 4-35 所示。

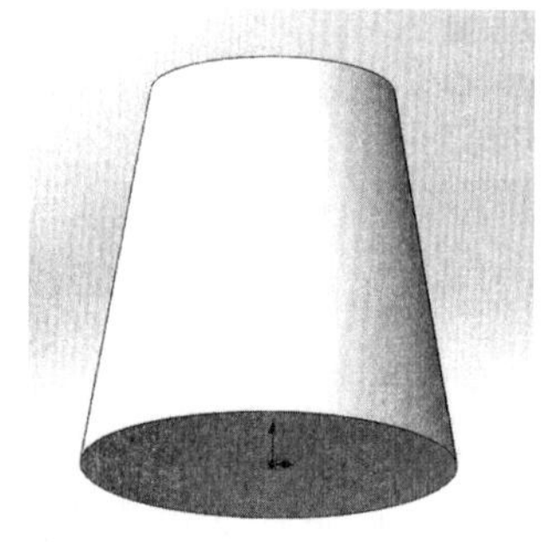

图 4-34　圆柱拔模

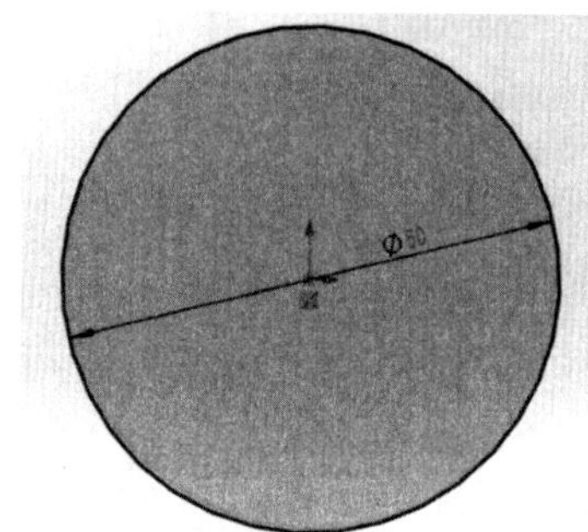

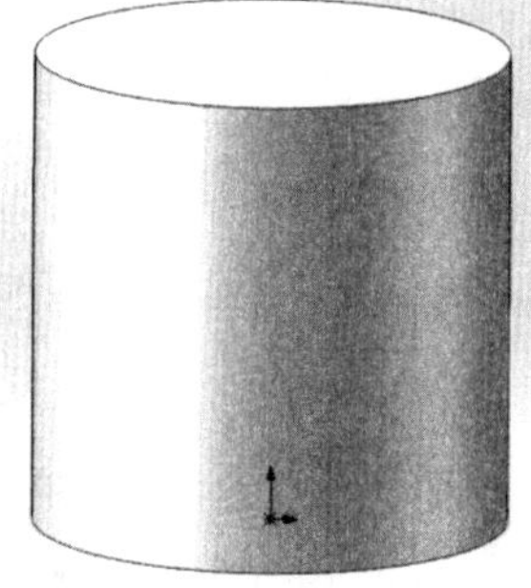

图 4-35　圆柱草图及拉伸圆柱

(2)单击“特征”面板上的“拔模”按钮，弹出“DraftXpert”的属性对话框，选择圆柱底面为“中性面”，圆柱面为“拔模面”，“拔模角度”为“10.00 度”，单击“确定”，生成圆柱拔模，如图 4-36 所示。

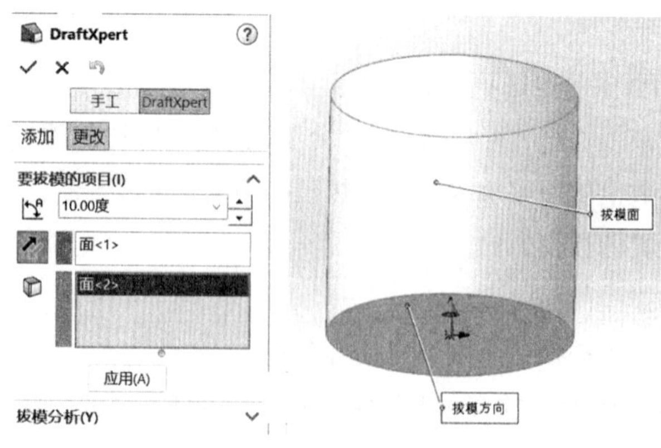

图 4-36　圆柱拔模参数

4.6 孔 特 征

孔系列为装配体特征，在装配体的零部件中生成孔特征。SolidWorks 2024 创建的孔特征有异型孔向导、高级孔、螺纹线和螺纹向导四种方式。

4.6.1 异型孔向导

“异型孔向导”特征作为一个快捷的插入孔的命令，用于在现有模型面上生成各种类型的孔，有柱形沉头孔、锥形沉头孔、直孔、直螺纹孔、锥形螺纹孔和旧制孔等，可以根据需要选择孔的类型。这样极大地提高了各种孔的绘制速度，同时可以很快地进行修改，建模速度大幅加快。

生成异型孔需要设定孔的类型，并确定孔的位置。

下面介绍几种常用的异型孔的创建方法。

1. 柱形沉头孔

单击“特征”面板中的“异型孔向导”按钮，弹出相应的属性对话框，选择“孔类型”为第一个“柱形沉头孔”，在“类型”属性对话框里设定孔的参数，如图 4-37 所示。

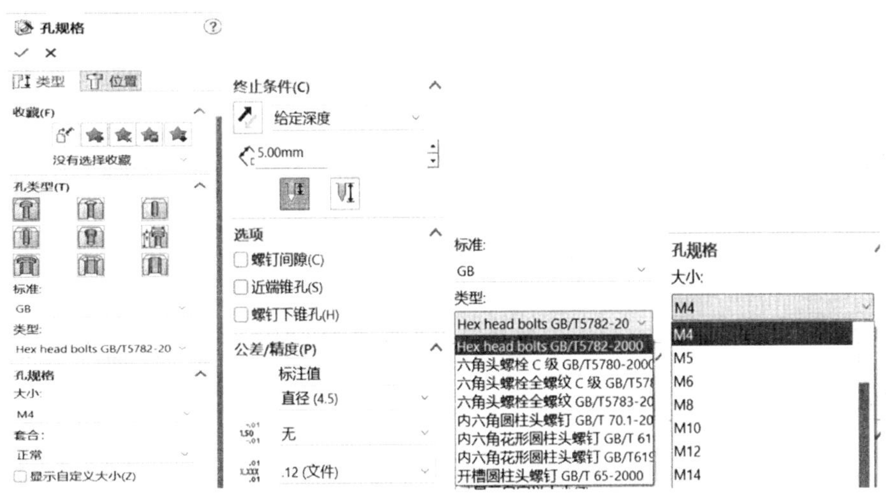

图 4-37　柱形沉头孔的属性对话框

“类型”属性对话框中的各选项组有“孔类型”“孔规格”“终止条件”“选项”。

（1）“孔类型”选项组中各个选项的含义如下：

①标准：在该选项的下拉列表中，可以选择与柱形沉头孔连接的紧固件的标准，如 AS、DIN、GB、ISO、和 JIS 等，其中 GB 是国标。

②类型：在该选项的下拉列表中，可以选择与柱形沉头孔对应紧固件的螺栓类型，如六角螺栓、六角螺栓全螺纹、内六角圆柱体螺钉、内六角花形圆柱体螺钉和开槽圆柱头螺钉等。一旦选择了紧固件的螺栓类型，异型孔向导会立即更新对应参数栏中的项目。

（2）“孔规格”选项组中各个选项的含义如下：

①大小：在该下拉列表框中可以选择柱形沉头孔对应紧固件的尺寸，从 M1.6 到 M64。

②配合：用来为零件选择套合，分“紧密”“正常”和“松弛”三种，分别表示柱孔与紧固件配合较紧、正常范围或配合较松散。

（3）“终止条件”选项组中各个选项的含义如下：

“终止条件”中的终止条件主要包括“给定深度”“完全贯穿”“成形到下一面”“成形到一点”“成形到一面”“到离指定面指定的距离”等。

（4）“选项”选项组中各个选项的含义如下：

①螺钉间隙：选中此复选框即可设定螺钉间隙值，将使用文档单位把该值添加到零件头之处。

②近端锥孔：选中此复选框即可设置近端锥形沉头孔的直径和角度。

③螺钉下锥孔：选中此复选框即可设置下头锥形沉头孔的直径和角度。

④远端锥孔：选中此复选框即可设置远端锥形沉头孔的直径和角度。

单击“孔位置”属性对话框，再单击实体，在绘制面板上出现点，移动点到相应的位置，使其完全定义，接下来确定孔的位置，生成指定位置的柱形沉头孔特征，如图 4-38 所示。

2. 锥形沉头孔

单击“特征”面板中的“异型孔向导”按钮，弹出相应的属性对话框，选择“孔类型”为第二个“锥形沉头孔”，在属性对话框中设定孔的参数来生成孔，如图 4-39 所示。

“类型”属性对话框中的各选项组与柱形沉头孔基本一致。孔的定位方法也都相同。

3. 直孔

单击“特征”面板中的“异型孔向导”按钮，弹出相应的属性对话框，选择“孔类型”为第三个“直孔”，在属性对话框里设定孔的参数来生成孔，如图 4-40 所示。

“类型”属性对话框中的各选项组与柱形沉头孔和锥形沉头孔基本一致。

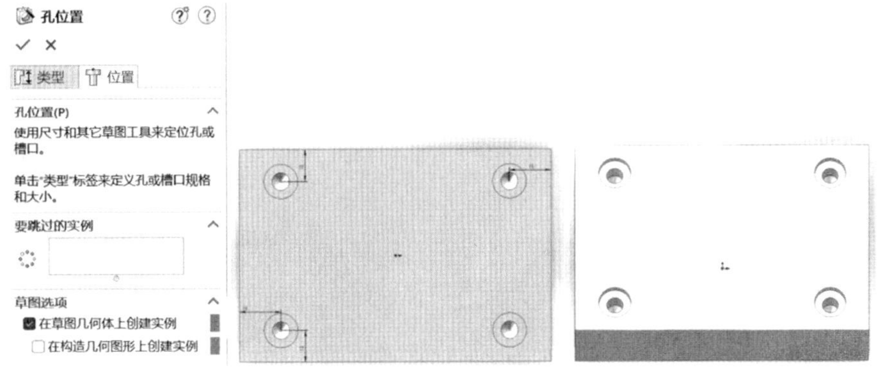

图 4-38　孔位置的确定

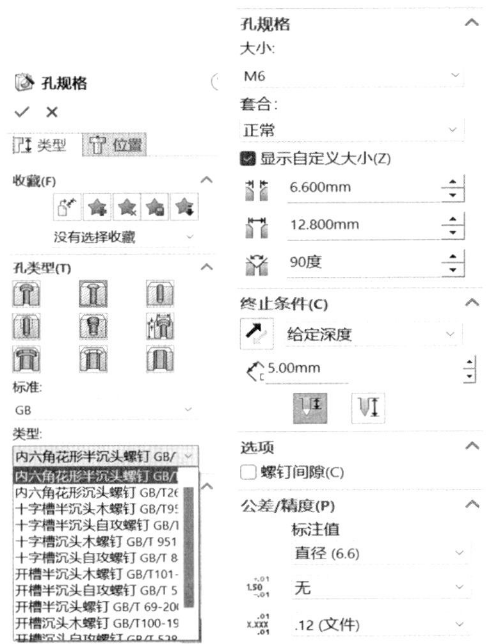

图 4-39　锥形沉头孔的属性对话框

类型选项中有暗销孔、螺纹钻孔、螺钉间隙和钻孔大小可选择。

4. 直螺纹孔

单击"特征"面板中的"异型孔向导"按钮，弹出相应的属性对话框，选择"孔类型"为第四个"直螺纹孔"，在属性对话框里设定孔的参数来生成孔，如图 4-41 所示。

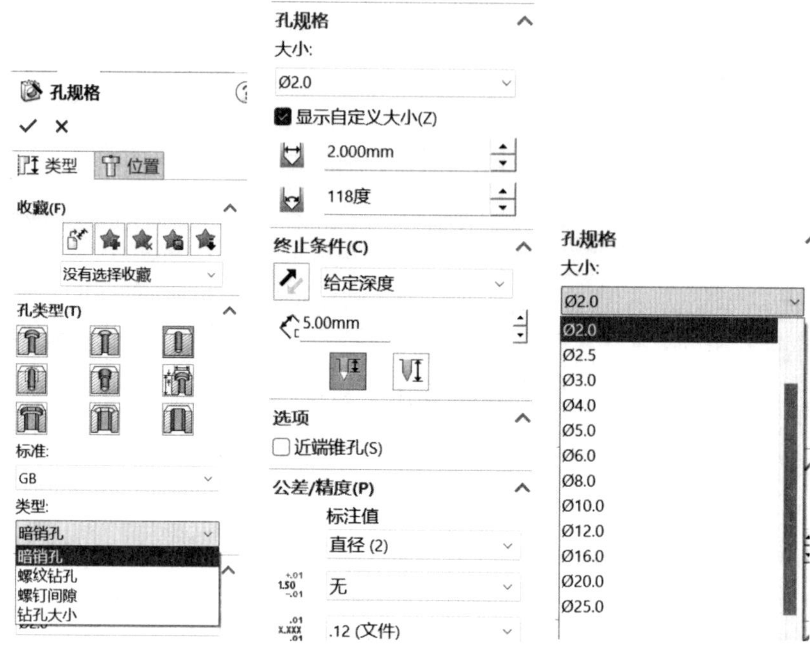

图 4-40　直孔的属性对话框

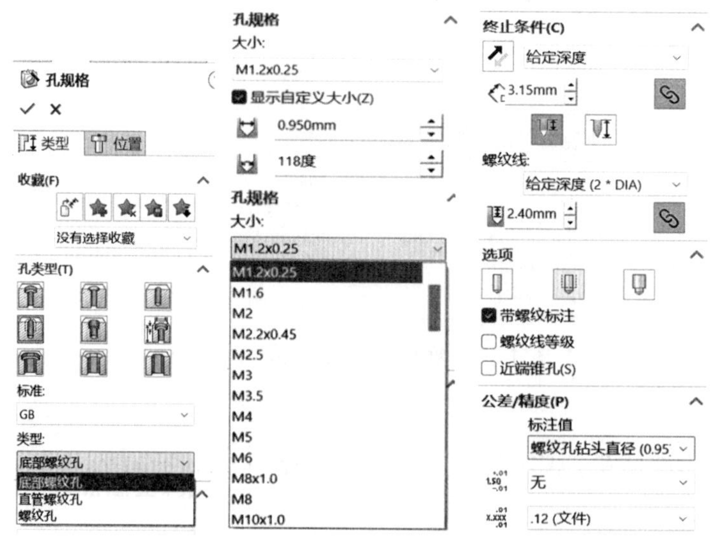

图 4-41　直螺纹孔的属性对话框

4.6.2 高级孔

利用“高级孔”特征，可以从近端面和远端面中定义高级孔。使用“螺纹向导”特征的操作步骤如下：

(1)单击“特征”面板中的“异型孔向导”下拉键，选择“高级孔” 高级孔 按钮，弹出相应的属性对话框。

(2)将长方体顶面作为近端面，选择“标准”为“GB”，“类型”为六角头螺栓，设定孔“大小”为“M5”，单击位置属性对话框进行定位，生成近端面高级孔，如图4-42所示。

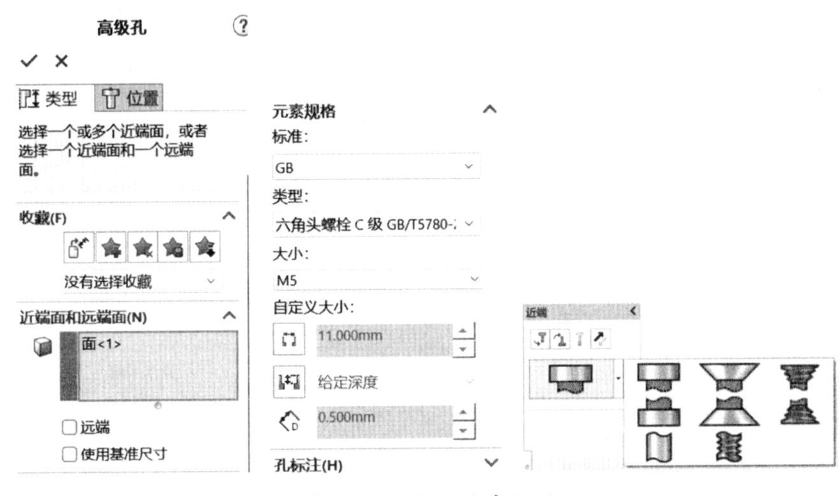

图4-42　近端面高级孔

(3)将长方体底面作为远端面，选择的孔类型和孔规格与近端面一致，单击位置属性对话框进行定位，生成远端面高级孔，如图4-43所示，单击“确定”，完成高级孔的创建，如图4-44所示。

4.6.3 螺纹线

用螺纹线特征可以快速生成螺纹，创建螺纹有剪切螺纹线和拉伸螺纹线两种方法，螺纹的方向可以是右旋螺纹或左旋螺纹。使用螺纹线特征创建螺纹的操作步骤如下：

(1)创建一个圆柱体。

(2)单击“特征”面板中的“异型孔向导”下拉键，选择“螺纹线”按钮，弹出相应的属

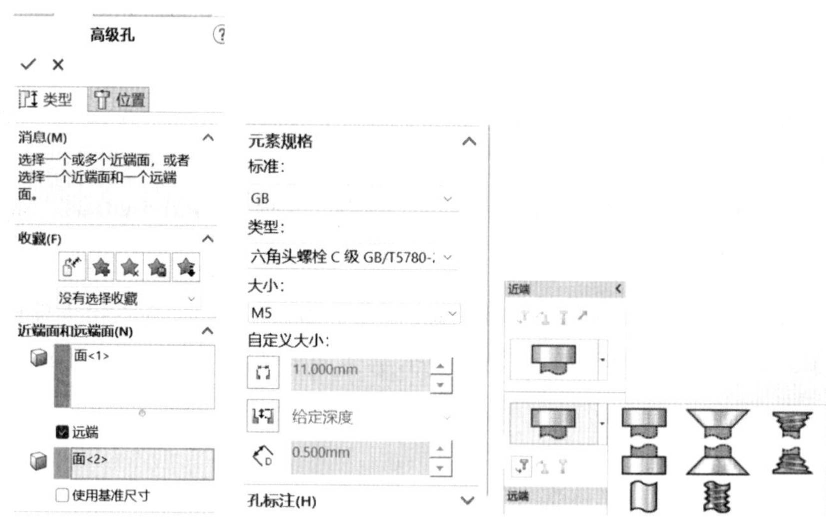

图 4-43　远端面高级孔

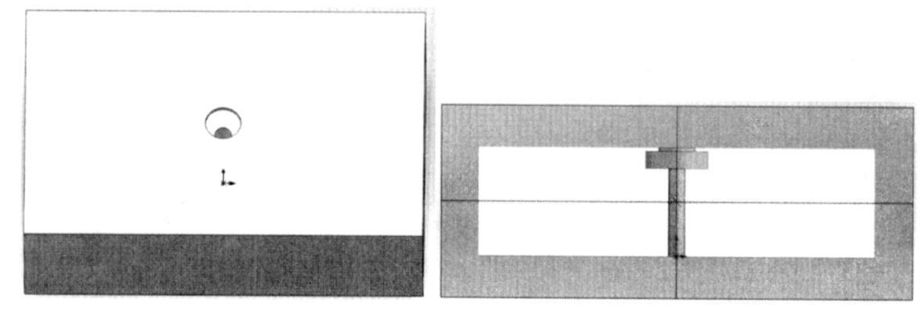

图 4-44　高级孔

性对话。

(3)选择“螺纹线位置”为圆柱体边线和圆柱面，然后设置螺纹参数，再先后选择“剪切螺纹线”和“右旋螺纹”，如图 4-45 所示，最后单击“确定”，生成螺纹线，如图 4-46 所示。

4.6.4　螺纹向导

使用螺柱向导特征来创建外部螺纹螺柱。使用螺纹向导特征创建螺纹的操作步骤如下：

(1)创建一个圆柱，单击“特征”面板中的“异型孔向导”下拉键，选择“螺纹向导”按钮，弹出相应的属性对话。

(2)选择圆柱最顶面的边线，设置“标准”为“GB”，类型为“机械螺纹”，设定“大小”为“M6”，再单击“确定”，生成螺纹向导，如图 4-47 所示。

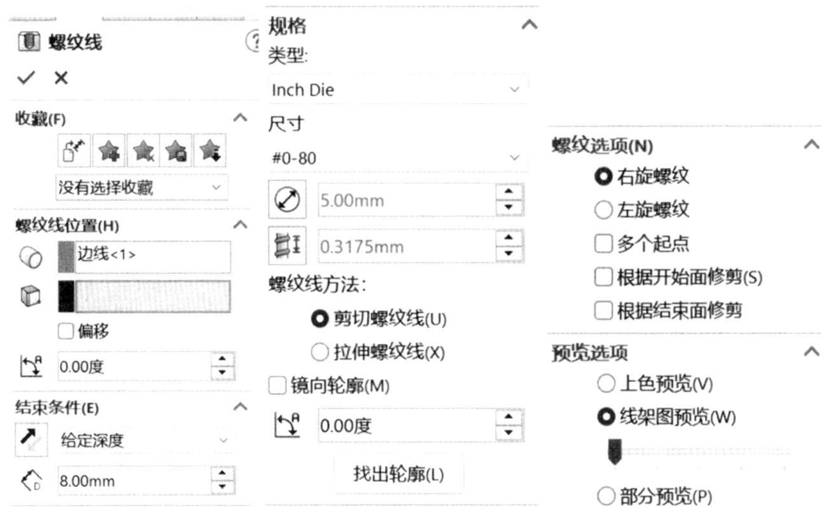

图 4-45　螺纹线属性对话框

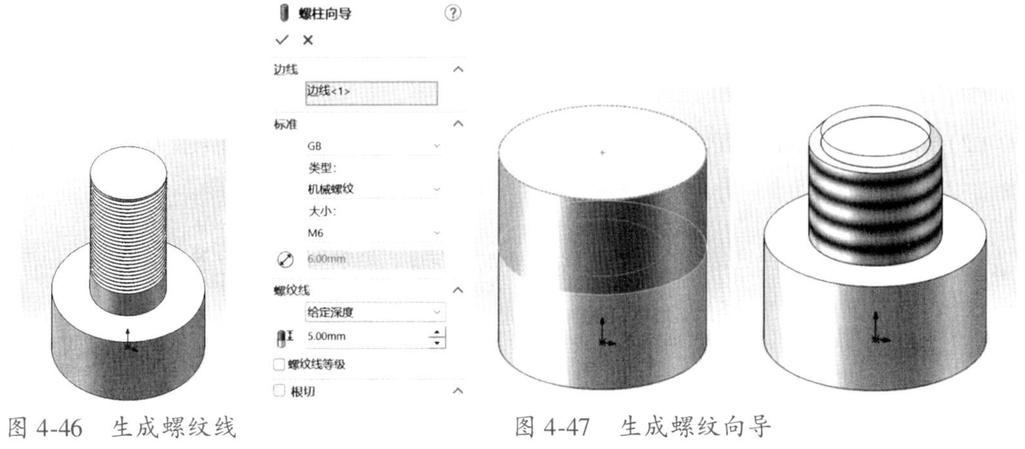

图 4-46　生成螺纹线

图 4-47　生成螺纹向导

4.7　其他常用辅助特征

除了常用特征以外，SolidWorks 2024 还有许多其他辅助特征。

4.7.1　包覆特征

利用包覆特征可以将草图包覆到平面或非平面上，包覆特征支持轮廓选择和草图重用，可以将包覆特征投影至多个面上。使用"包覆"命令创建浮雕文字的操作步骤如下：

(1)创建一个圆柱，选择“特征”面板的“基准面”特征，创建一个与前视基准面距离“10.00mm”并且在圆柱外面的基准面，如图 4-48 所示。

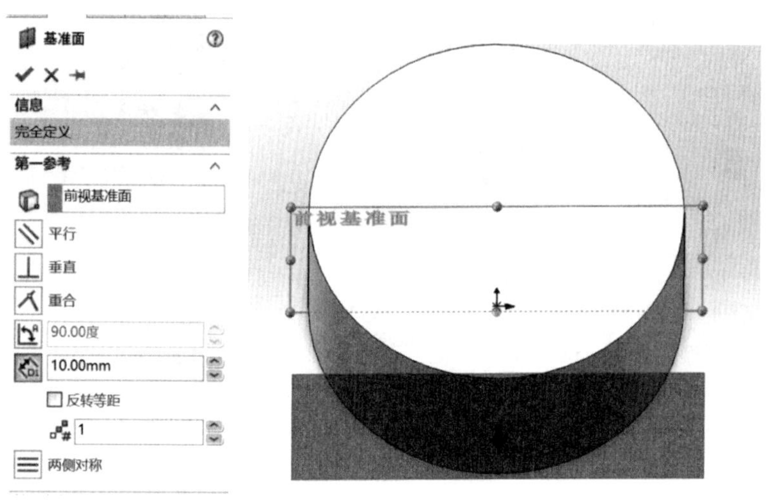

图 4-48　新建基准面

(2)选择新建基准面创建草图，使用“草图”面板上的“文本”命令创建文字，如图 4-49 所示。

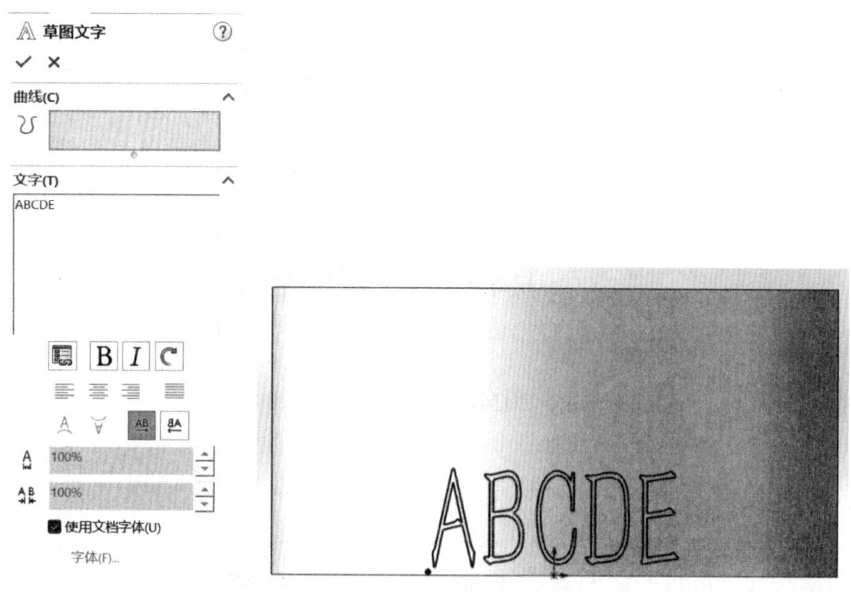

图 4-49　创建草图文字

(3)选择“插入”→“特征”→“包覆”特征，弹出相应的属性对话框，设置包覆类型为“浮雕”，包覆面为圆柱面，厚度为“1.00mm”，单击“确定”，生成浮雕文字如图4-50所示。

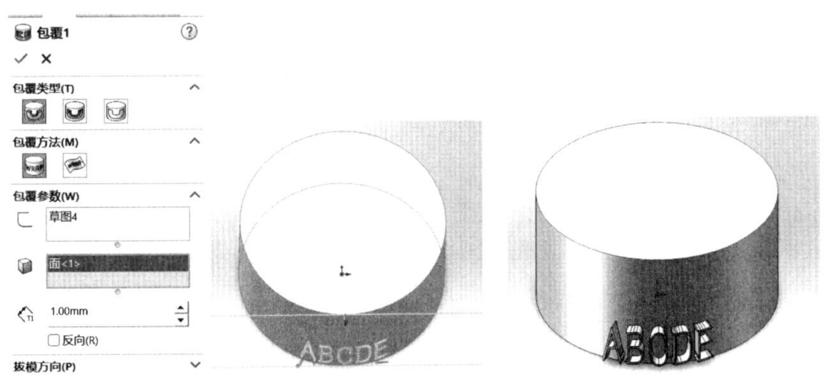

图4-50　生成浮雕文字

4.7.2 圆顶特征

圆顶特征是对模型表面进行局部变形，在现有的模型上生成一个圆顶结构，根据设定的参数，可以形成不同的圆顶效果。圆顶特征一般多用于造型方面。圆顶特征可以生成凸顶和凹顶。圆顶特征操作步骤如下：

选择“插入”→“特征”→“圆顶”特征，弹出相应的属性对话框，在对话框中选择需要圆顶的面，再设定参数，单击“完成”，即可生成圆顶，如图4-51所示。圆顶不仅可以在圆的平面上也可以在其他平面，在圆的平面上可以形成椭圆圆顶。

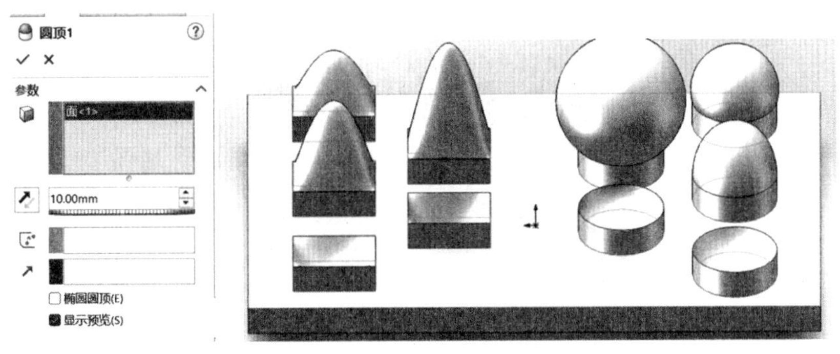

图4-51　圆顶特征

4.7.3　简单直孔特征

简单直孔特征不用绘制草图，可以直接生成一个直孔。操作如下：选择“插入”→“特征”→“简单直孔”特征，弹出相应的属性对话框，先用鼠标选择需要打孔的平面，再在对话框中选择“完全贯穿”，并设定直径为“10.00mm”，然后定位孔的位置，最后单击“确定”，即生成一个直孔，如图 4-52 所示。

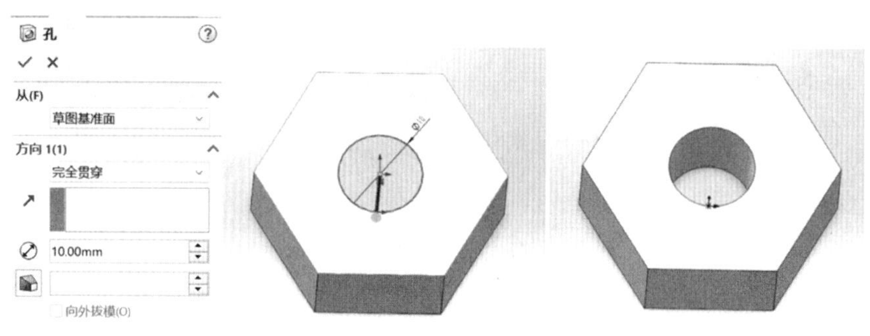

图 4-52　简单直孔特征

4.7.4　压凹特征——以创建压凹水槽为例

压凹特征用于在零件上创建凹陷，以指定的厚度和间隙值进行复杂等距的多种应用，其中包括封装、冲印、铸模以及机器的压入配合等。创建一个如图 4-53 所示的压凹水槽，操作步骤如下：

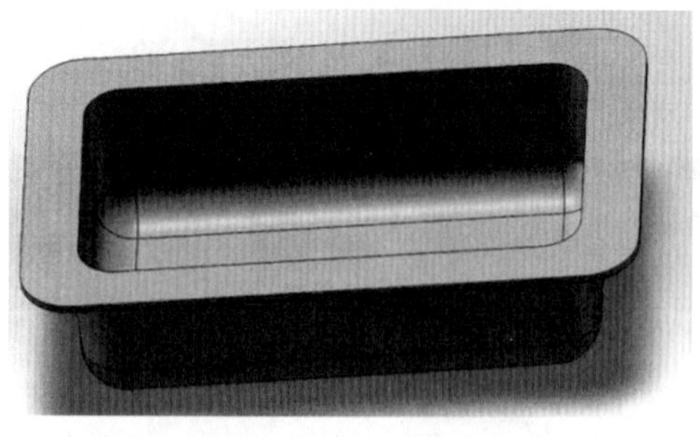

图 4-53　压凹水槽

(1) 选择上视基准面绘制草图，绘制一个如图 4-54 所示的草图。

(2)单击“特征”面板上的“拉伸凸台/基体”按钮，弹出相应的属性对话框，选择终止条件为“给定深度”，设置深度为“10.00mm”，即可生成一个薄板，如图 4-55 所示。

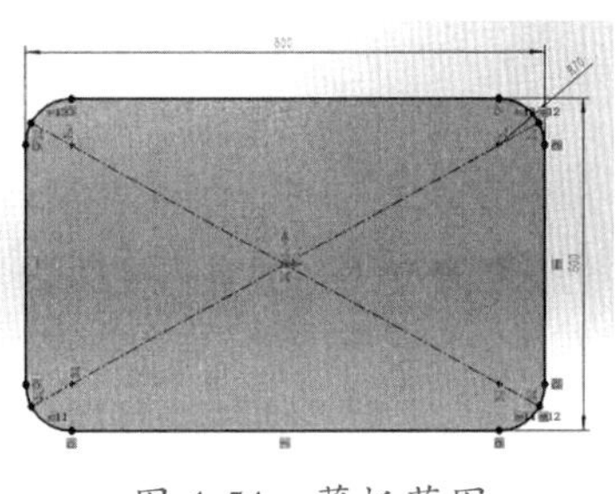
图 4-54　薄板草图

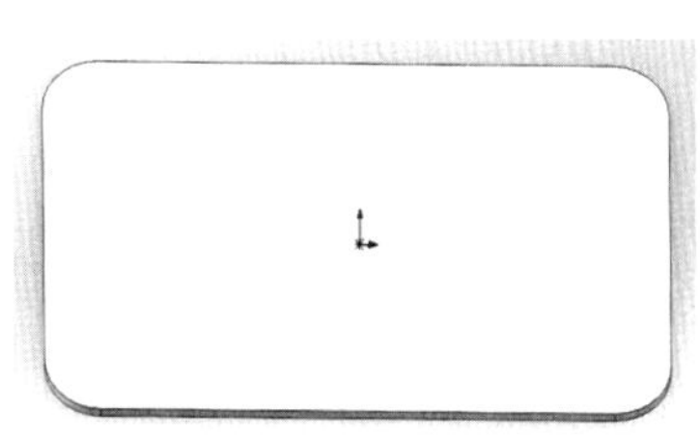
图 4-55　薄板实体

(3)选择薄板的下表面作为基准面绘制草图，如图 4-56 所示。

(4)单击“特征”面板上的“拉伸凸台/基体”按钮，弹出相应的属性对话框，选择终止条件为“给定深度”，设置深度为“190.00mm”，即可生成如图 4-57 所示的实体。

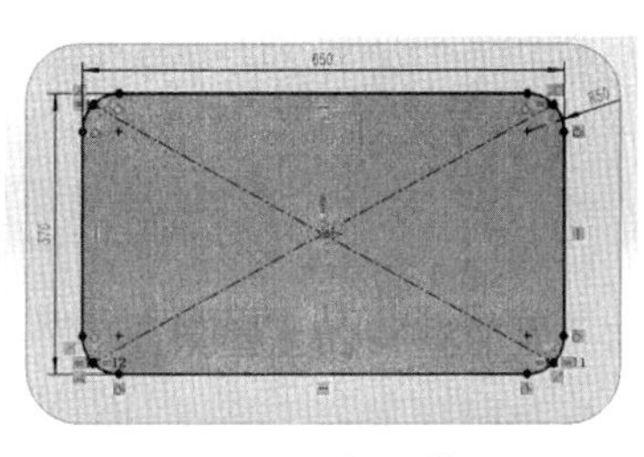
图 4-56　实体草图

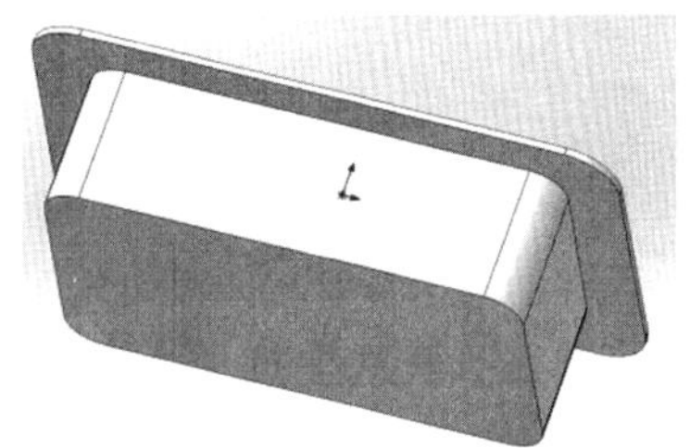
图 4-57　实体

(5)单击“特征”面板上的“圆角”按钮，选择“固定大小圆角”，半径设为“50.00mm”，对实体底部进行倒圆角，效果如图 4-58 所示。

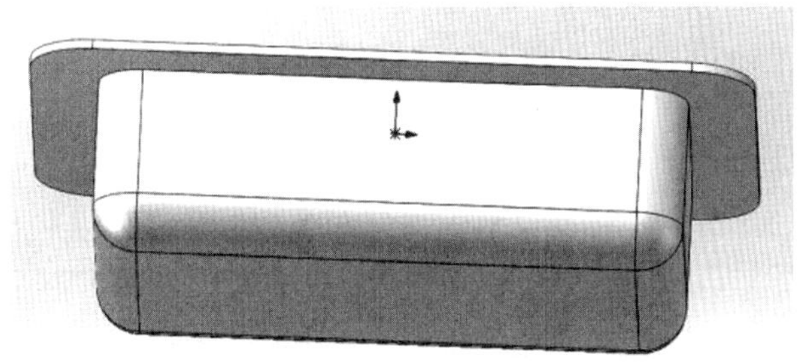
图 4-58　实体倒圆角

(6)选择“插入”→“特征”→“压凹”特征，弹出相应的属性对话框，选择薄板为“目标实体”，带圆角的长方体为“工具实体区域”，厚度设置为“10.00mm”，最后单击“确定”，生成压凹水槽，如图 4-59 所示。

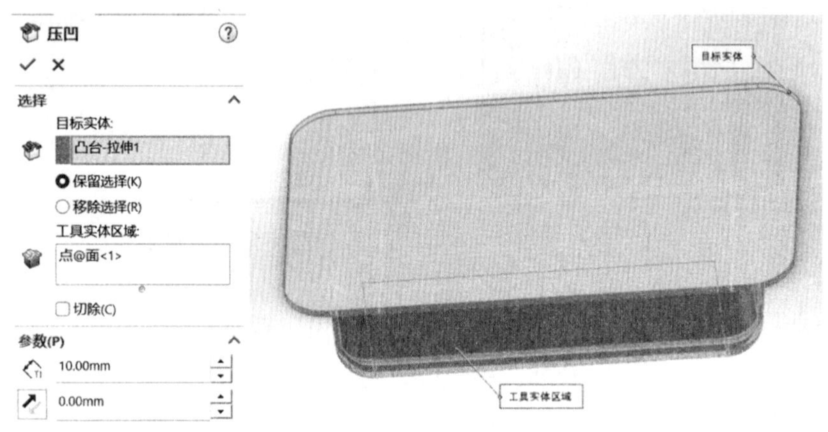

图 4-59　压凹水槽生成

4.8　支座绘制实例

创建如图 4-60 所示支座的三维造型。具体操作步骤如下：

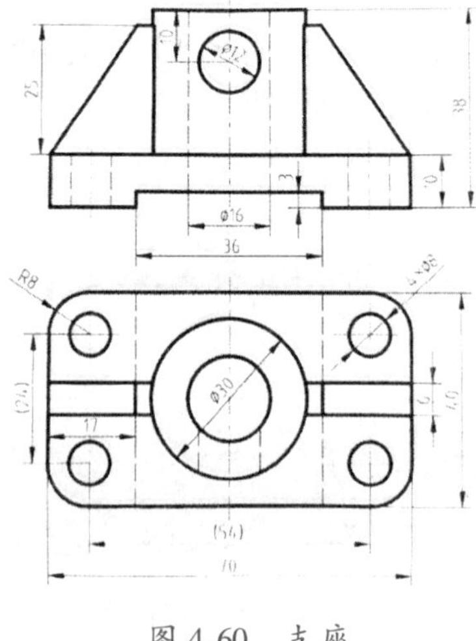

图 4-60　支座

(1)选择前视基准面，绘制如图 4-61 所示的草图。

(2)首先单击“特征”面板上的“拉伸凸台/基体”按钮，选择绘制的草图，则弹出相应的属性对话框，然后选择方向为“两侧对称”，设定深度为“40.00mm”，最后单击“确定”，即可生成底座的造型，如图 4-62 所示。

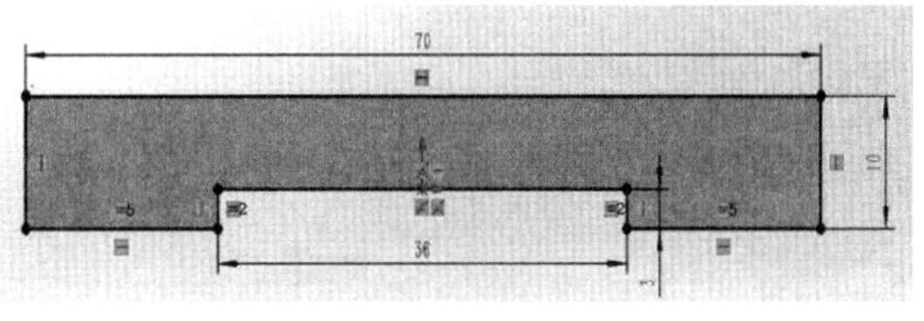

图 4-61　底座草图

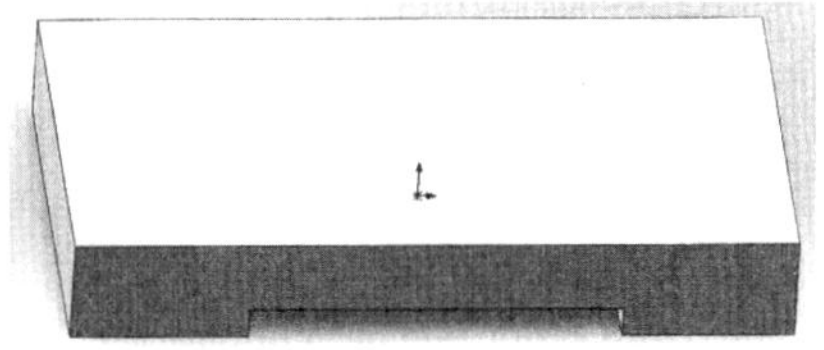

图 4-62　底座实体

(3)单击“特征”面板上的“圆角”按钮，选择底座的四条棱线，选择“固定大小圆角”，半径设置为“8.00mm”，单击“确定”，生成如图 4-63 所示的倒圆角实体。

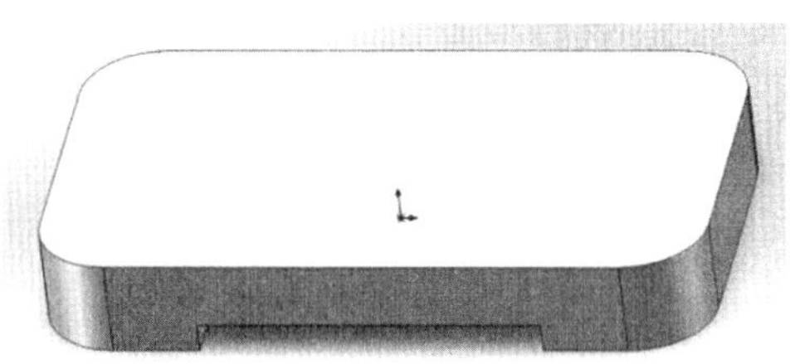

图 4-63　倒圆角实体

(4)选择底座的上表面作为绘图平面，绘制一个直径为“30.00mm”的圆，如图 4-64 所示。

(5)单击“特征”面板上的“拉伸凸台/基体”按钮，选择刚刚绘制的草图，弹出相应的属性对话框，选择方向为“给定深度”，深度设置为“28.00mm”，则生成一个圆柱实体，如图 4-65 所示。

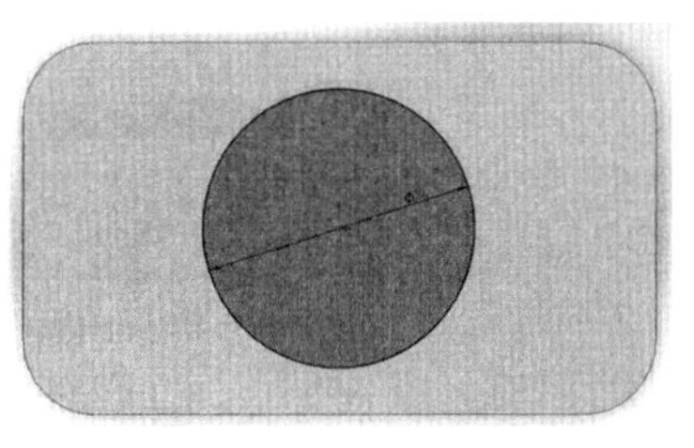

图 4-64　圆柱草图

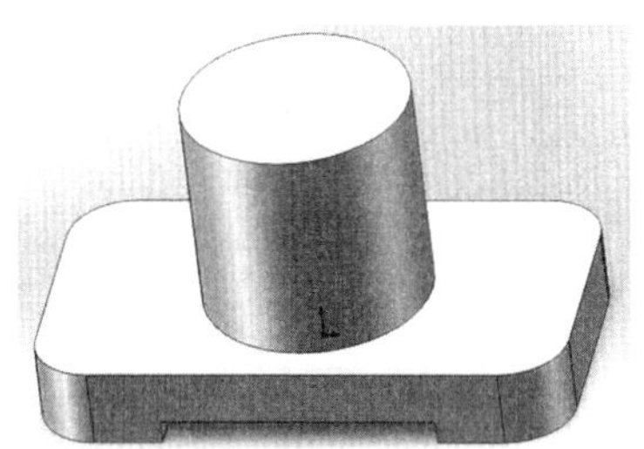

图 4-65　圆柱实体

(6)选择“插入”→“特征”→“简单直孔”特征，弹出孔的属性对话框，再选择圆柱顶面，选择方向为“完全贯穿”，直径设定为“16. 00mm”，定位孔的位置，单击“确定”，则生成直孔实体，如图 4-66 所示。

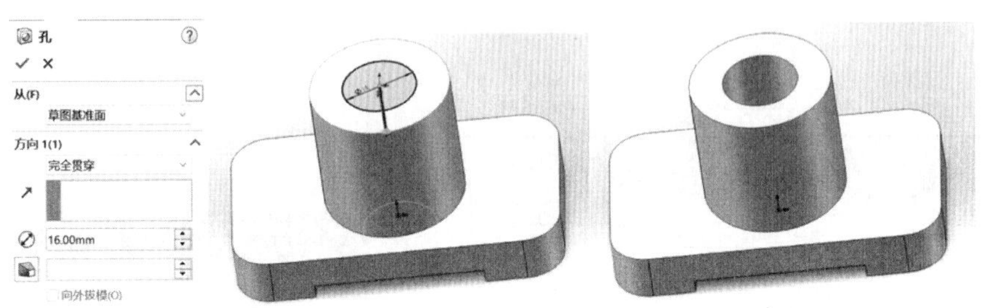

图 4-66　简单直孔实体

(7)选择前视基准面，绘制如图 4-67 所示的筋草图。

(8)单击“特征”面板上的“筋”按钮，弹出筋的属性对话框。鼠标点击筋草图，选择“两侧”，设定厚度为“6. 00mm”，选择拉伸方向为“平行于草图”，如图 4-68 所示，生成一侧筋特征，如图 4-69 所示。

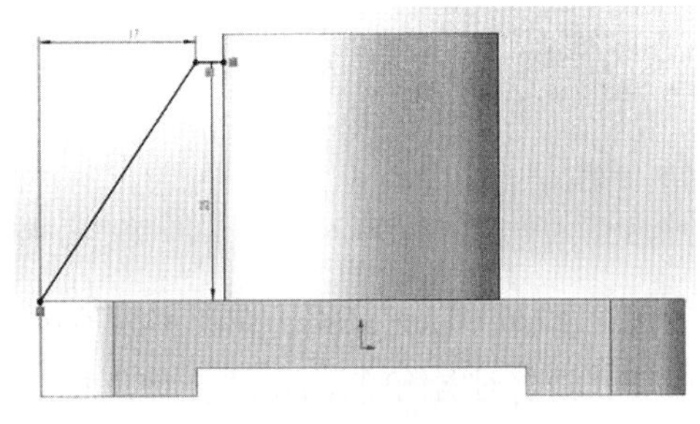

图 4-67　筋草图

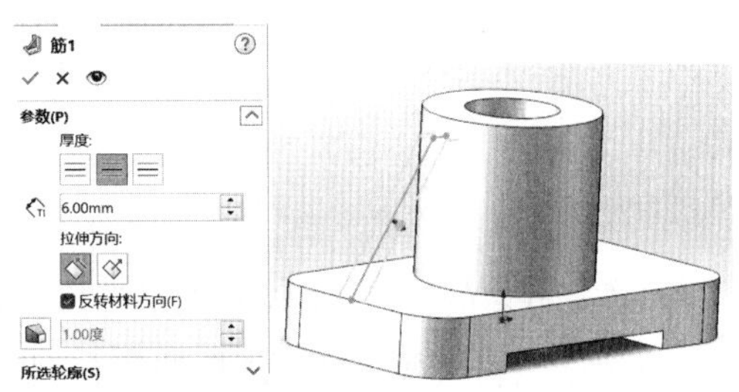

图 4-68　筋属性设置

(9)重复步骤(7)和(8)，生成另一侧筋特征，如图 4-70 所示。

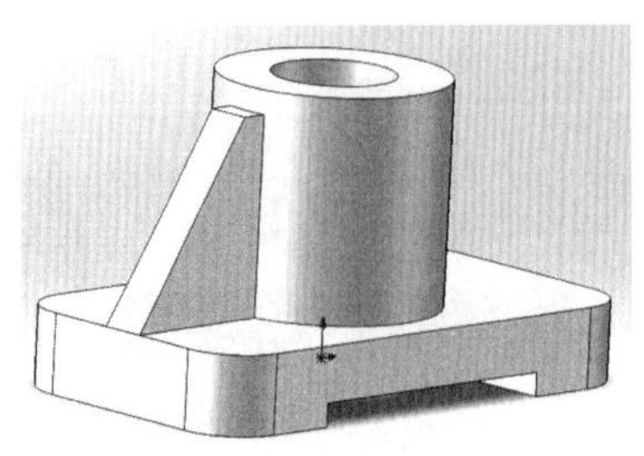

图 4-69　一侧筋特征

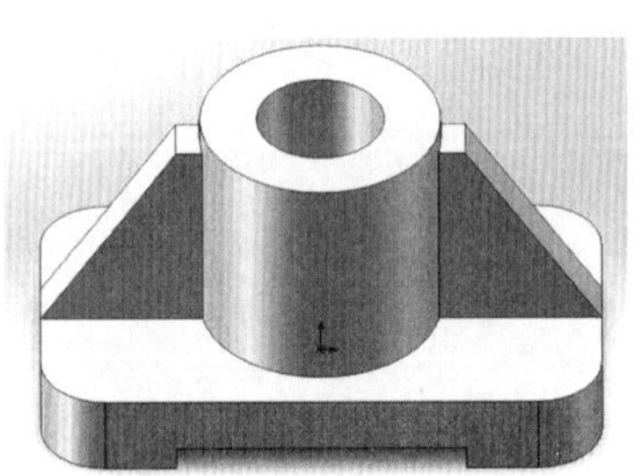

图 4-70　筋两侧特征

(10)单击“特征”面板中的“异型孔向导”按钮，弹出相应的属性对话框，选择“孔类型”为第三个“直孔”，标准为“GB”，类型为“钻孔大小”，大小为直径 12，终止条件为“完全贯穿”，然后选择“位置”的属性对话框，选择前视基准面来放置孔，再单击“确定”，即可生成一个横孔，如图 4-71 所示。

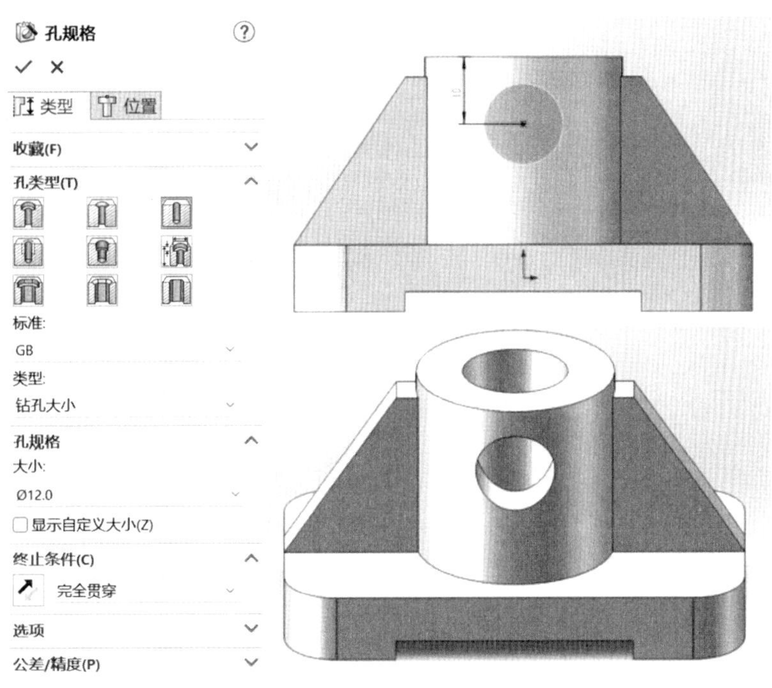

图 4-71　横孔实体

(11)重复“异型孔向导”特征，先设置直径大小为 8，然后打开位置的属性对话框，选择支座底座的上表面来放置孔，确定 4 个孔的圆心位置，如图 4-72 所示，再单击“确定”，生成支座，如图 4-73 所示。

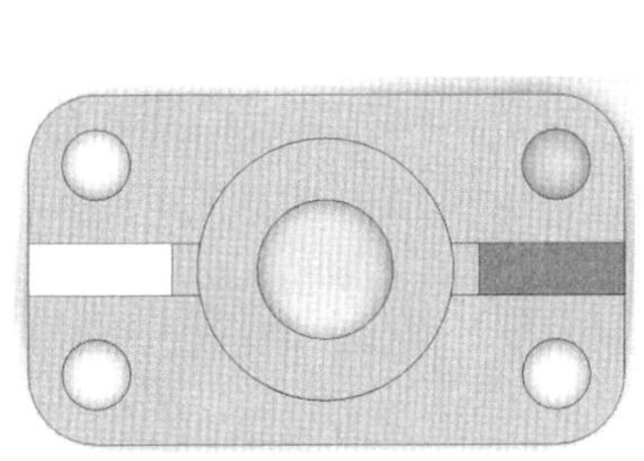

图 4-72　四个孔实体

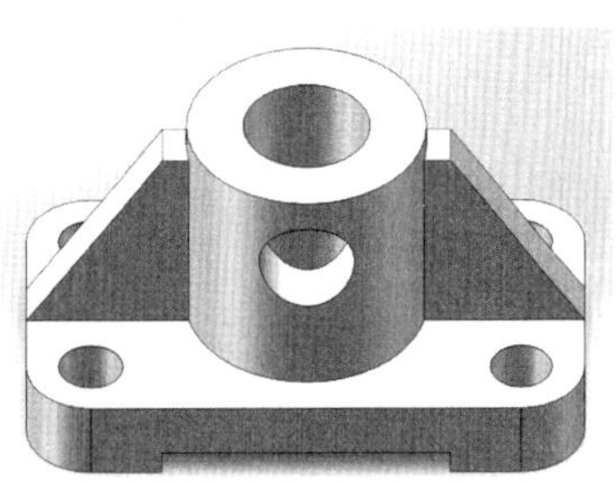

图 4-73　支座三维造型

本章课后练习

(1)根据如图 4-74 所示的工程图完成三维造型的创建。

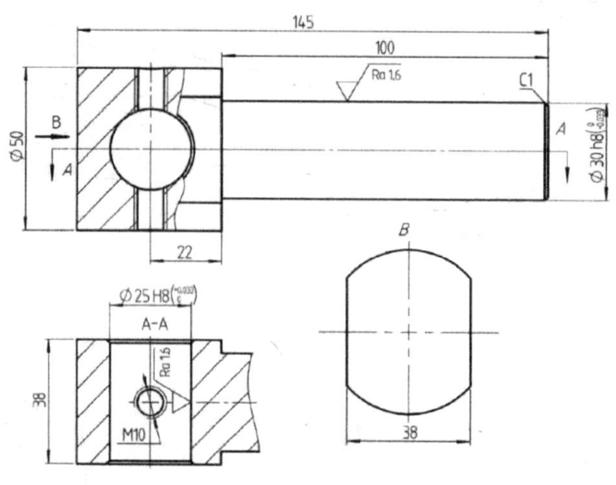

图 4-74　工程图 1

(2)根据如图 4-75 和图 4-76 所示的工程图完成三维造型的创建。

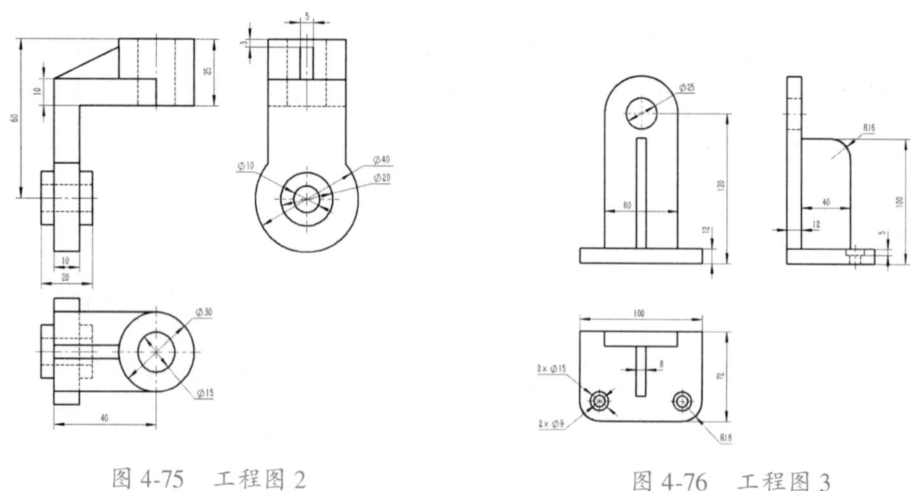

图 4-75　工程图 2　　图 4-76　工程图 3

(3)完成如图 4-77 所示的直尺造型创建，尺寸自定。

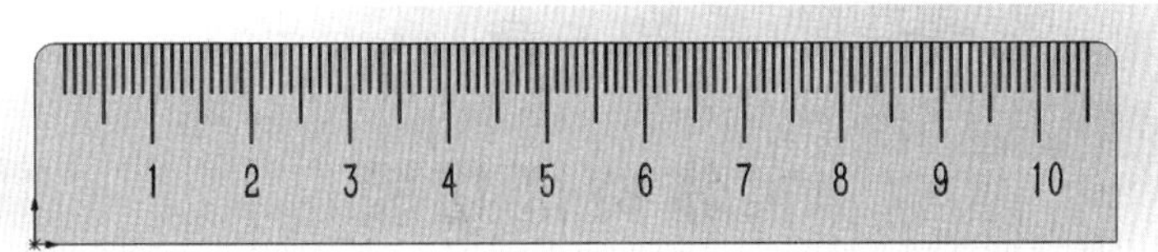

图 4-77　直尺造型

第 5 章

实体特征建模

除了直接进行特征的创建，SolidWorks 2024 还具有特征编辑功能。特征编辑是指在不改变已有特征的基本形态下，对其进行整体的复制、缩放和更改的方法，具体包括阵列特征、镜像特征、属性编辑等命令。

本章重点：

- 阵列特征
- 镜像特征
- 属性编辑

5.1 阵列特征

阵列特征可以快速生成多个相同的几何体实例，并按照指定的参数进行有规律的排列。阵列特征应用于实体、曲面以及工程图等不同的设计环境中，通过对图形对象进行复制、旋转或者镜像操作来创建一系列的实体，这些实体根据需要可以沿直线、圆弧或者自定义路径分布，也可以围绕中心点或轴线均匀排列。

5.1.1 线性阵列特征

线性阵列特征

"线性阵列"特征可以实现在一个或者两个方向排列已有的特征，使用该特征，需要指定阵列方向、线性阵列间距、实例总数和欲复制的特征，复制的特征之间的距离相等。下面介绍"线性阵列"特征的操作方法。

先创建一个平板，再创建一个三棱柱，单击"特征"面板中的"线性阵列"按钮，弹出

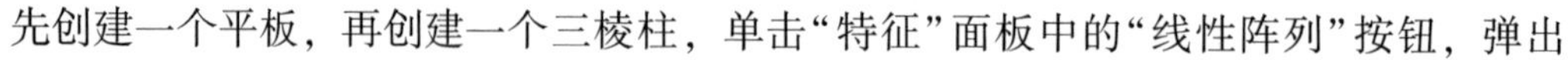

相应的属性对话框，在“方向 1”中选择阵列方向，勾选“间距与实例数”，设定“阵列间距”为“25. 00mm”，“阵列数目”为“4”；方向 2 以第二方向生成阵列，在“方向 2”中选择阵列方向，选中“间距与实例数”，设定“阵列间距”为“25. 00mm”，“阵列数目”为“3”，选择三例棱柱为“要阵列的特征”，如图 5-1 所示，单击“确定”，生成的线性阵列特征如图 5-2 所示。

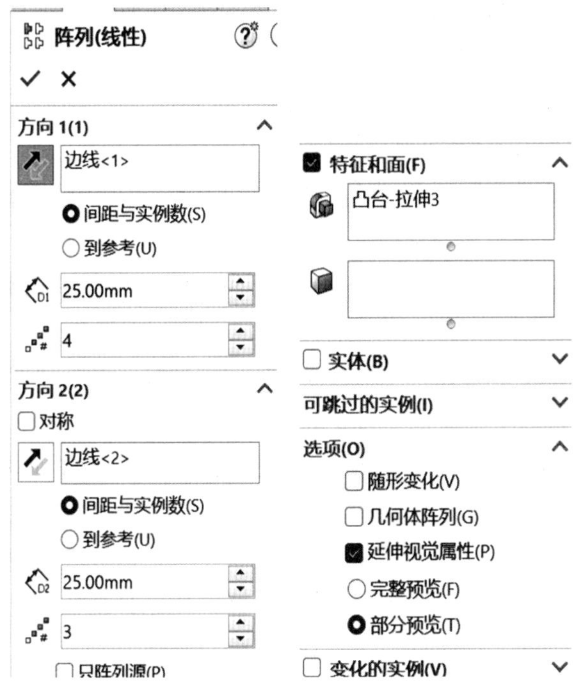

图 5-1　线性阵列属性对话框

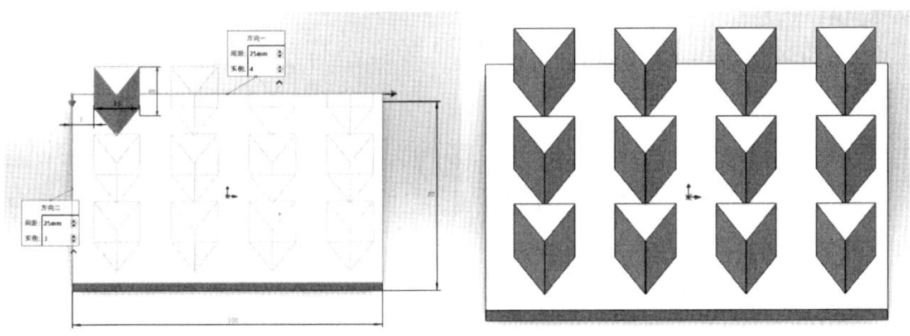

图 5-2　线性阵列示例

线性阵列特征属性对话框中各选项含义如下：

(1)阵列方向：为阵列设定方向，可选择线性边线、直线、轴、尺寸、平面的面和曲面、圆锥面和曲面、圆形边线和参考平面。单击反转方向即可实现反转阵列方向。

(2)间距与实例数：单独设置实例数和间距。

间距：设定阵列实例之间的间距。

实例数：设定阵列实例数。此数量包括原始特征或选择。

(3)到参考：根据选定的参考几何图形设定实例数和间距。

参考几何图形：设定控制阵列的参考几何图形。

偏移距离：从参考几何图形设定上一个阵列实例的距离。

反转偏移方向：反转从参考几何图形偏移阵列的方向。

重心：计算从参考几何图形到阵列特征重心的偏移距离。

选定参考：计算从参考几何图形到选定源特征几何图形参考的偏移距离。

源参考：设定计算偏移距离的源特征几何图形。

(4)只阵列源：通过只使用源特征而不复制方向 1 的阵列实例在方向 2 中生成线性阵列。

(5)要阵列的特征：通过使用所选择的特征作为源特征来生成阵列。

(6)要阵列的面：通过使用构成特征的面生成阵列。在图形区域选择特征的所有面。这对于只输入构成特征的面而不是特征本身的模型很有用。当使用要阵列的面时，阵列必须保持在同一面或边界内，它不能跨越边界。

(7)要阵列的实体/曲面实体：使用在多实体零件中选择的实体生成阵列。

(8)要跳过的实例：在生成阵列时跳过在图形区域中选择的阵列实例。

5.1.2 圆周阵列特征

圆周阵列特征用于在一个圆周上复制已有特征，是围绕一个中心点或轴线创建多个对象的特征。“圆周阵列”需要选择“阵列轴”和设置阵列特征间的角度。圆周阵列特征的操作步骤如下：

创建一个圆盘，再创建一个圆孔，单击“特征”面板中的“线性阵列”下拉键，选择“圆周阵列”圆周阵列 按钮，此时会弹出相应的属性对话框；然后选择“阵列轴”为圆盘边线，选中“等间距”，设定“阵列角度”为“360.00 度”，“阵列数目”为“6”，选择圆孔为“要阵列特征”，最后单击“确定”，即可生成圆周阵列特征，如图 5-3 所示。

5.1.3 曲线驱动的阵列特征

曲线驱动的阵列特征，使得欲复制的特征沿着选择的曲线生成阵列，该特征可以使用

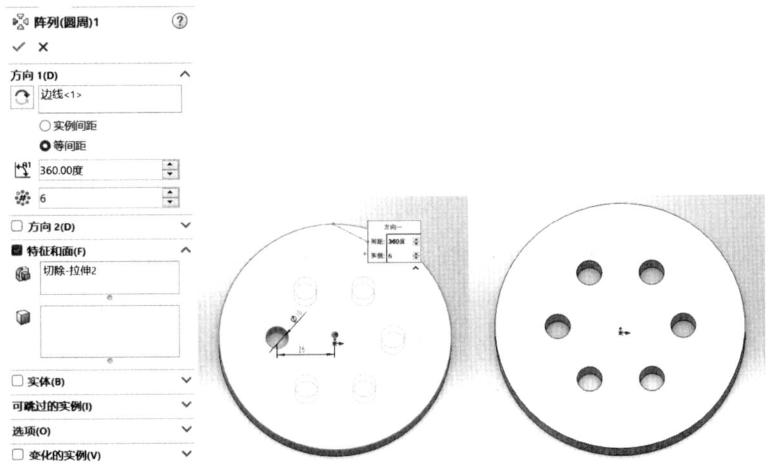

图 5-3　圆周阵列属性对话框及示例

任何草图线段或沿平面的面的边线。曲线驱动的阵列特征操作步骤如下：

首先创建一个圆盘，再创建一个小圆柱，在圆盘表面绘制一条曲线草图，单击“特征”面板中的“线性阵列”下拉键，选择“曲线驱动的阵列”按钮，则弹出相应的属性对话框，然后在“方向 1”中的“阵列方向”选择曲线草图，设置的实例数为“5”，选择“等间距”；其次勾选“方向 2”，选择阵列方向，设置实例数为“2”，选中小圆柱为“要阵列的特征”，最后单击“确定”，即可生成曲线驱动的阵列示例，如图 5-4 所示。

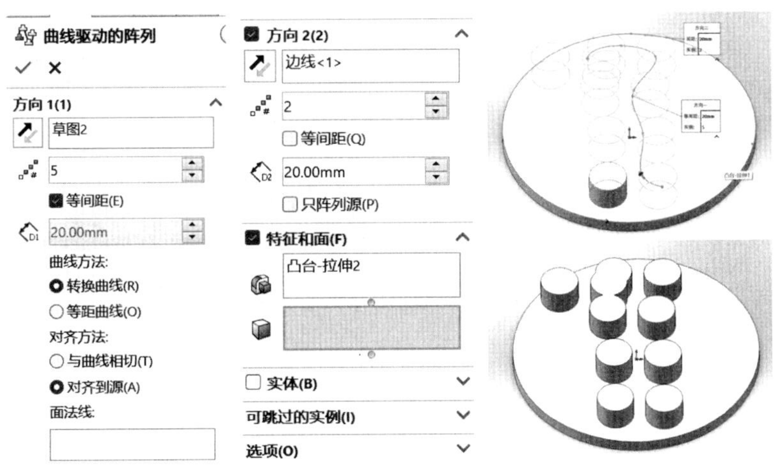

图 5-4　“曲线驱动的阵列”属性对话框及示例

5.1.4　草图驱动的阵列特征

草图驱动的阵列特征使用草图中的草图点来指定特征阵列，源特征由整个阵列扩散到草图中的每个点。对于孔或其他特征，可以运用由草图驱动的阵列。草图驱动的阵列特征操作步骤如下：

先创建一个平板，再创建一个小圆柱，在平板表面绘制若干个点组成的草图，然后单击“特征”面板中的“线性阵列”下拉键，并选择“草图驱动的阵列”按钮，则弹出相应的属性对话框，选择点组成的草图为“参考草图”，选中小圆柱为“要阵列的特征”，最后单击“确定”，即生成草图驱动的阵列示例，如图 5-5 所示。

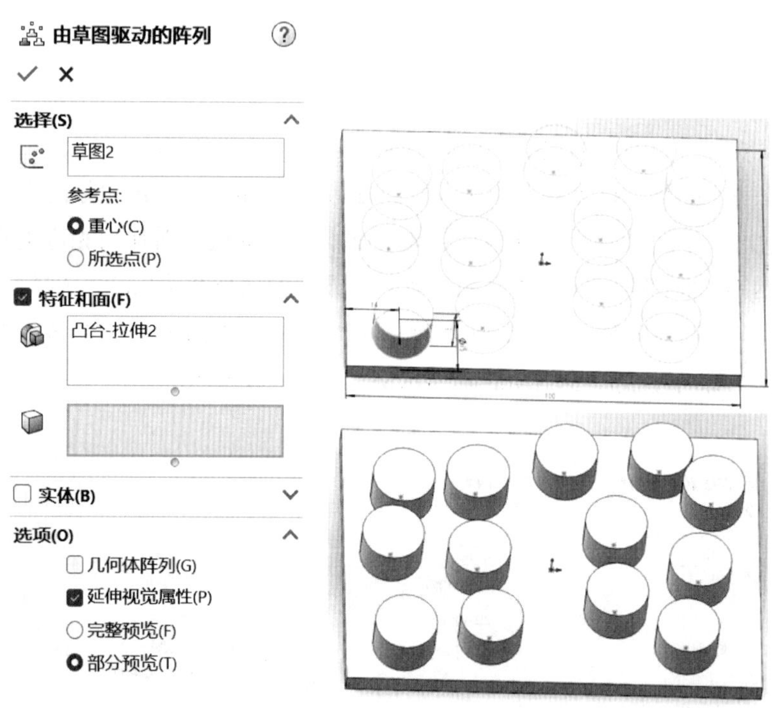

图 5-5　“由草图驱动的阵列”属性对话框及示例

5.1.5　填充阵列特征

通过填充阵列特征可以选择由共有平面的面定义的区域或位于共有平面的面上的草图。该命令使用特征阵列或预定义的切割形状来填充定义的区域。填充阵列特征的操作步骤如下：

先创建一个平板，再创建一个圆孔，如图 5-6 所示。单击“特征”面板中的“线性阵列”下拉键，选择“填充阵列”按钮，则弹出相应的属性对话框，然后选择平板上表面为“填充边界”，选中圆孔为“要阵列的特征”，再选择相应的阵列布局方式，设置阵列参数，最后单击“确定”，如图 5-7 所示，生成填充阵列特征。

图 5-6　平板和圆孔　　　　图 5-7　“填充阵列”属性对话框

图 5-8 分别是穿孔、圆周、方形、多边形填充阵列示例。

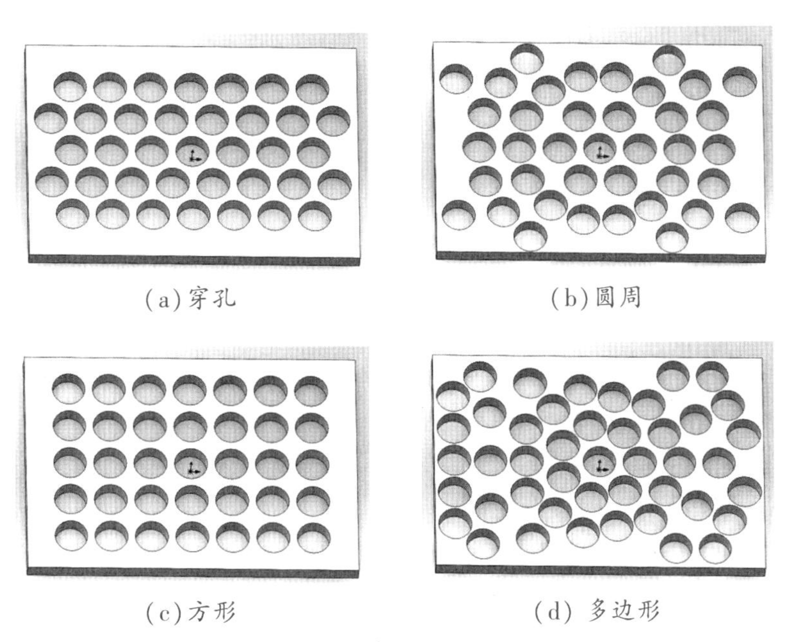

(a) 穿孔　　(b) 圆周

(c) 方形　　(d) 多边形

图 5-8　填充阵列示例

5.1.6　梳子绘制实例

梳子绘制实例

创建如图 5-9 所示的梳子造型。操作步骤如下：

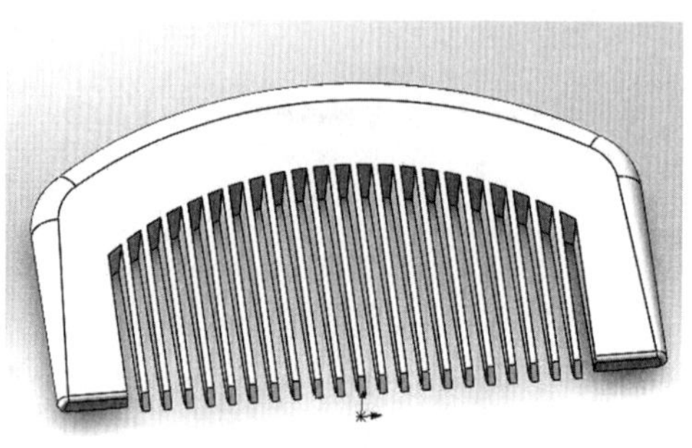
图 5-9　梳子造型

(1)选择上视基准面，绘制一个如图 5-10 所示的草图。

(2)单击“特征”面板上的“拉伸凸台/基体”按钮，弹出相应的属性对话框，选择终止条件为“给定深度”，深度为“10. 00mm”，生成如图 5-11 所示的草图实体。

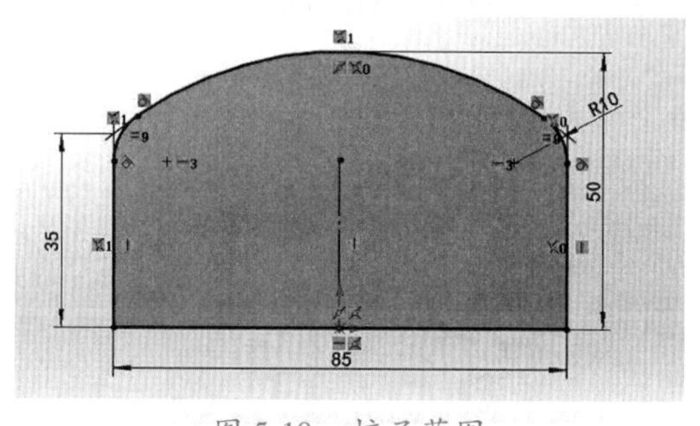

图 5-10　梳子草图

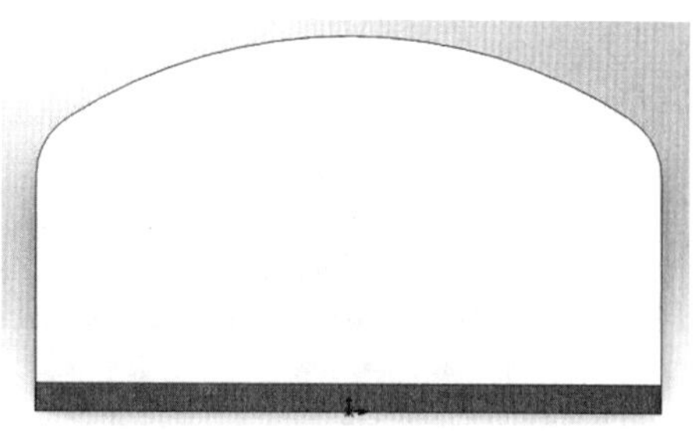
图 5-11　草图实体

(3)选择实体上表面作为绘图平面，绘制草图；选中弧线，再单击“等距实体”按钮，弹出属性对话框，设定“等距距离”为“15. 00mm”，选择“反向”，最后单击“确定”，生成的等距实体草图如图 5-12 所示。

(4)绘制出如图 5-13 所示的梳齿草图。

(5)单击“特征”面板上的“拉伸切除”按钮，则弹出相应的属性对话框，选择终止条件为“完全贯穿”，生成一个如图 5-14 所示的实体。

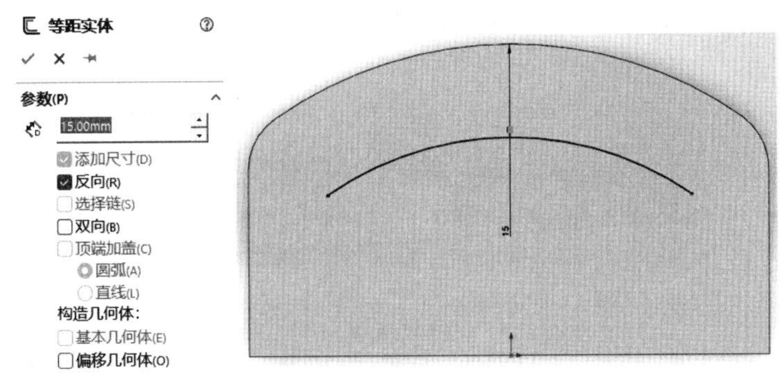

图 5-12　等距实体草图

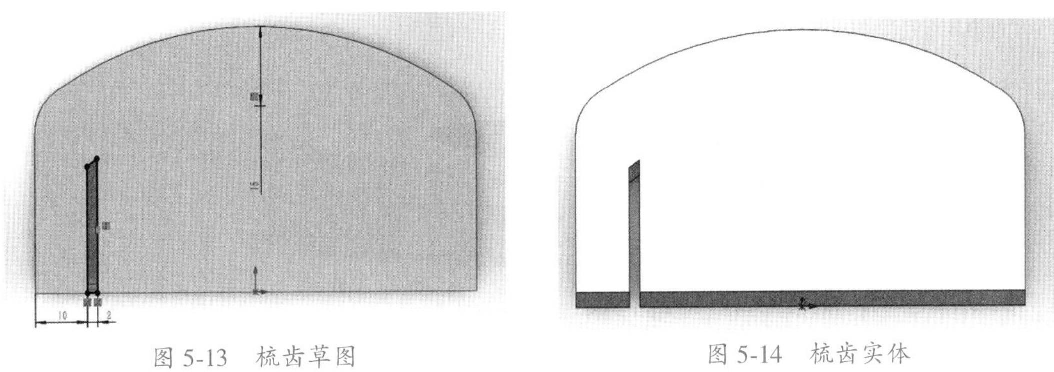

图 5-13　梳齿草图　　　　图 5-14　梳齿实体

（6）单击“特征”面板中的“线性阵列”按钮，弹出相应的属性对话框，先在“方向 1”中设置阵列方向，选择“间距与实例数”，设置间距为“3. 00mm”，实例数为“22”，再选择刚刚拉伸切除的实体为“要阵列的特征”，如图 5-15 所示，单击“确定”，即可生成梳齿阵列，如图 5-16 所示。

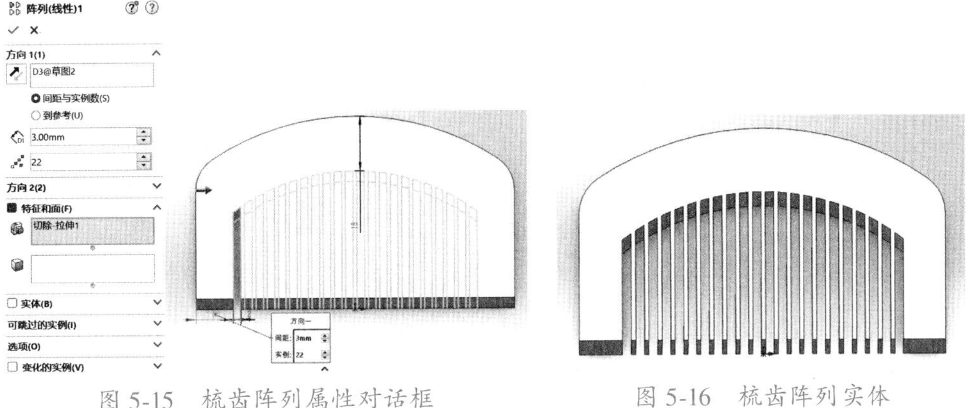

图 5-15　梳齿阵列属性对话框　　　　图 5-16　梳齿阵列实体

(7)选择右视基准面绘制草图，如图 5-17 所示。

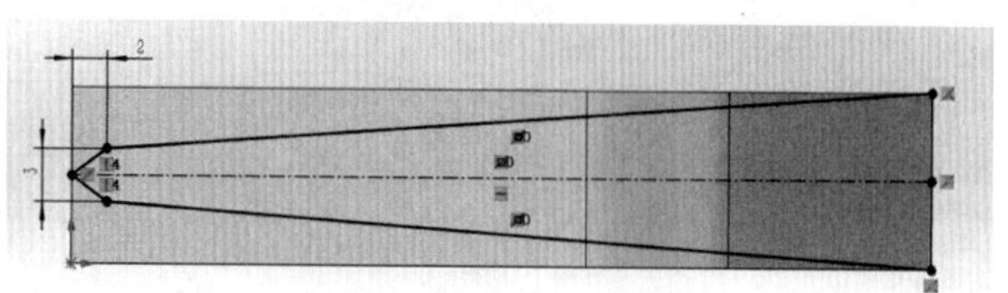

图 5-17 梳侧草图

(8)单击“特征”面板上的“拉伸切除”按钮，弹出相应的属性对话框，选择终止条件为“完全贯穿”，则生成一个如图 5-18 所示的实体。

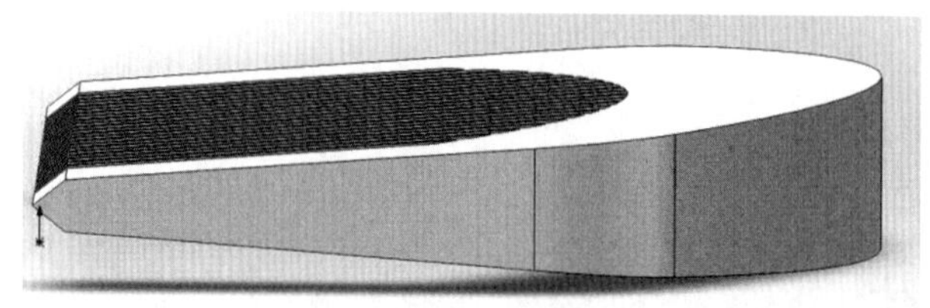

图 5-18 梳侧切除实体

(9)单击“特征”面板中的“圆角”按钮，弹出“圆角”属性对话框。其中在“圆角类型”选项中选择第四个“完整圆角”，选中梳子的两个侧面作为“边侧面组”，中间面作为“中央面组”构造圆角，再单击“确定”，即可生成圆角 1，如图 5-19 所示。

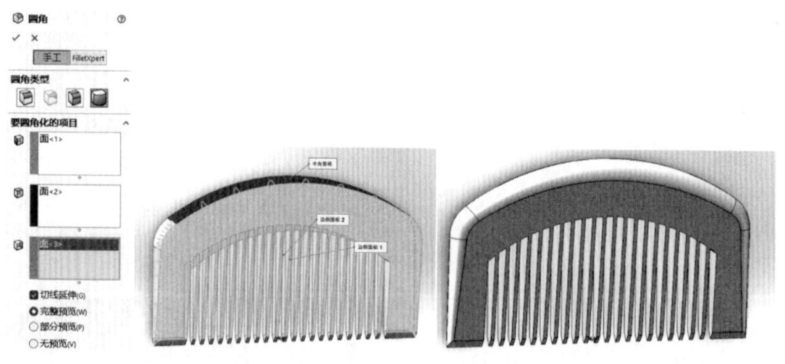

图 5-19 梳子圆角 1 属性对话框及实体

(10)单击“特征”面板中的“圆角”按钮，弹出“圆角”属性对话框，在“圆角类型”选项中选择第一个“固定大小圆角”，选中梳齿两侧最底边线为“要圆角化的项目”，设置半径为“2.00mm”，则生成圆角2，如图5-20所示。

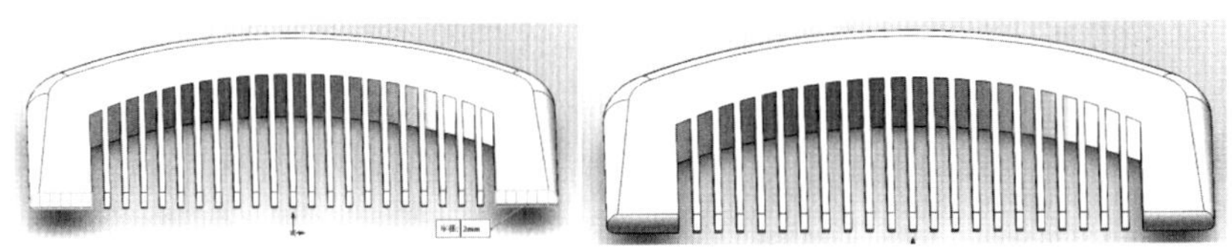

图5-20 梳子圆角2特征及实体

(11)重复步骤(10)，选中梳齿两侧最底边线为“要圆角化的项目”，设置半径为“1.00mm”，则生成圆角3，如图5-21所示，完成梳子造型的创建。

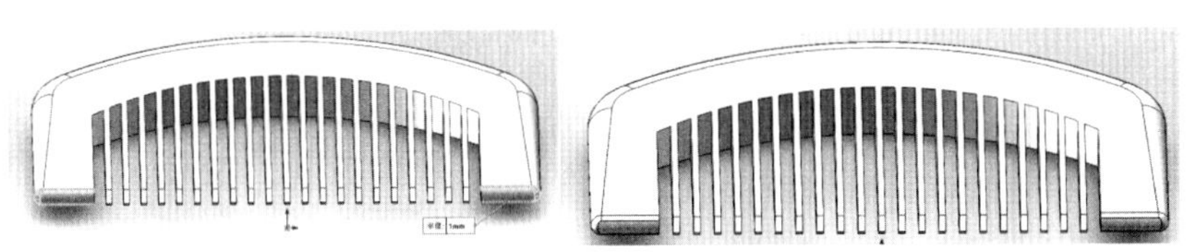

图5-21 梳子圆角3特征及实体

5.2 镜像特征

镜像特征是沿面或基准面生成的特征，以所选的面或基准面，对称生成一个特征或多个特征的镜像复制。

5.2.1 镜像特征的创建

在零件中，可以镜像面、特征和实体，如果修改原始特征，则镜像的复制也将更新以反映其变更。下面介绍镜像特征的操作方法。

单击“特征”面板中的“线性阵列”下拉键，选择“镜像”按钮，则弹出相应的属性对话框，选择要镜像的镜像面或基准面，再选择要镜像的特征、面或者实体，设置好各选项后，单击“确定”，即可完成镜像操作，如图5-22所示。

5.2.2　万向节主动轭绘制实例

万向节主动轭绘制实例

创建如图 5-23 所示的万向节主动轭。具体操作步骤如下：

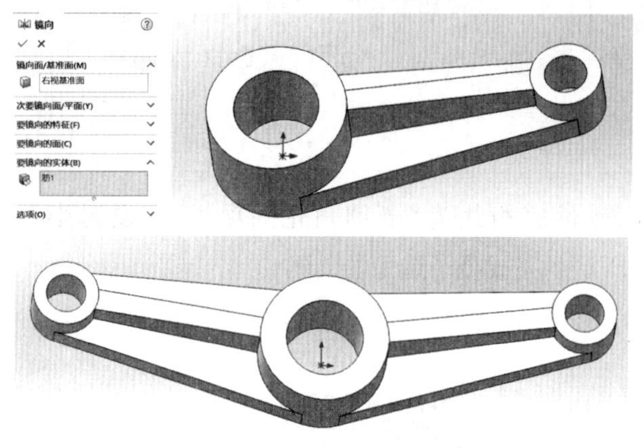

图 5-22　镜像特征属性对话框及实体

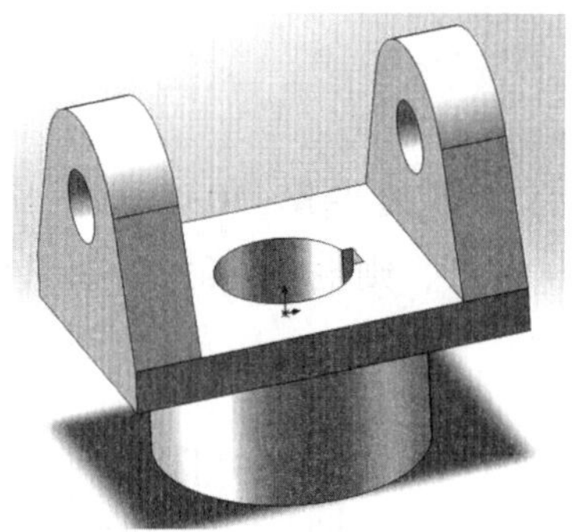

图 5-23　万向节主动轭造型

(1)选择上视基准面，绘制一个 90mm×60mm 的草图一，如图 5-24 所示。

(2)单击“特征”面板中的“拉伸凸台/基体”按钮，弹出相应的属性对话框，选择终止条件为“给定深度”，深度设置为“10. 00mm”，则生成一个如图 5-25 所示的实体。

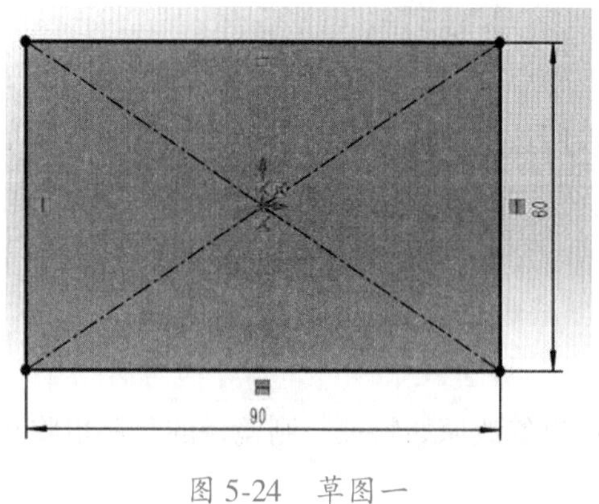

图 5-24　草图一

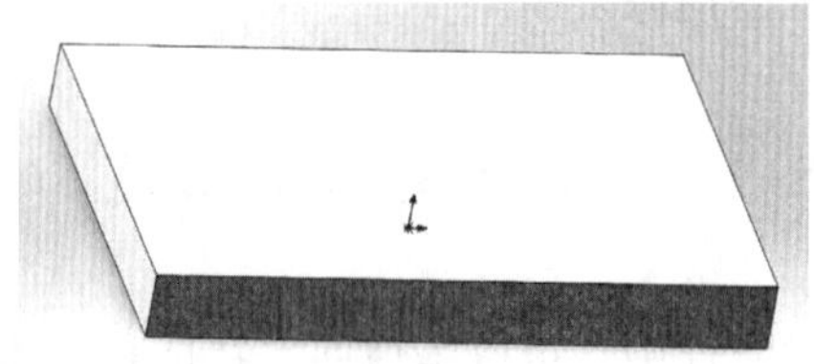

图 5-25　草图一实体

(3)选择长方体的底面作为绘图平面，绘制一个直径为 60mm 的圆作为草图二，如图 5-26 所示。

(4)单击“特征”面板上的“拉伸凸台/基体”按钮，弹出相应的属性对话框，选择终止条件为“给定深度”，深度设置为“30. 00mm”，则生成一个如图 5-27 所示的实体。

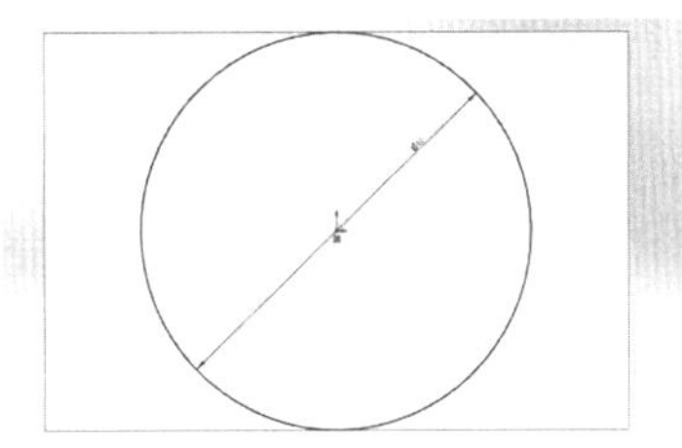

图 5-26　草图二

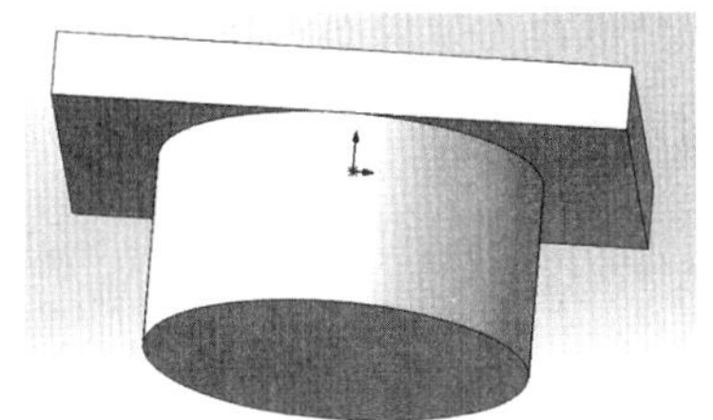

图 5-27　草图二实体

(5)选择圆柱体的底面作为绘图平面，绘制一个带键槽的圆作为草图三，如图 5-28 所示。

(6)单击“特征”面板上的“拉伸切除”按钮，弹出相应的属性对话框，选择终止条件为“完全贯穿”，生成主孔实体，如图 5-29 所示。

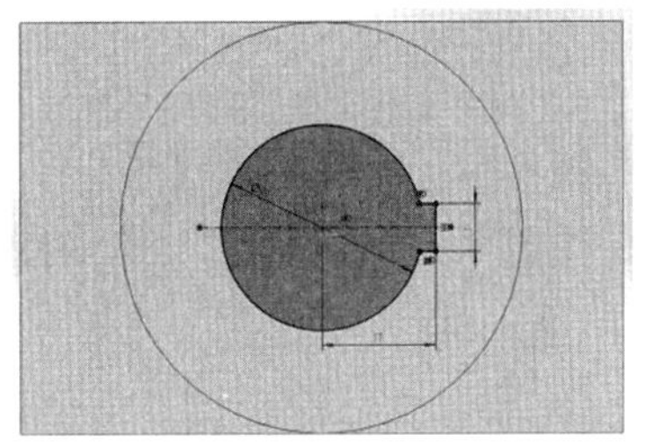

图 5-28　草图三

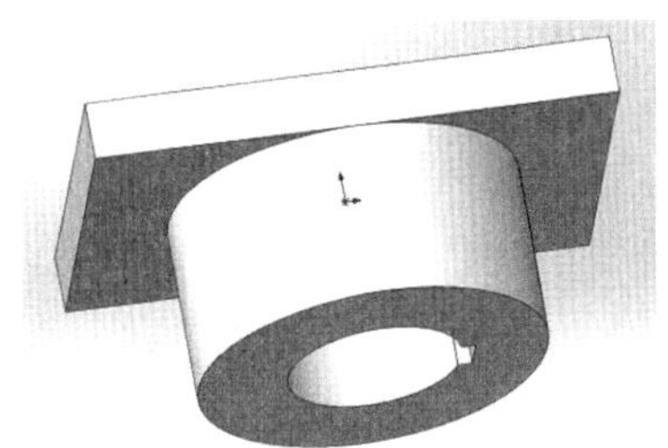

图 5-29　草图三实体

(7)选择长方体的侧面作为绘图平面，绘制草图四，如图 5-30 所示。

(8)单击“特征”面板上的“拉伸凸台/基体”按钮，弹出相应的属性对话框，选择终止条件为“给定深度”，深度设置为“15.00mm”，则生成一侧连接耳，如图 5-31 所示。

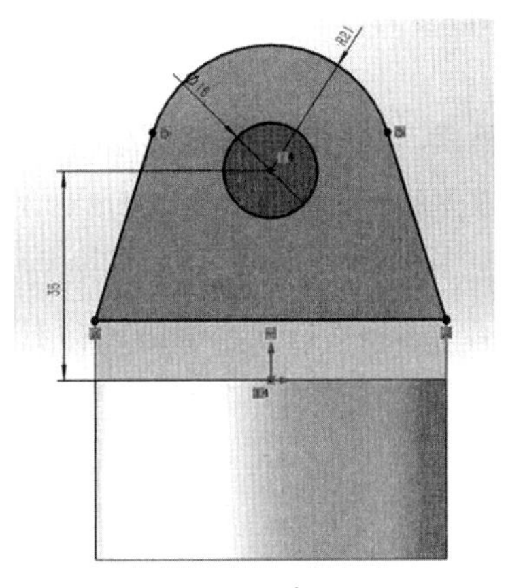

图 5-30　草图四

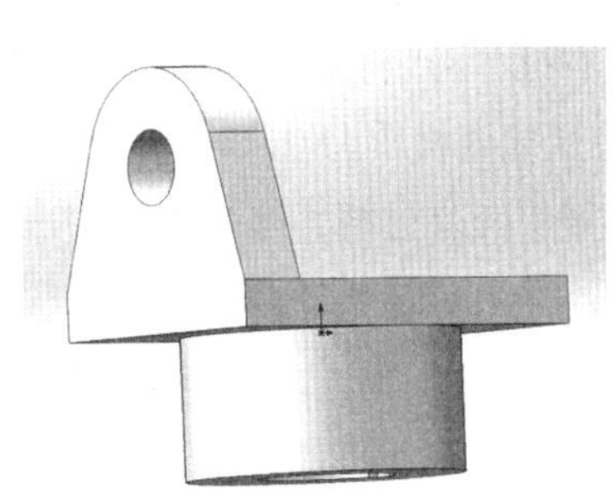

图 5-31　草图四实体

(9)单击“特征”面板中的“线性阵列”下拉键，选择“镜像”按钮，弹出相应的属性对话框，选择右视基准面为镜像面，将草图四实体进行镜像处理，单击“确定”，则生成镜像实体，如图 5-32 所示，完成万向节主动轭的造型。

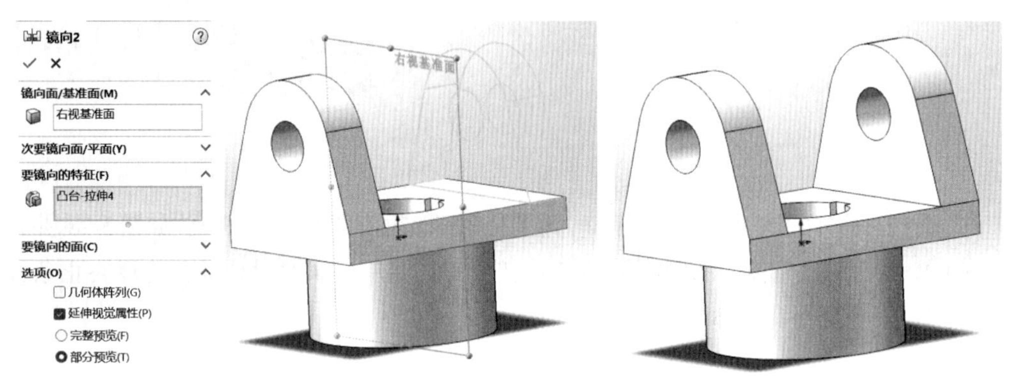

图 5-32　镜像特征属性对话框及实体

5.3　属 性 编 辑

属性编辑可以对整个零件进行属性编辑，还可以对零件的实体和组成实体的特征进行编辑。属性编辑主要包括材质属性、外观属性、特征属性、外观参数编辑修改等。

5.3.1　材质属性

系统不会为零件指定材质，可以根据加工实际零件所需要的材料为零件指定材质，操作步骤如下：

(1)任意打开一个零件，在设计树中选择“材质<未指定>”选项，如图 5-33 所示。

(2)鼠标右键单击“材质”选项可以选择材质，如“普通碳钢”，弹出如图 5-34 所示的菜单，零件将变成该材质。

(3)如果需要修改材料，选择设计树中的“普通碳钢”选项，单击鼠标右键并选择“编辑材料”选项，弹出如图 5-35 所示的“材料”对话框，在该对话框中可选择“钢”“铁”等大类，选择新材料为“合金钢”，然后单击“应用”，关闭按钮即可查看新材质的零件。

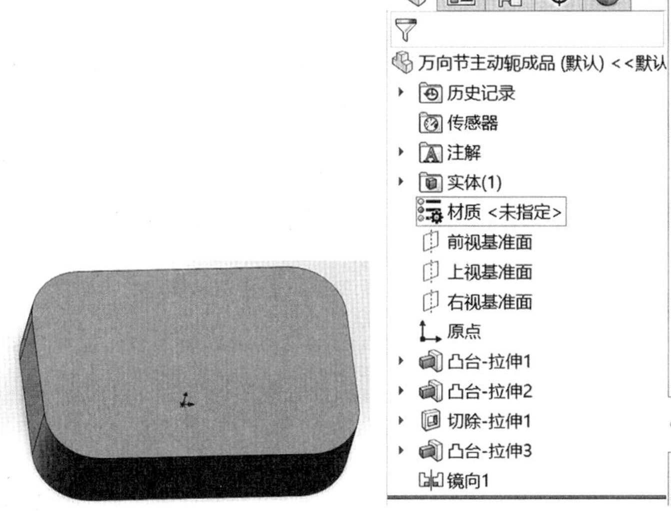

图 5-33 零件及设计树

图 5-34 “普通碳钢”菜单

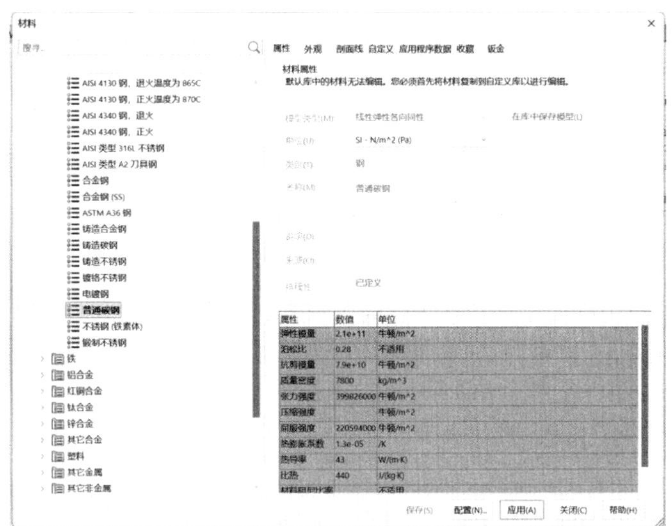

图 5-35 “材料”对话框

5.3.2　外观属性

外观命令显示面、特征、实体及零件的颜色，是一种编辑外观的快捷方式。可以通过展开外观命令来查看颜色的层次，操作步骤如下：

(1)单击设计树中的“DisplayManager”按钮，双击“color”，或者单击右侧工具栏中的按钮，如图 5-36 所示，弹出“color”属性对话框，如图 5-37 所示。

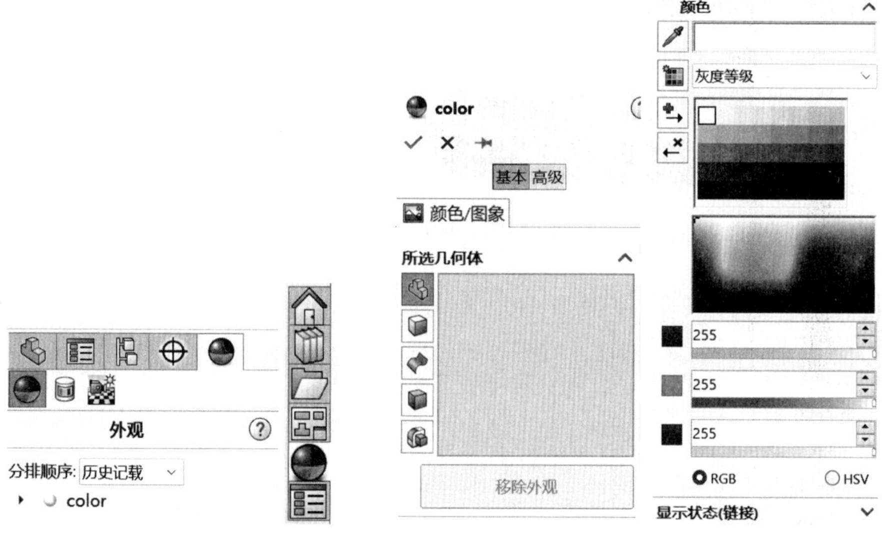

图 5-36　设计树及工具栏

图 5-37　“color”属性对话框

(2)在“color”属性对话框中的“所选几何体”选项中，可将不同的零件、面、实体或特征修改成不同的颜色；在“颜色”选项中可以通过选择不同的颜色和调整灰度等级，来修改实体的颜色。

可以对零件外观进行高级设置，在界面右侧的“外观、布景和贴图”工具框中选择并进行设置，如图 5-38 所示。

5.3.3　特征属性

对于已有的特征，可以修改特征的名称、说明和压缩等属性，要访问特征属性框，可以在设计树中鼠标右键单击“特征”，然后选择特征属性进行更改，如图 5-39 所示。

名称：特征的名称。如果要改变参数名称，请选择它并输入新的名称。

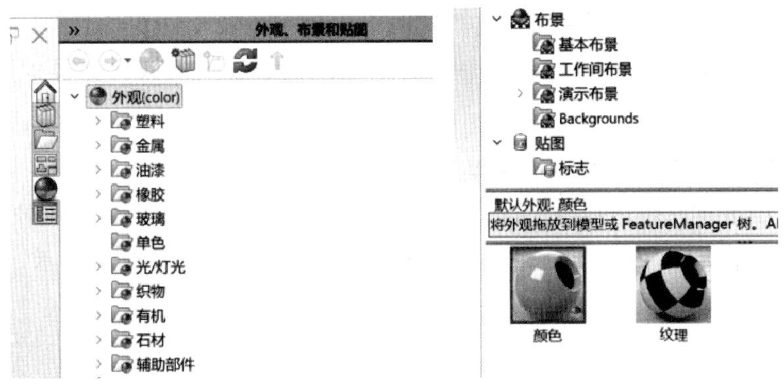

图 5-38 “外观、布景和贴图”工具框

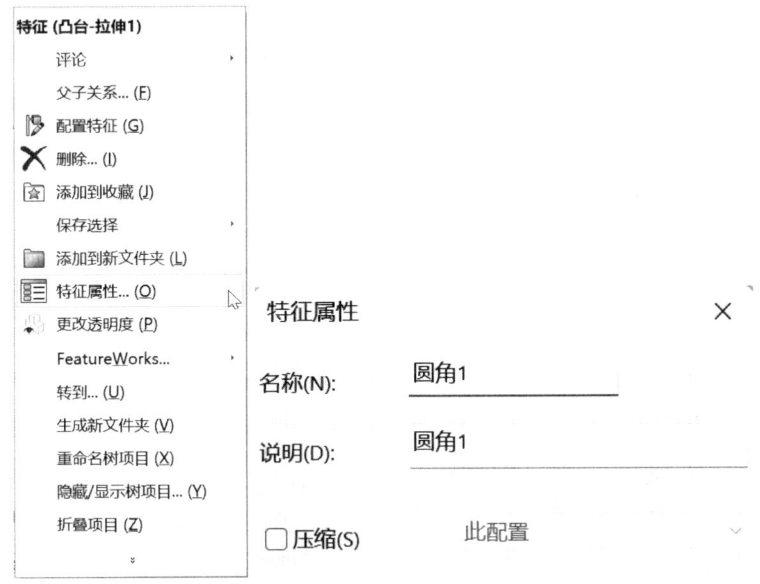

图 5-39 “特征”菜单和“特征属性”对话框

说明：对特征进行解释或注释。

压缩：显示特征当前是否被压缩。

5.3.4 特征参数的修改

SolidWorks 软件在特征创建完成后，可以对特征的参数或草图进行修改，在修改每一个特征后将在零件中重新创建所有特征。

在查找到特征后，可对之进行修改。在设计树中选择要进行修改的特征，单击鼠标右键后选择“编辑特征”或“编辑草图”。然后，针对特征类型将会出现新的对话框，可在此输入新的参数值。在修改对话框中设定参数，参数的数值被新数值代替，然后单击“确定”，即可生成新的特征或草图。

例如，将圆角半径“10. 00mm”改为半径“20. 00mm”。

鼠标右键单击设计树的圆角 1 特征，选择“编辑特征”，将圆角 1 属性对话框中半径改为“20. 00mm”，再单击“确定”，则生成一个新的圆角特征，如图 5-40 所示。

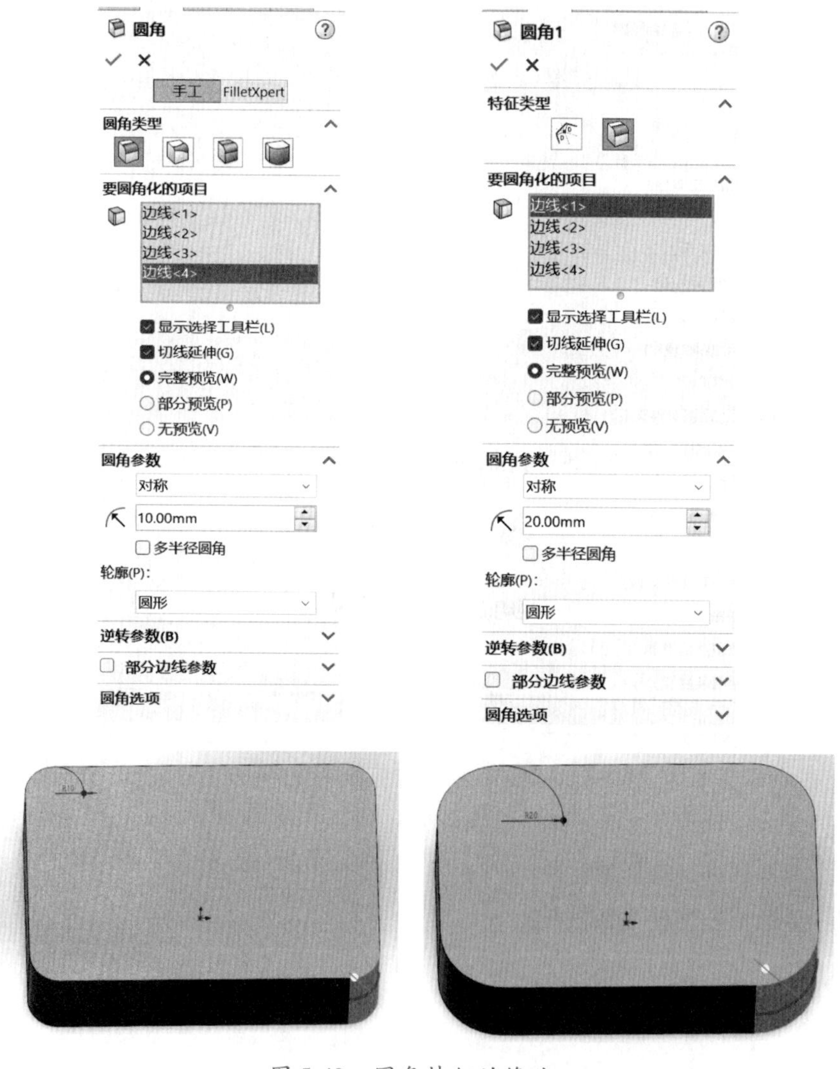

图 5-40　圆角特征的修改

握力器绘制实例

5.4 握力器绘制实例

(1)单击“新建”按钮，选择零件板块。

(2)选择上视基准面，绘制如图 5-41 所示草图五。

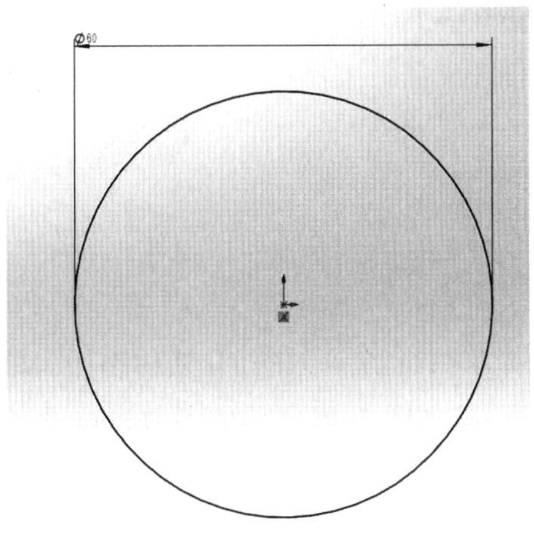

图 5-41 草图五

(3)单击“曲线”工具栏中的“螺旋线/涡状线”按钮，在弹出的对话框中按如图 5-42 所示的参数进行设置，完成螺旋线造型，如图 5-43 所示。

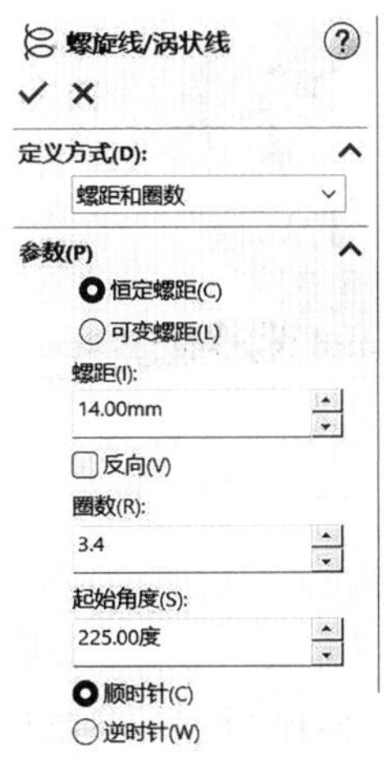

图 5-42 参数设置一

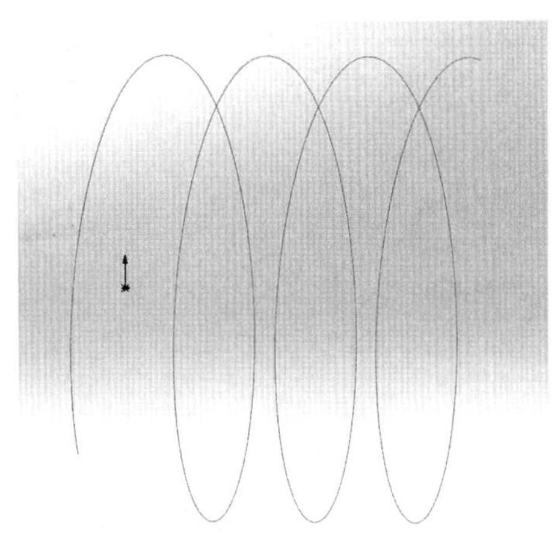

图 5-43 螺旋线造型

(4)单击“扫描”按钮，选择“圆形轮廓”，在弹出的对话框中按如图 5-44 所示的参数进行设置，得到扫描后的造型如图 5-45 所示。

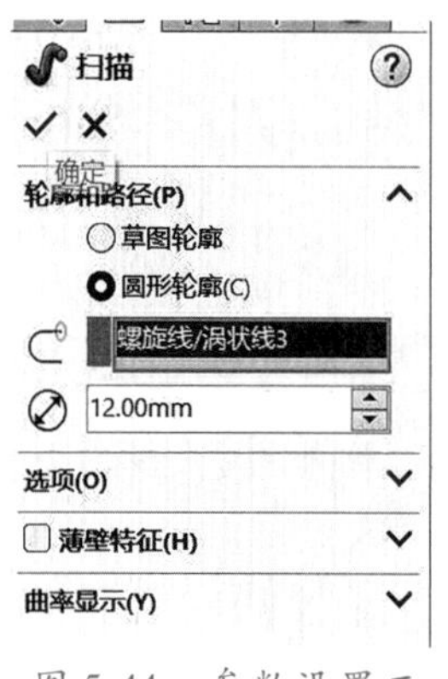

图 5-44　参数设置二

图 5-45　扫描后造型

(5)单击扫描端面，选择草图绘制，点击转化实体引用，单击“特征”，选择“拉伸凸台/基体”，在弹出的对话框中按如图 5-46 所示的参数进行设置，得到拉伸后的实体如图 5-47 所示。

图 5-46　参数设置三

图 5-47　拉伸后的实体一

(6)选择拉伸后的草图端面，单击草图绘制，画一个如图 5-48 所示的草图六，单击“特征”，选择“拉伸凸台/基体”，在弹出的对话框中按如图 5-49 所示的参数进行设置，得到拉伸后的实体如图 5-50 所示。

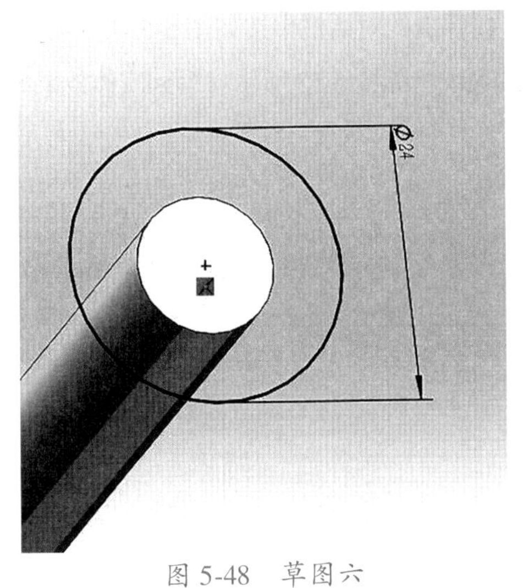

图 5-48 草图六

图 5-49 参数设置四

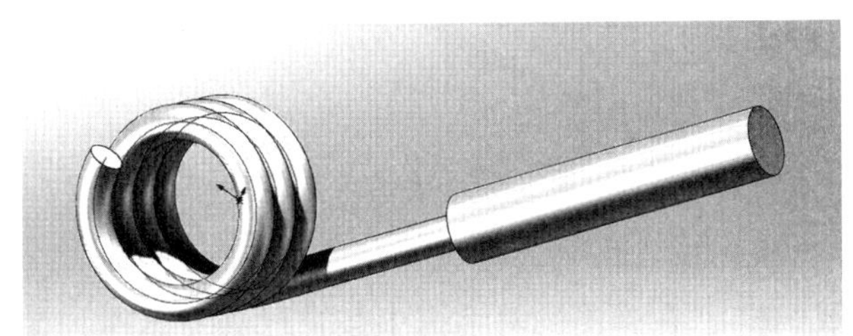

图 5-50 拉伸后的实体二

(7)重复步骤(5)和步骤(6)画出实体另一端面，得到实体效果如图 5-51 所示。

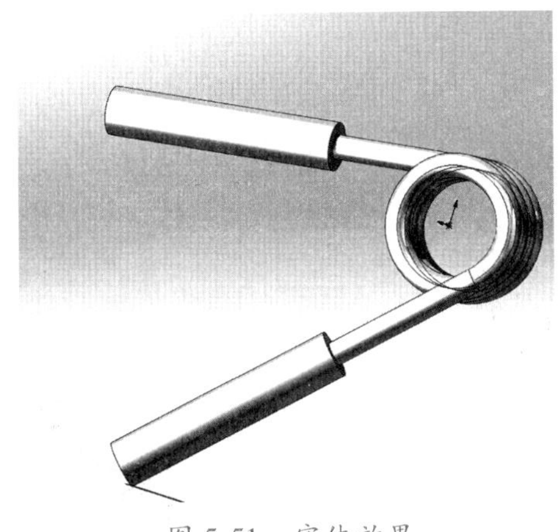

图 5-51 实体效果

(8)单击“特征”面板中的“圆角”，在弹出的对话框中按如图 5-52 所示的参数进行圆角设置，“要圆角化的项目”选择握力器握把的边线，如图 5-53 所示，得到实体效果如图 5-54 所示。

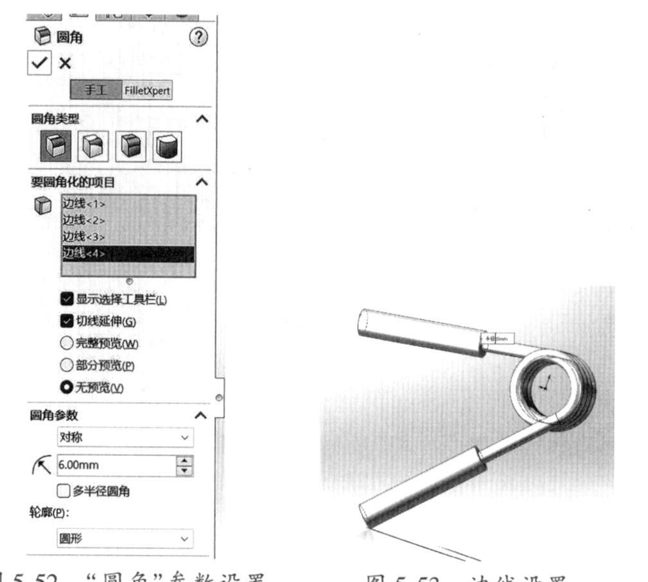

图 5-52　“圆角”参数设置　　图 5-53　边线设置

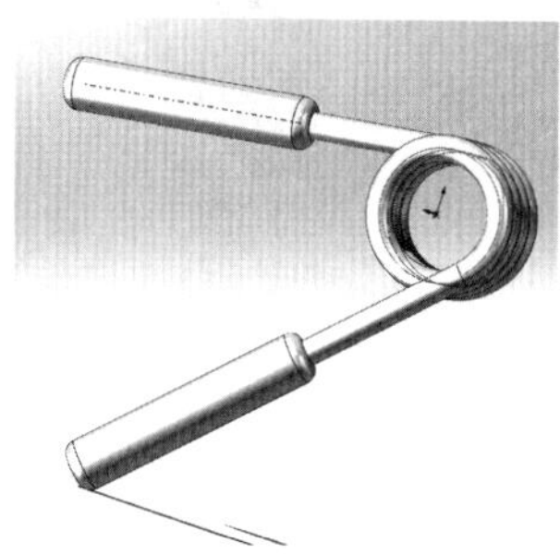
图 5-54　实体效果

(9)单击皮肤外观“”，在弹出的对话框中按自己喜好选择，参考设置如图 5-55 所示，选择“塑料”，再点击“带图案”，选择“蓝滚花形塑料”，再点击握力器的握把进行外观设置，得到实体如图 5-56 所示。

图 5-55　皮肤外观设置

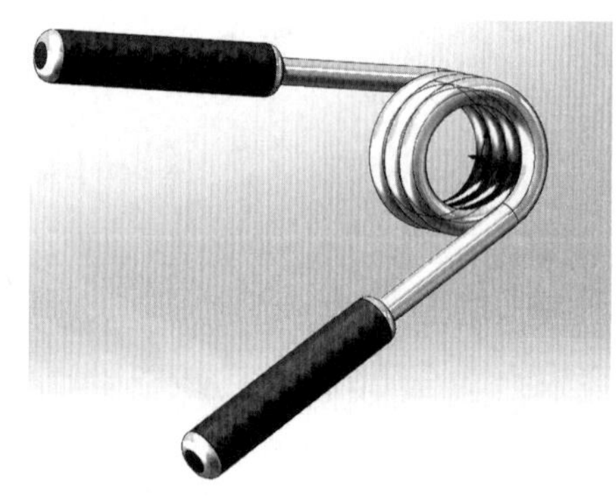
图 5-56　握力器实体效果

5.5 泵体绘制实例

创建如图 5-57 所示泵体的三维造型。

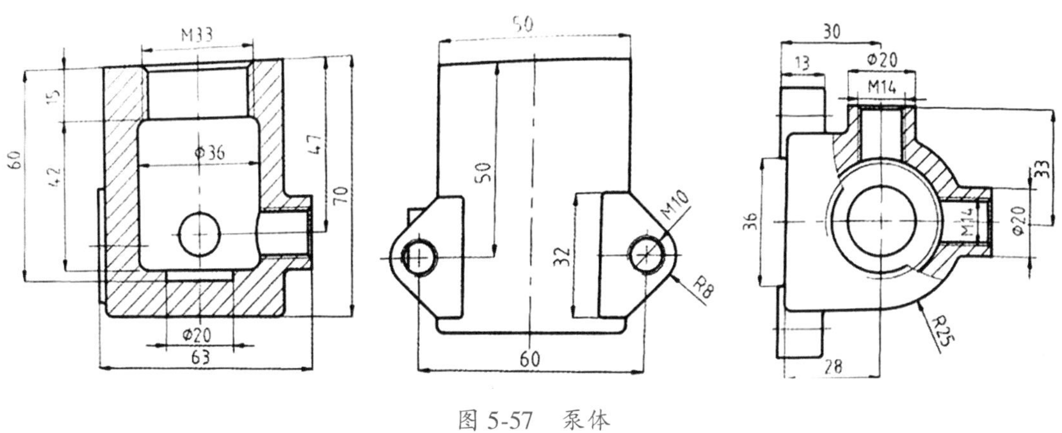

图 5-57　泵体

(1)选择上视基准面，绘制如图 5-58 所示的草图七。

(2)单击“特征”面板上的“拉伸凸台/基体”按钮，弹出相应的属性对话框，选择终止条件为“给定深度”，深度设置为“70.00mm”，生成一个如图 5-59 所示的实体。

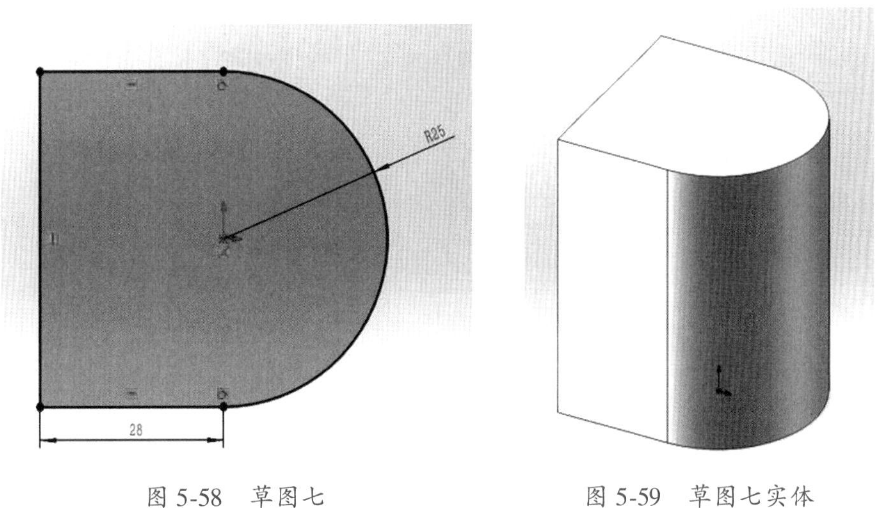

图 5-58　草图七　　图 5-59　草图七实体

（3）选择“特征”面板的“基准面”特征，以实体左侧面为第一参考，距离设置为“2.00mm”，再单击“确定”，生成一个基准面1，如图5-60所示。

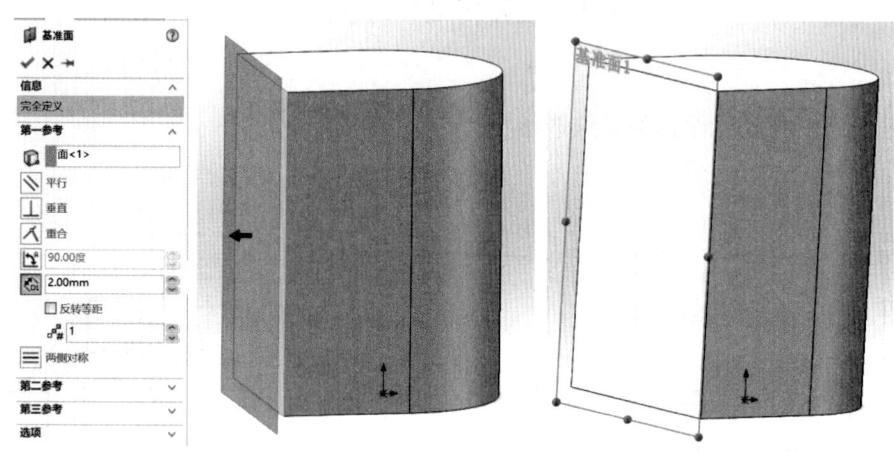

图5-60　新建基准面1

（4）选择新建的基准面1，绘制如图5-61所示的草图八。

（5）单击“特征”面板上的“拉伸凸台/基体”按钮，弹出相应的属性对话框，选择终止条件为“给定深度”，深度设置为“13.00mm”，生成一个如图5-62所示的实体。

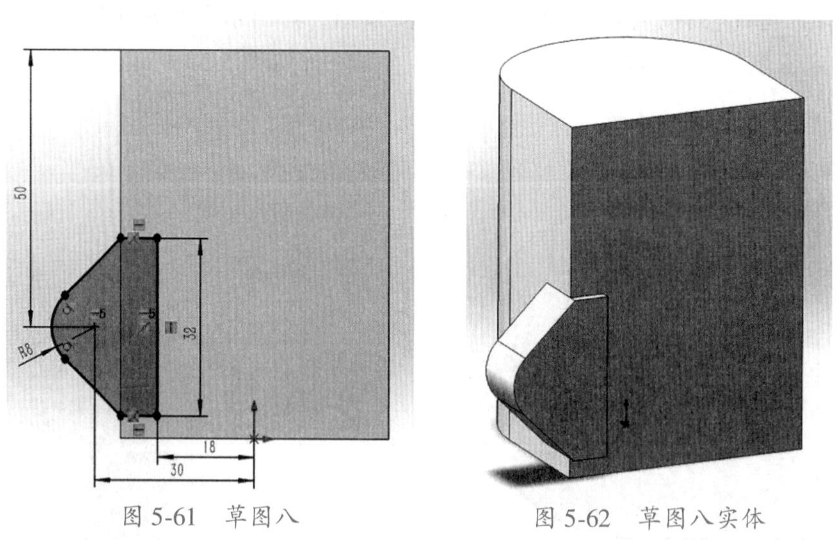

图5-61　草图八　　　图5-62　草图八实体

（6）选择前视基准面，绘制如图5-63所示的草图九。

（7）单击“特征”面板上的“旋转切除”按钮，弹出相应的属性对话框，选中与原点成竖直的线为“旋转轴”，选择旋转类型为“给定深度”，“角度”设置为“360.00 度”，生成如图 5-64 所示的实体。

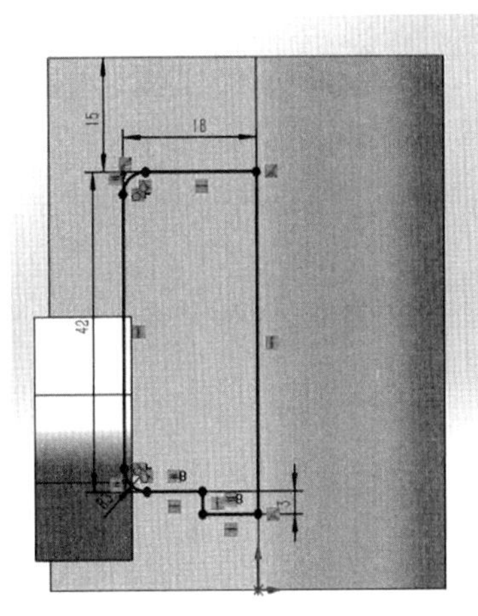

图 5-63 草图九

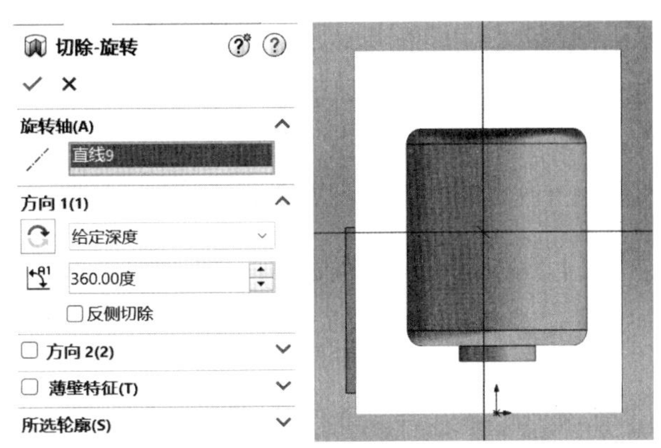

图 5-64 草图九实体

(8)单击“特征”面板中的“异型孔向导”按钮，弹出相应的属性对话框，选择“孔类型”为第四个“直螺纹孔”，“标准”为“GB”，“类型”为“螺纹孔”，“大小”为“M33”，“终止条件”和“螺纹线”都为“成形到下一面”，再单击“位置”属性对话框，选择实体最顶面，并定位到与原点重合，单击“确定”，则生成直螺纹孔特征 1，如图 5-65 所示。

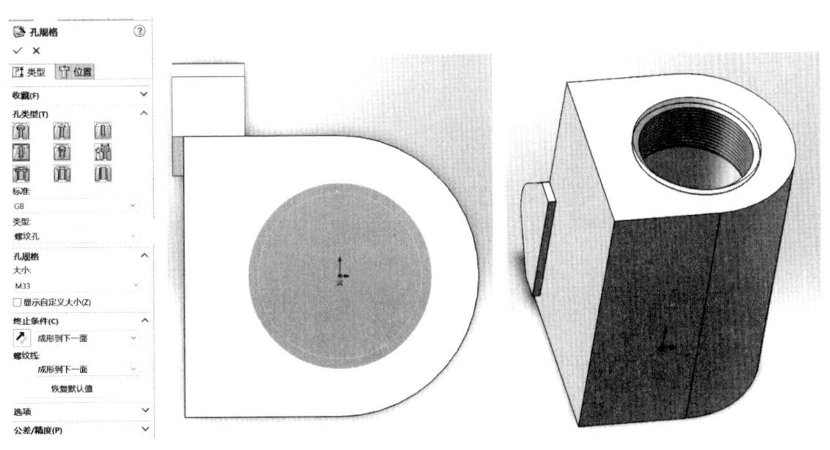

图 5-65 直螺纹孔特征 1 属性对话框及其实体

(9)选择“特征”面板的“基准面”特征，以实体 2 一侧耳状最外侧面为第一参考，距离设置为“63.00mm”，单击“确定”，则生成一个基准面 2，如图 5-66 所示。

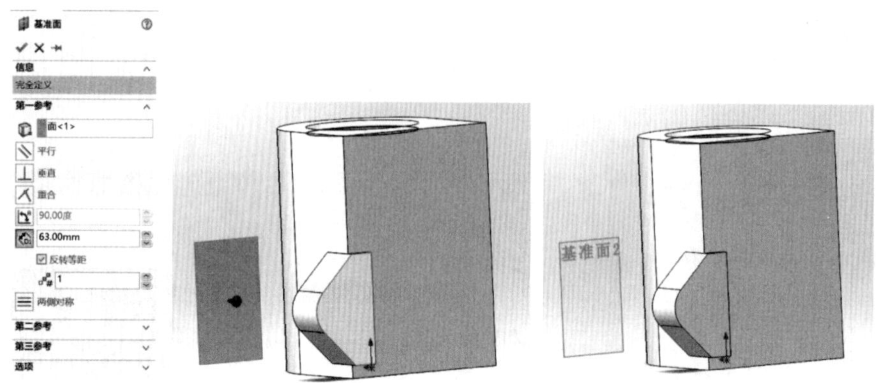

图 5-66 新建基准面 2

(10)选择新建的基准面 2，绘制如图 5-67 所示的草图十。

(11)单击“特征”面板上的“拉伸凸台/基体”按钮，弹出相应的属性对话框，选择终止条件为“成形到下一面”，则生成一个如图 5-68 所示的实体。

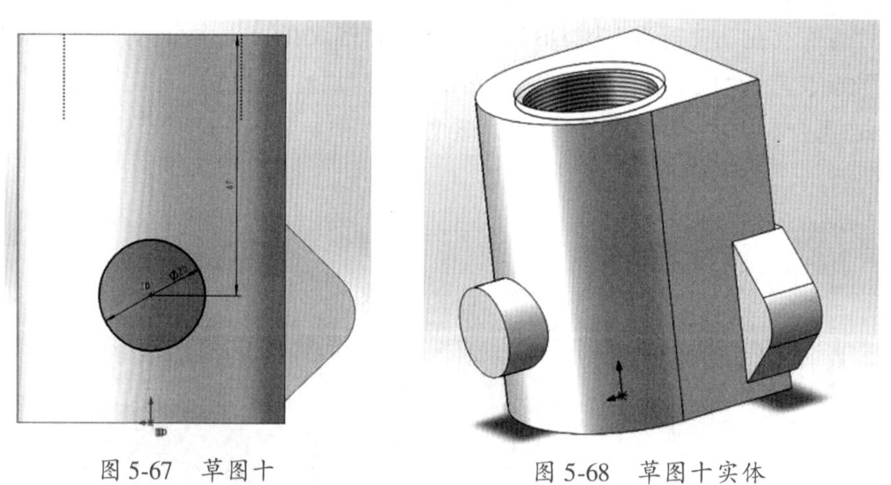
图 5-67 草图十　　图 5-68 草图十实体

(12)单击“特征”面板中的“异型孔向导”按钮，弹出相应的属性对话框，选择“孔类型”为第四个“直螺纹孔”，“标准”为“GB”，“类型”为“螺纹孔”，“大小”为“M14”，“终止条件”和“螺纹线”都为“成形到下一面”，单击“位置”属性对话框，选择实体最外侧面，定位到与草图十的圆心重合，单击“确定”，则生成直螺纹孔特征 2，如图 5-69 所示。

(13)选择“特征”面板的“基准面”特征，以“前视基准面”为第一参考，距离设置为“33.00mm”，再单击“确定”，生成一个基准面 3，如图 5-70 所示。

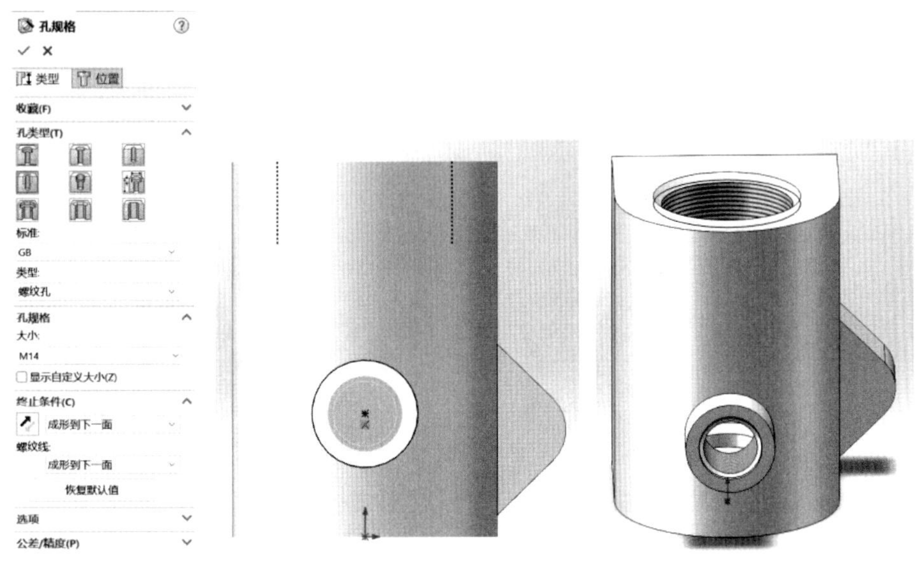

图 5-69　直螺纹孔特征 2 属性对话框及其实体

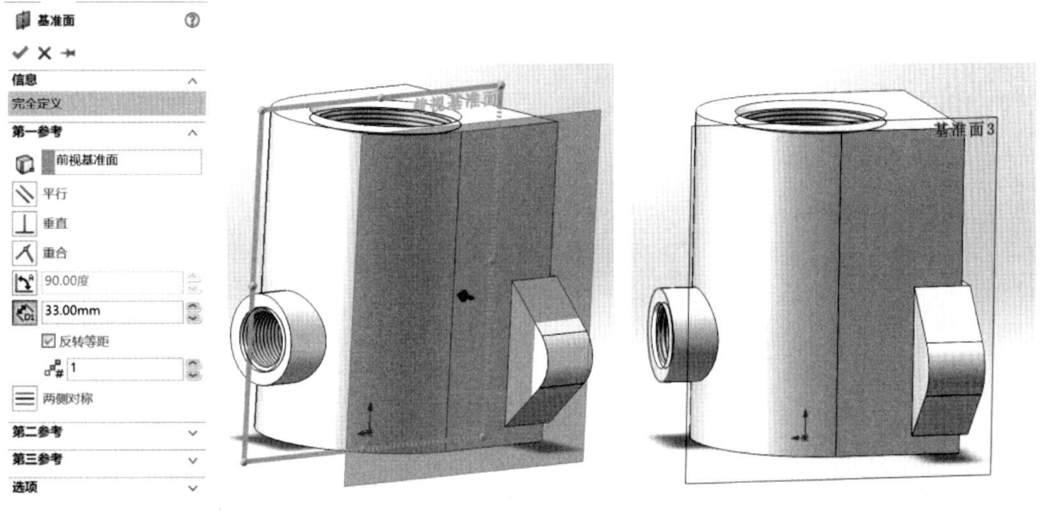

图 5-70　新建基准面 3

(14)选择新建的基准面 3，绘制如图 5-71 所示的草图十一。

(15)单击“特征”面板上的“拉伸凸台/基体”按钮，弹出相应的属性对话框，选择终止条件为“成形到下一面”，生成一个如图 5-72 所示的实体。

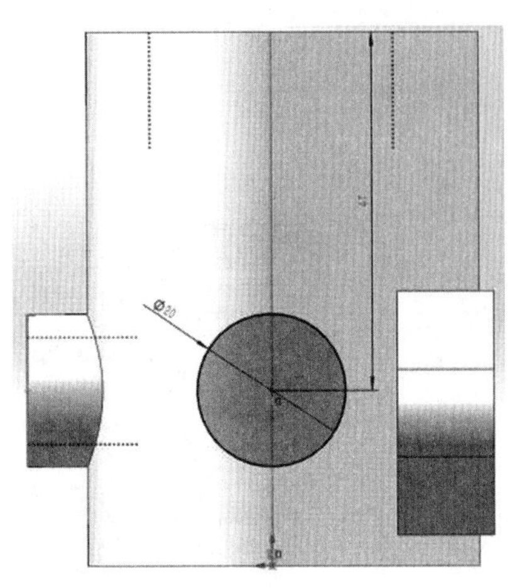

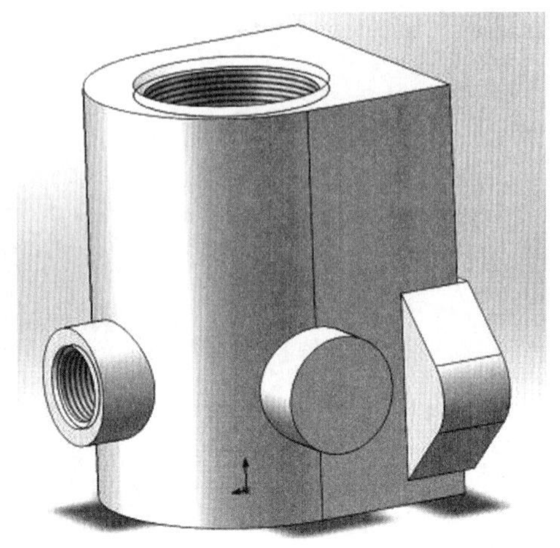

图 5-71　草图十一　　　　图 5-72　草图十一实体

(16)单击“特征”面板中的“异型孔向导”按钮，弹出相应的属性对话框，选择“孔类型”为第四个“直螺纹孔”，“标准”为“GB”，“类型”为“螺纹孔”，“大小”为“M14”，“终止条件”和“螺纹线”都为“成形到下一面”；再单击“位置”属性对话框，选择实体 5 最外侧面，并定位到与草图十一的圆心重合，单击“确定”，则生成直螺纹孔特征 3，如图 5-73 所示。

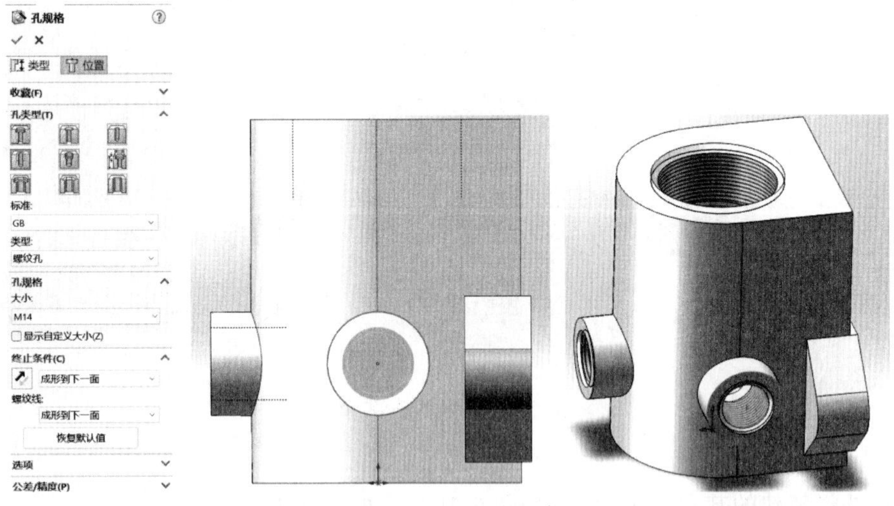

图 5-73　直螺纹孔特征 3 属性对话框及其实体

(17)重复步骤(16)，其中“大小”改为“M10”，“终止条件”和“螺纹线”都为“成形到下一面”，单击“位置”属性对话框，选择实体 2 一侧耳状最外侧面，并定位到与草图七的圆心重合，单击“确定”，生成直螺纹孔特征 4，如图 5-74 所示。

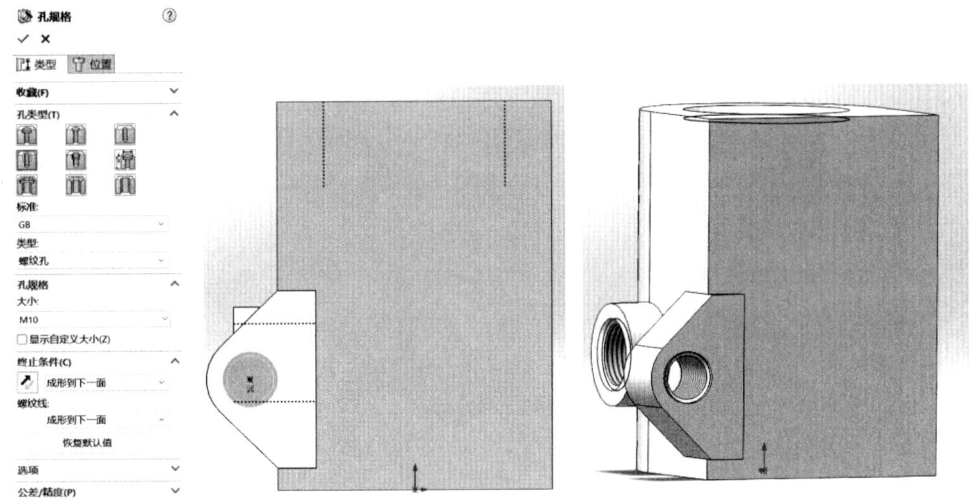

图 5-74　直螺纹孔特征 4 属性对话框及其实体

(18)单击“特征”面板中的“线性阵列”下拉键，选择“镜像”按钮，弹出相应的属性对话框，选择“前视基准面”为“镜像面”，将草图七特征和直螺纹孔特征 4 设为“要镜像的特征”，再单击“确定”，生成镜像实体，如图 5-75 所示。

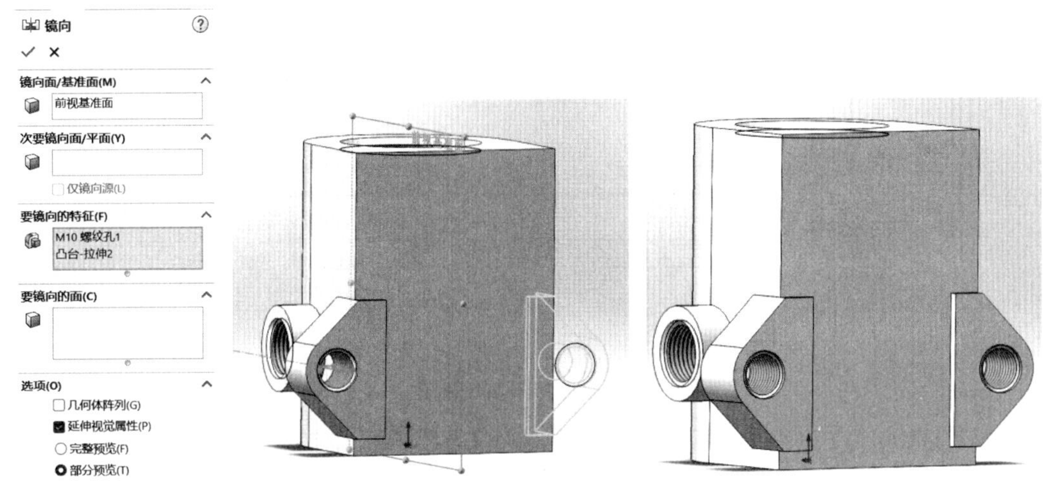

图 5-75　镜像特征属性对话框及实体

(19)单击“特征”面板中的“圆角”按钮，弹出“圆角的”属性对话框，在“圆角类型”选项中选择第一个“固定大小圆角”，选中要倒圆角的地方，设置半径为“2. 00mm”，生成圆角，如图 5-76 所示。至此，完成泵体的三维造型创建，如图 5-77 所示。

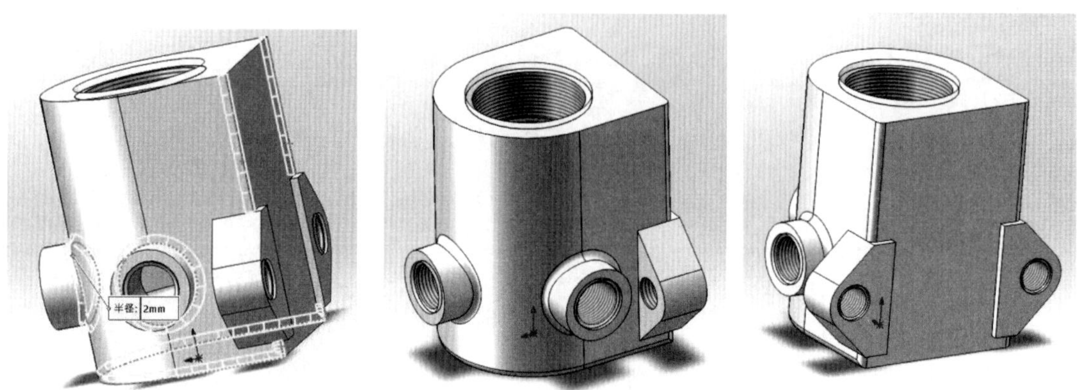

图 5-76　倒圆角特征

图 5-77　泵体造型

本章课后练习

(1)根据如图 5-78 所示的工程图完成三维造型的创建。

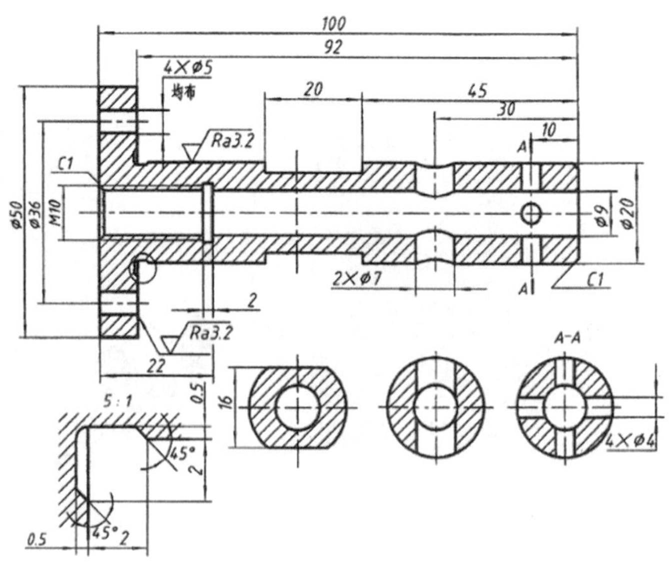

图 5-78　工程图 1

（2）根据如图 5-79 所示的工程图完成三维造型的创建。

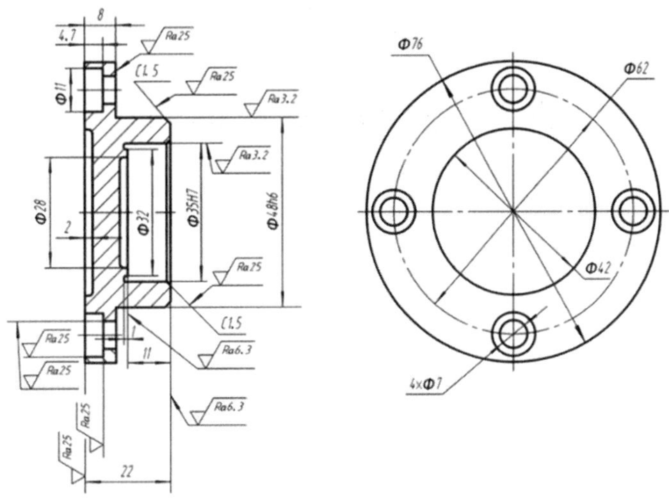

图 5-79　工程图 2

（3）根据如图 5-80 所示的工程图完成三维造型的创建。

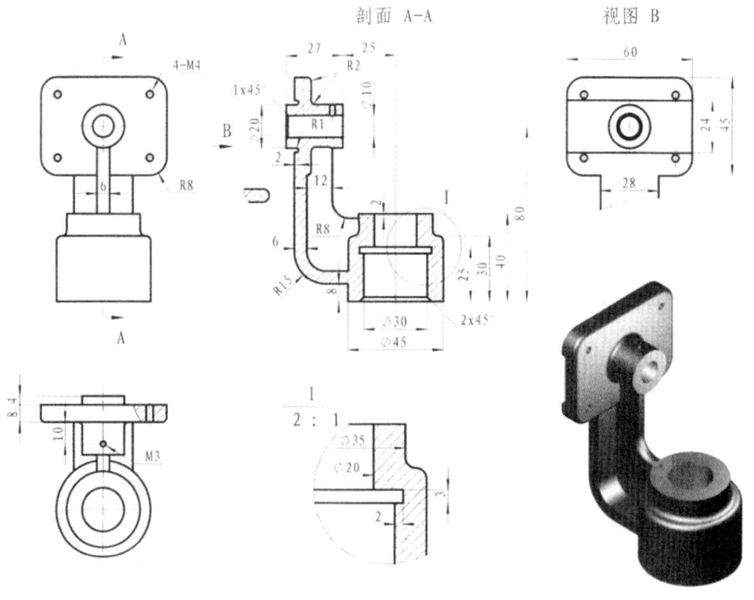

图 5-80　工程图 3

第 6 章

曲线曲面造型及编辑

在 CAM/CAD 中，其中 CAM 系统造型主要是对刀具轨迹的描述，CAD 造型中多数以三维实体造型为主。而 SolidWorks 不仅提供了强大的三维实体造型功能，而且提供了丰富的曲线曲面造型功能。

本章主要介绍常用的曲线、曲面的造型及编辑，以及相关的草图绘制。

本章重点：

- 三维草图
- 常用曲线造型的创建及编辑
- 常用曲面造型的创建及编辑

6.1 三维草图

三维草图在绘制前要选择一个草图基准面，在创建三维实体时作为基础草图来使用，但有些场合只能通过三维曲线才可以完成造型。

6.1.1 三维草图的绘制步骤

绘制三维草图的步骤如下：

(1)在绘制 3D 草图前，先单击“视图前导”中的，选择“等轴测”或者使用快捷键 Ctrl+7。

(2)单击“草图”面板的“3D 草图”，可以默认基准面，也可进入“3D 草图”后选择一个合适的基准面，如图 6-1 所示。

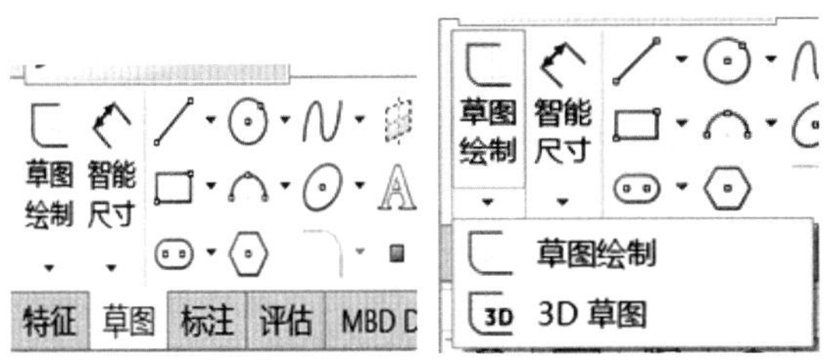

图 6-1 3D 草图进入

(3)绘图完成后，再次单击“3D 草图”退出。

6.1.2 躺椅绘制实例

躺椅绘制实例

绘制 3D 草图需要清晰的空间想象力，为了使其具体化，下面将以绘制一个躺椅作为示例来详细介绍，如图 6-2 所示。

1. 绘制 3D 草图

(1)进入 3D 草图，选择左侧栏中的“右视基准面”后，再用鼠标右键单击“右视基准面”，选择“正视于”或者使用快捷键 Ctrl+8。

(2)选择“直线”，从原点开始绘制草图。如图 6-3 所示，图中尺寸为参考尺寸。

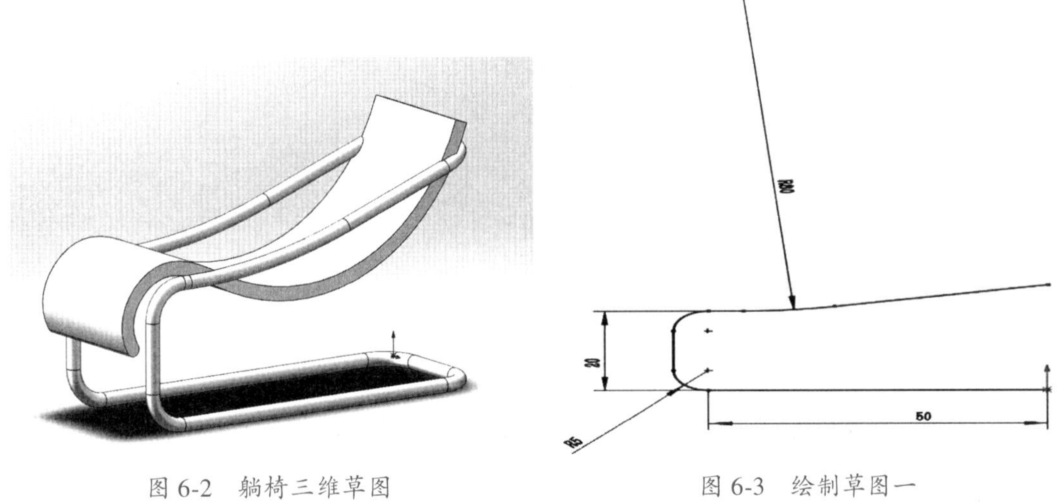

图 6-2 躺椅三维草图　　图 6-3 绘制草图一

(3)草图绘制完成后，单击“复制实体”，框选刚刚所画的 3D 草图，勾选“保留几何关系”，X 增量为 20，再打勾，如图 6-4 所示。

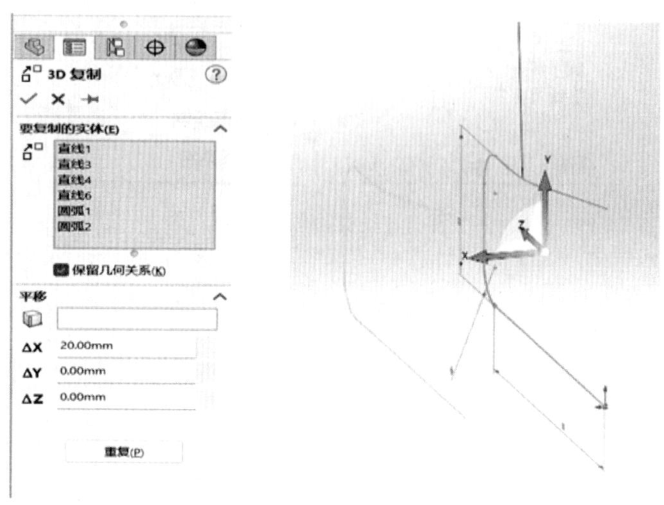

图 6-4　复制实体结果

(4)用“直线”连接，如图 6-5 所示。

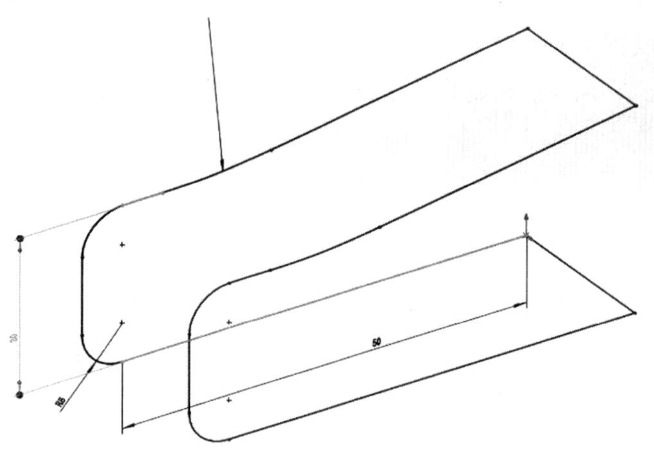

图 6-5　连接端点

(5)使用“绘制圆角”命令，将直角变成 R5 的圆角，如图 6-6 所示。

2. 创造躺椅造型

(1)绘制一个基准面，准备创建躺椅造型。选择“右视图”为基准面，偏移 10mm，如

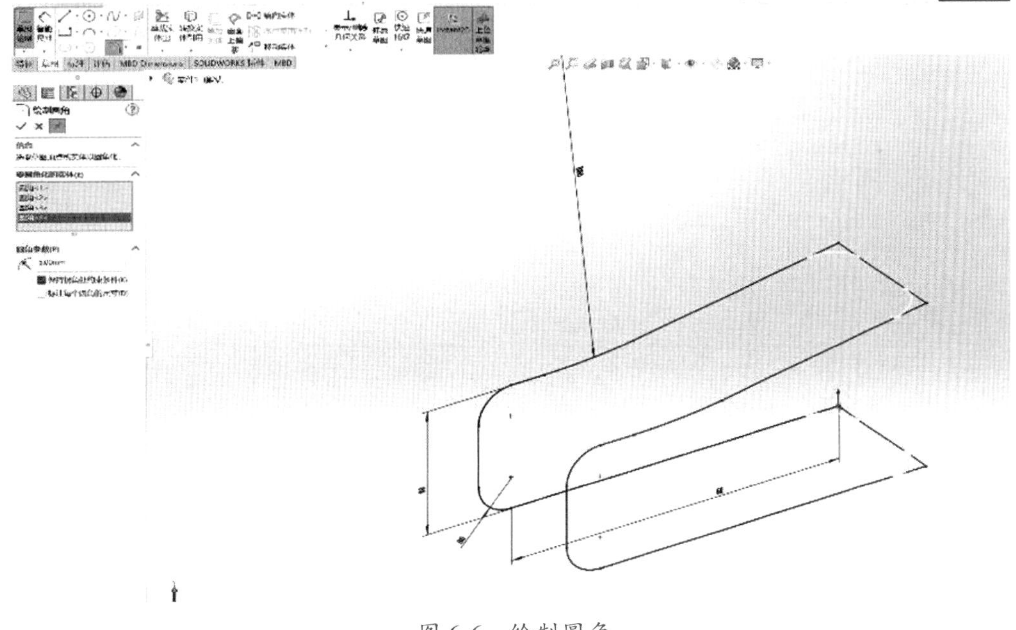

图 6-6　绘制圆角

图 6-7 所示。

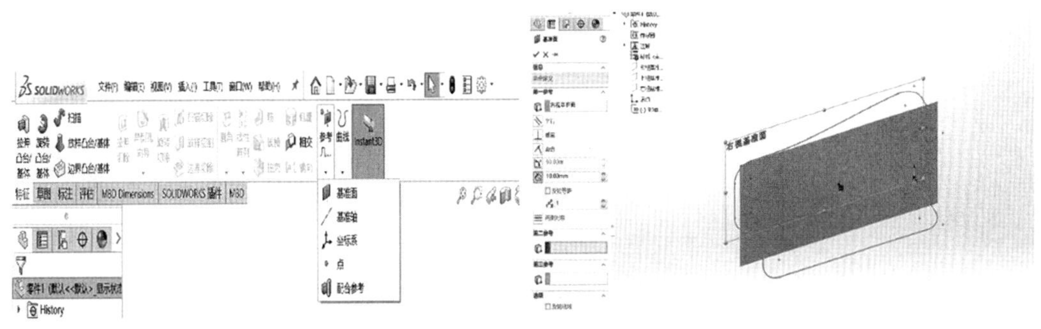

图 6-7　新建坐标系

（2）将基准面 1 正视自己，绘制直径为 2 的小圆，如图 6-8 所示。

（3）单击“特征”中的“扫描”命令。轮廓选小圆，路径选 3D 草图，如图 6-9 所示。

（4）选择基准面 1 作为草图，使用“样条曲线”，画出椅面形状，如图 6-10 所示。

（5）拉伸凸台，选择两侧对称 20mm，薄壁改成 2mm，如图 6-11 所示。

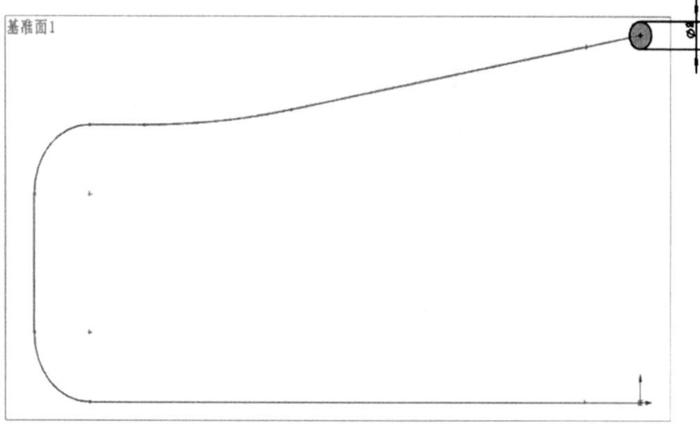

图 6-8　绘制小圆

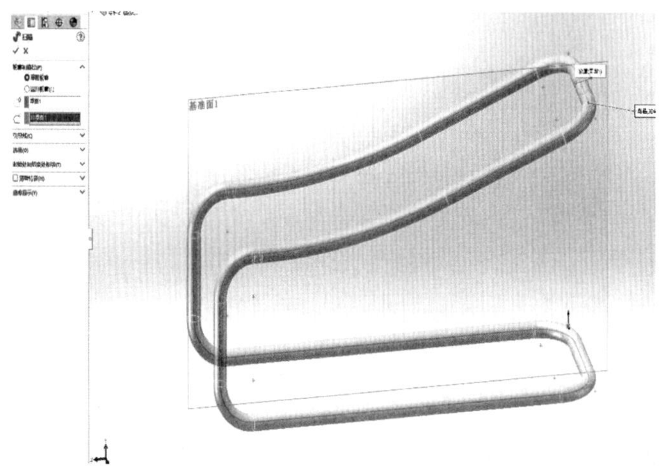

图 6-9　躺椅框架

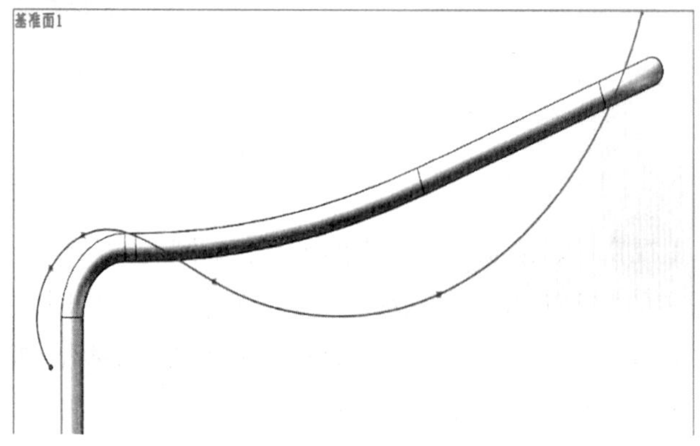

图 6-10　躺椅椅面

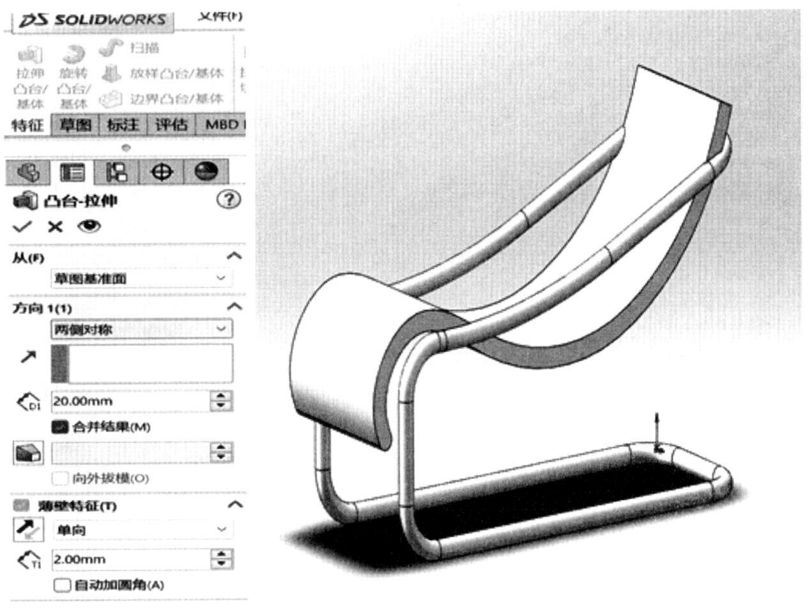

图 6-11　躺椅成品

6.2 曲线造型

曲线造型是形成曲面造型的前提，本节主要介绍几种曲线绘制的方法，例如投影曲线、组合曲线、螺旋线和涡状线、分割线等。

6.2.1 投影曲线

将绘制的曲线投影到模型面上来生成一条 3D 曲线。也可以在两个相交的基准面上分别绘制草图，此时系统会将每一个草图沿所在平面的垂直方向投影得到一个曲面，最后这两个曲面在空间中相交生成一条 3D 曲线。

1. 画上草图

SolidWorks 可以将草图曲线投影到模型面上得到曲线，具体操作如下：

(1)新建一个草图，任意绘制一个草图，并且将其拉伸。

(2)拉伸完成后，新建一个基准面，如图 6-12 所示。

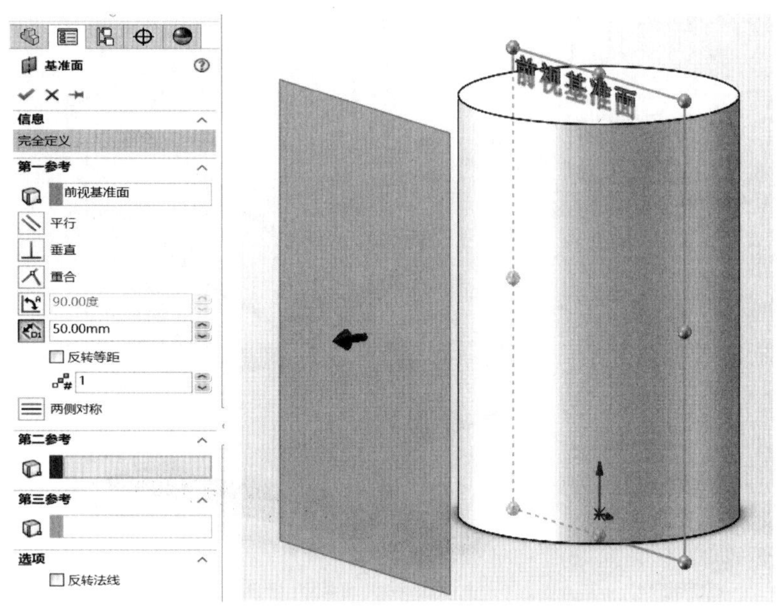

图 6-12　新建基准面

(3)在基准面上绘制一个包含一条闭环或开环的草图，如图 6-13 所示。

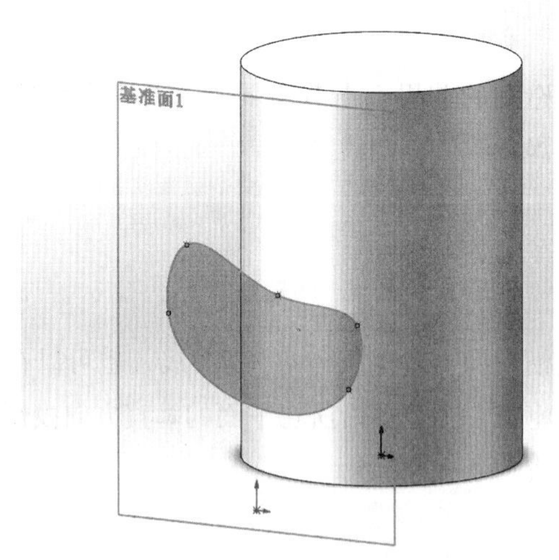

图 6-13　绘制闭环曲线草图

(4)单击“特征”面板上“曲线”工具栏中的“投影曲线”，如图 6-14 所示。

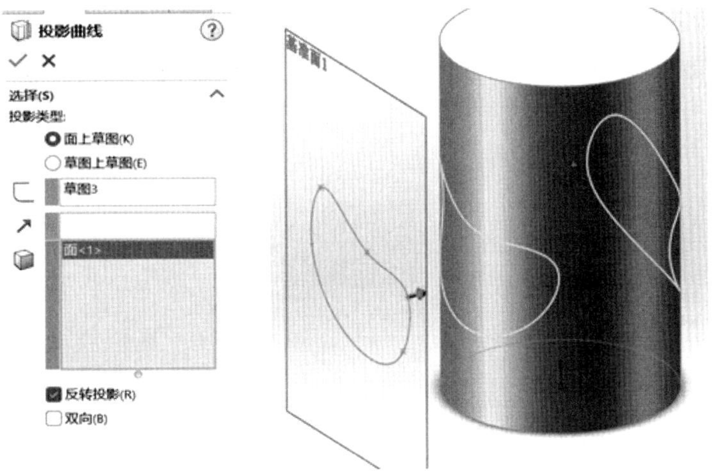

图 6-14 面上草图

2. 草图上草图

(1) 在“前视基准面”上绘制草图二，如图 6-15 所示。

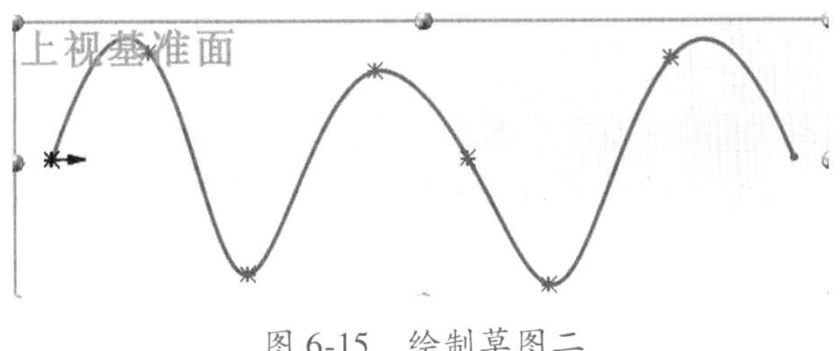

图 6-15 绘制草图二

(2) 在“上视基准面”上绘制草图三，如图 6-16 所示。

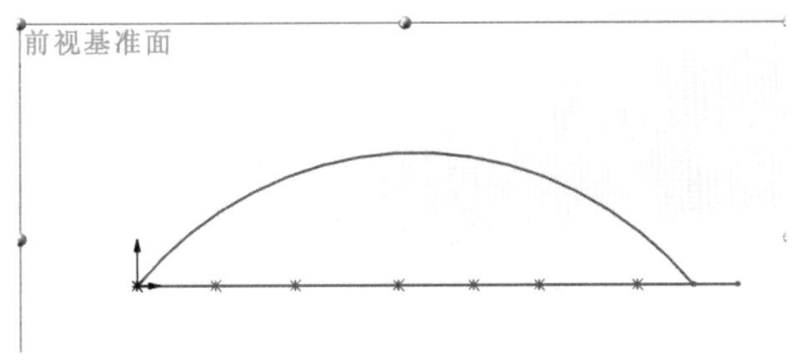

图 6-16 绘制草图三

(3)单击“特征”面板的“曲线”工具栏中的“投影曲线”。

(4)系统弹出“投影曲线”对话框，选择“草图上草图”，选中草图二和草图三，如图 6-17 所示。

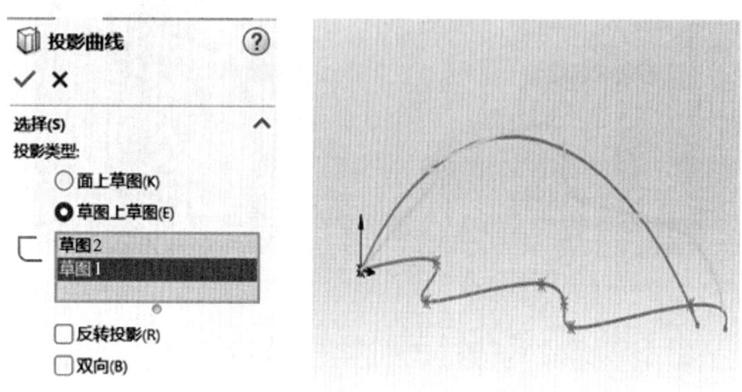

图 6-17　草图上草图

6.2.2　分割线

将草图投影到曲面、平面或曲面实体，可以将所选的面分割为多个分离的面，从而允许选取每一个面。“分割线”命令可以进行分割线放样、分割线拔模等操作。

分割线具体操作步骤如下：

(1)绘制一个球，如图 6-18 所示。

图 6-18　绘制一个球

(2)新建一个基准面。单击“曲线”工具栏的“分割线”如图 6-19 所示。

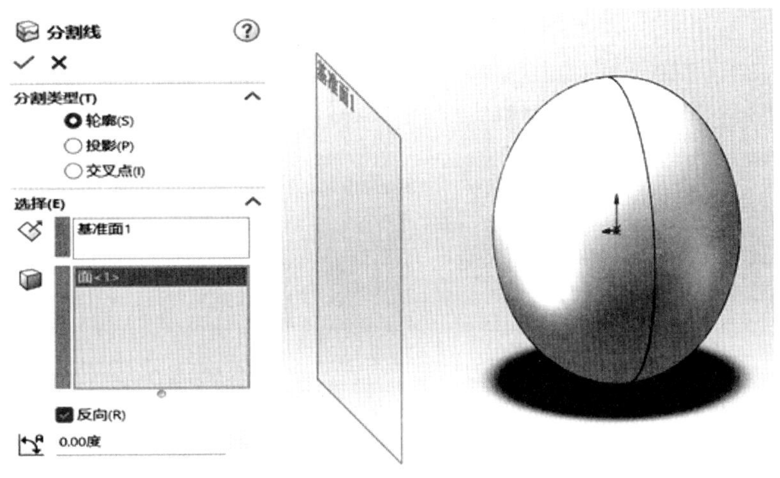

图 6-19　分割线

6.2.3　组合曲线

组合曲线命令可以将首尾相连的曲线、草图和模型的边线组合为单一的曲线，经常用来生成放样或扫描的引导曲线。

生成组合曲线的步骤如下：

(1)单击“曲线”工具栏上的“组合曲线”按钮，或选择“插入”→“曲线”→“组合曲线”命令，此时会出现如图 6-20 所示的“组合曲线”属性对话框。

(2)在图形区选择要组合的曲线、直线或者模型边线(这些线段必须连续)，则所选项目在“组合曲线”属性对话框的“要连接的实体”列表中显示出来，如图 6-21 所示。

(3)单击“确定”按钮，即可生成组合曲线，然后选中拉伸台进行隐藏，最后可以看到生成的组合曲线如图 6-22 所示。

6.2.4　螺旋线和涡状线

“螺旋线/涡状线”通常用于绘制螺纹、弹簧等部件，在生成这些零部件时，可以应用由“螺旋线/涡状线”工具生成的螺旋或涡状曲线作为路径或引导线。用于生成空间的螺旋线或涡状线的草图必须只包含一个圆，该圆的直径可控制螺旋线的直径和涡状线的起始位置。

生成螺旋线的具体步骤如下：

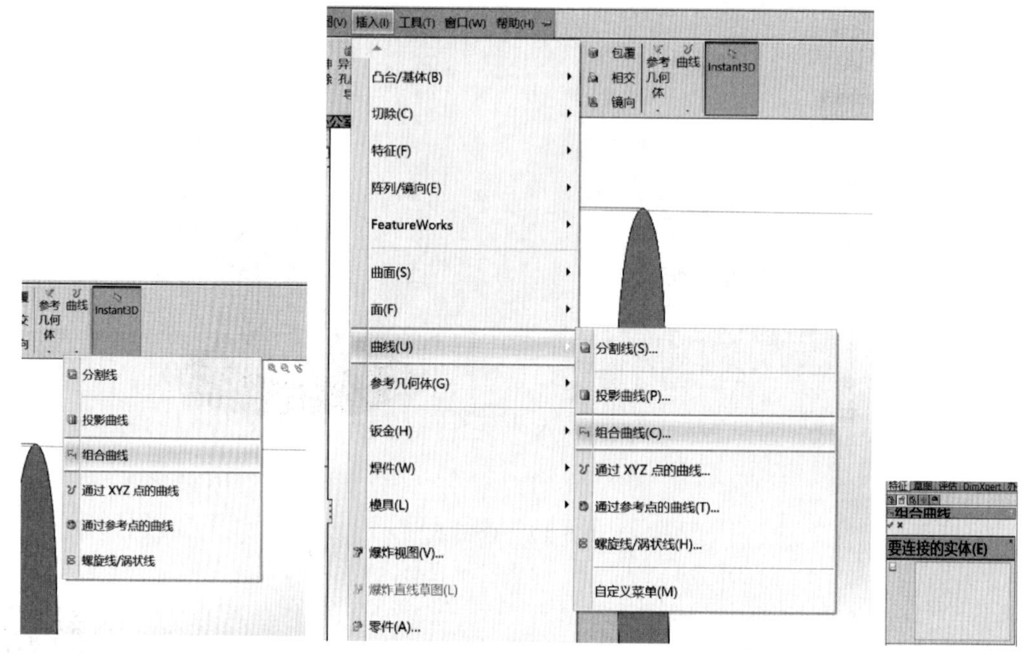

图 6-20　组合曲线选择

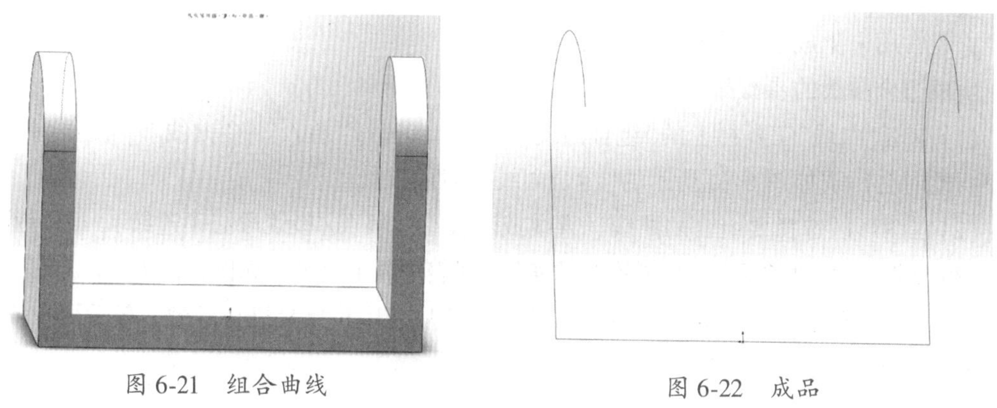

图 6-21　组合曲线

图 6-22　成品

(1)单击“曲线”工具栏上的“螺旋线/涡状线”，出现“螺旋线/涡状线”属性对话框。提示需绘制一个草图圆以定义螺旋线横断面，绘制好草图圆后退出草图属性对话框，如图 6-23 所示。

(2)在“螺旋线/涡状线”属性对话框中，根据需求选择相关参数，定义方式如图 6-24 所示。

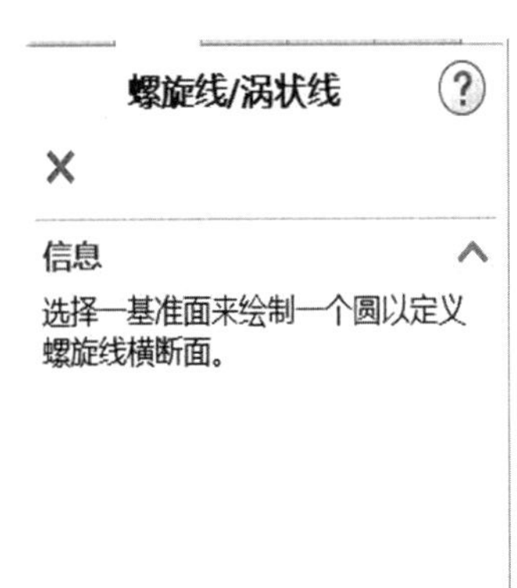

图 6-23 “螺旋线/涡状线”属性对话框

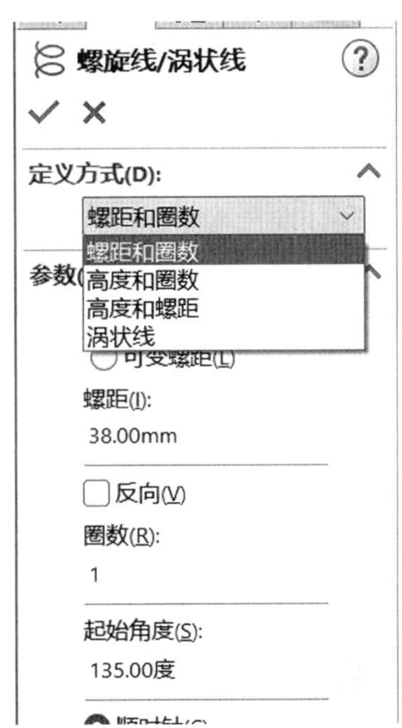

图 6-24 “螺旋线/涡状线”属性对话框参数设置

(3) 螺距和圈数：指定螺距和圈数。

(4) 高度和圈数：指定螺旋线的总高度和圈数。

(5) 高度和螺距：指定螺旋线的总高度和螺距。

(6) 涡状线：用于生成涡状线。

(7) 单击“确定”，即可生成螺旋线/涡状线。

弹簧绘制实例

6.2.5 弹簧绘制实例

绘制如图 6-25 所示的弹簧，具体步骤如下：

(1) 选取右视基准面，绘制一个大小为 30 的圆的草图四，如图 6-26 所示。

(2) 在工具栏中选择“插入”→“曲线”→“螺旋线/涡状线”，在弹出的对话框中的参数进行设置，完成螺旋线造型，如图 6-27 所示。

(3) 分别在右视基准面和上视基准面上绘制一个半径为 15 的四分之一圆，注意起点都要与螺旋线端点重合，如图 6-28 所示。

(4) 使用“投影曲线”命令，选取“草图上草图”方式，选择草图五和草图六，生成投影曲线，如图 6-29 所示。

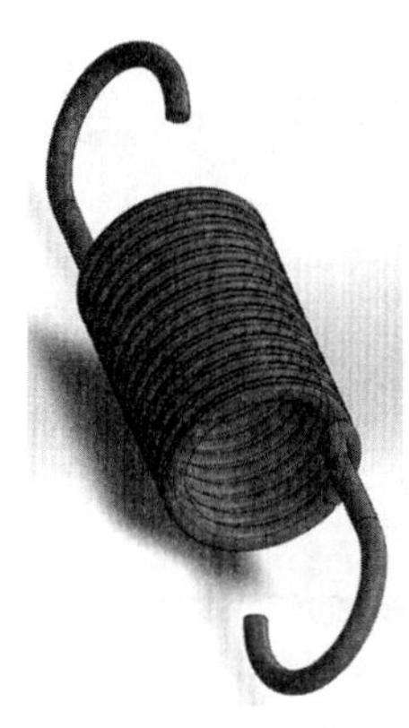

图 6-25　弹簧

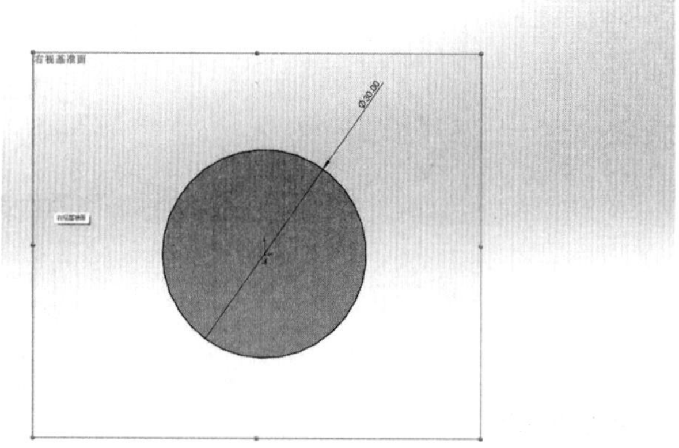

图 6-26　圆(草图四)

图 6-27　螺旋线参数设置(草图五)

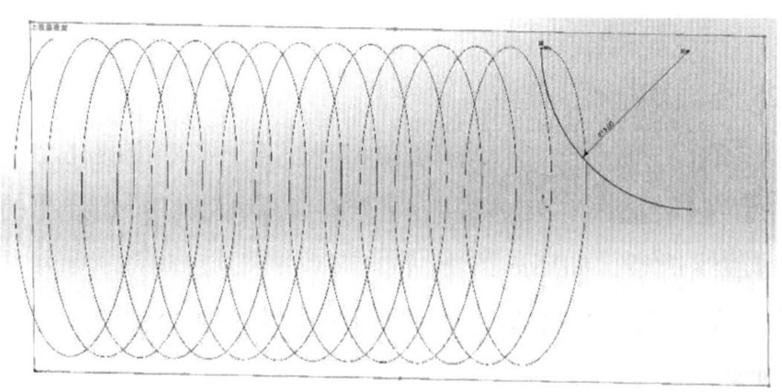

图 6-28　绘制四分之一圆(草图六)

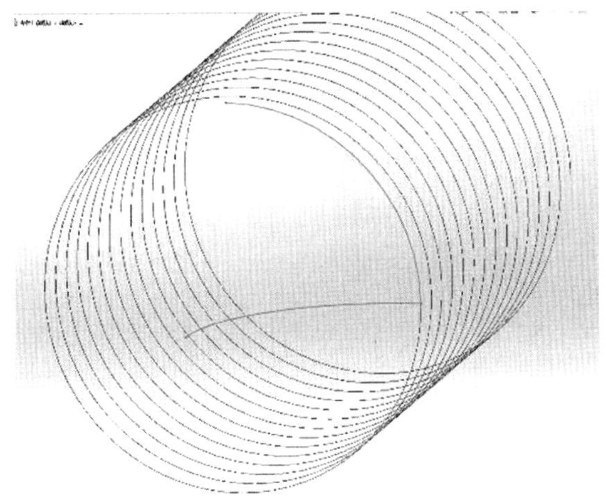

图 6-29　右视基准面和上视基准面的四分之一圆

(5)选取前视基准面，绘制草图四，如图 6-30 所示。

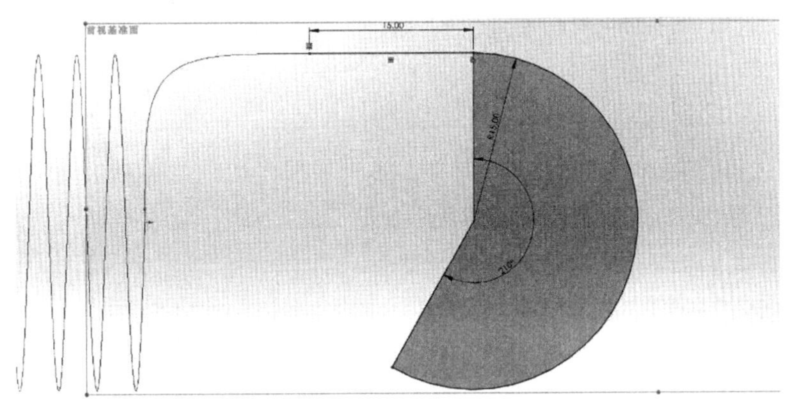

图 6-30　绘制草图四

(6)在螺旋线的另一端用相同的方式绘制草图，然后使用“组合曲线”命令，依次选择绘制好的各段曲线，组合成一条完整曲线，如图 6-31 所示。

(7)使用“基准面”命令，选择组合曲线和其中一端点作为参考，生成新基准面，并绘制一个直径为 2 的小圆作为截面草图，如图 6-32 所示。

(8)使用“扫描”命令，选取小圆为截面，组合曲线为路径，生成扫描实体，最终成品如图 6-33 所示。

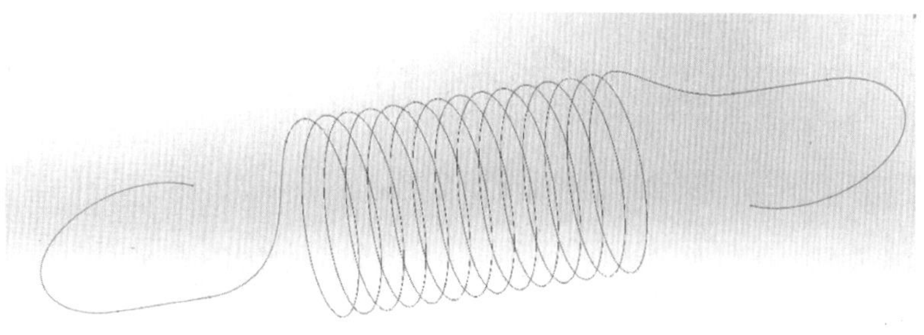

图 6-31　组合曲线

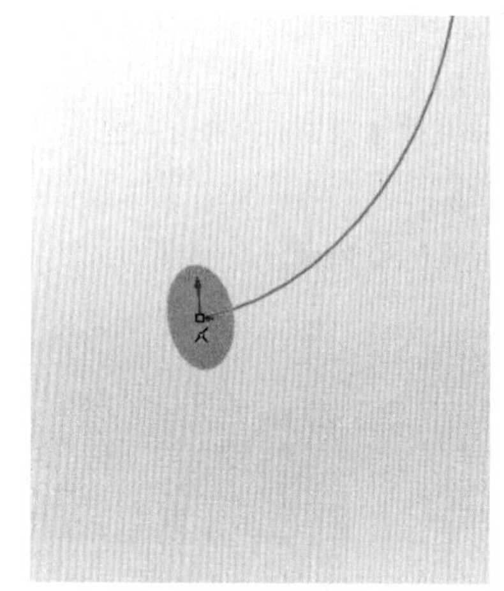

图 6-32　截面草图

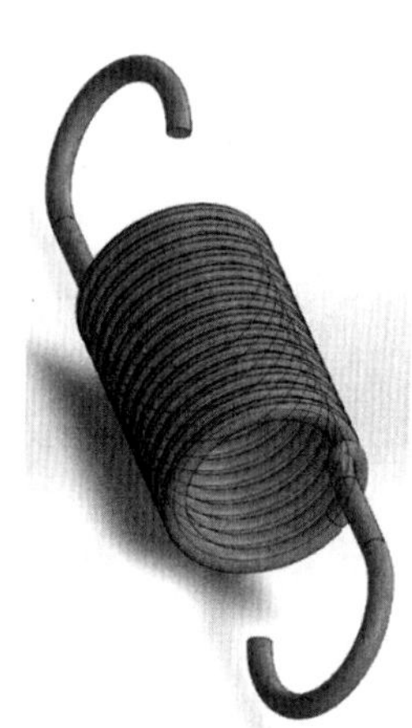

图 6-33　成品弹簧

6.3　曲面造型

“曲面”面板需要自己调出，鼠标右键单击面板栏的索引栏，系统弹出如图 6-34 所示的快捷菜单，选择“选项卡”→“曲面”，即可打开“曲面”面板，如图 6-35 所示。

6.3.1　拉伸曲面

拉伸曲面的造型方法与实体特征造型中的对应方法相似，不同点在于曲面拉伸操作的草图对象可以是封闭的也可以是不封闭的，生成的是曲面而不是实体。拉伸曲面的操作步骤如下：

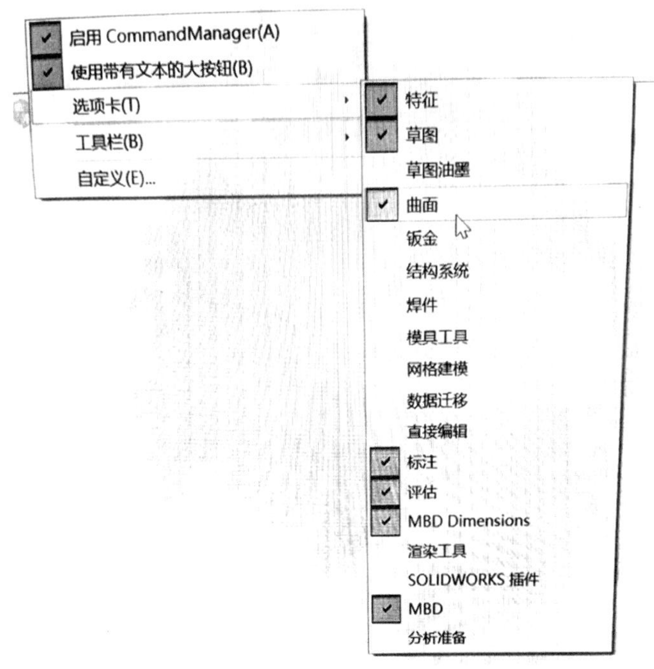

图 6-34　快捷菜单

图 6-35　“曲面”面板

(1)绘制一张草图。

(2)单击“曲面”面板上的拉伸曲面按钮。

(3)设置拉伸方向和拉伸距离，如果有必要可以设置双向拉伸，单击“确定”生成拉伸，曲面如图 6-36 所示。

6.3.2　旋转曲面

旋转曲面的造型和实体特征造型的对应方法相似，旋转曲面操作步骤如下：

(1)绘制一张草图，如果草图中包括中心线，旋转曲面时旋转轴可以被自动选定为中心线，如果没有中心线，则需要手动选择旋转轴。

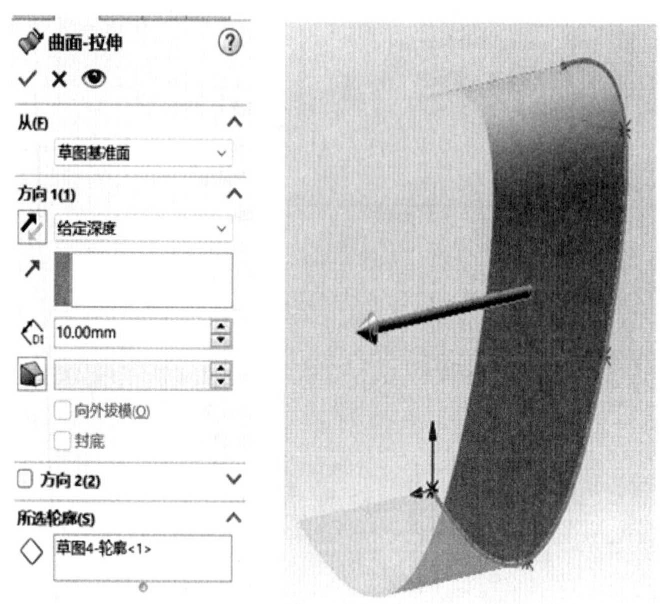

图 6-36　生成拉伸曲面

(2)单击曲面面板上的旋转曲面。

(3)设置旋转轴和旋转角，单击“确定”生成旋转曲面，如图 6-37 所示。

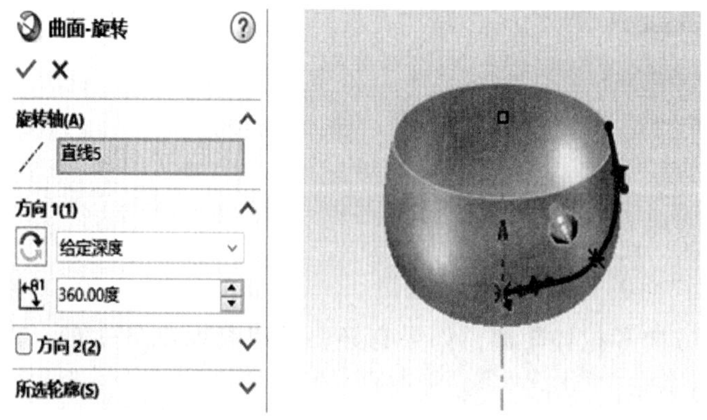

图 6-37　生成旋转曲面

6.3.3　扫描曲面

扫描曲面的方法同扫描特征的生成方法十分类似，可以利用引导线扫描。在扫描曲面中最重要的一点，就是引导线的端点必须贯穿轮廓图元，扫描曲面的操作步骤如下：

(1)绘制路径草图，然后定义与路径草图垂直的基准面，并在新的基准面绘制轮廓草图。

(2)单击“曲面”面板扫描曲面。

(3)依次选择轮廓草图和路径草图，其他选项和实体扫描里类似，可以在“轮廓方位”下拉表框中选择“随路径变化”“保持法向不变”“随路径和第一条引线变化”“随第一条和第二条引导线变化”，如果需要沿引导线扫描曲面，则激活“引导线”选项组，然后在图形区中选择引导线。进行相关设定后，单击“确定”生成扫描曲面，如图 6-38 所示。

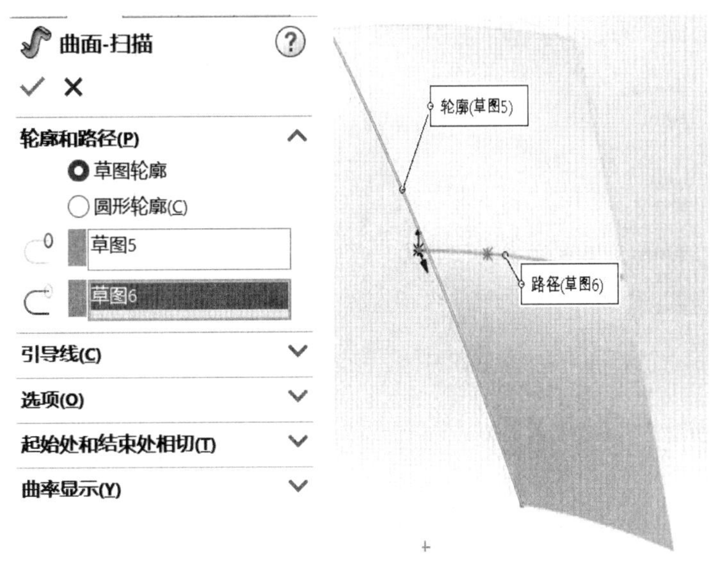

图 6-38　生成扫描曲面

6.3.4　放样曲面

放样曲面的造型方法和实体特征造型中的对应方法相似，是通过曲线之间进行过渡而生成曲面的方法。放样曲面的操作步骤如下：

(1)在一个基准面上绘制放样轮廓草图。

(2)依次建立另外几个基准面，并在上面依次绘制另外的放样轮廓草图。这几个基准面不一定平行，如有必要还可以生成引导线来控制放样曲面的形状。

(3)单击“曲面”面板上的“放样曲面”。

(4)依次选择截面草图，其他选项和实体放样类似，进行相关设置后，单击“确定”，如图 6-39 所示。

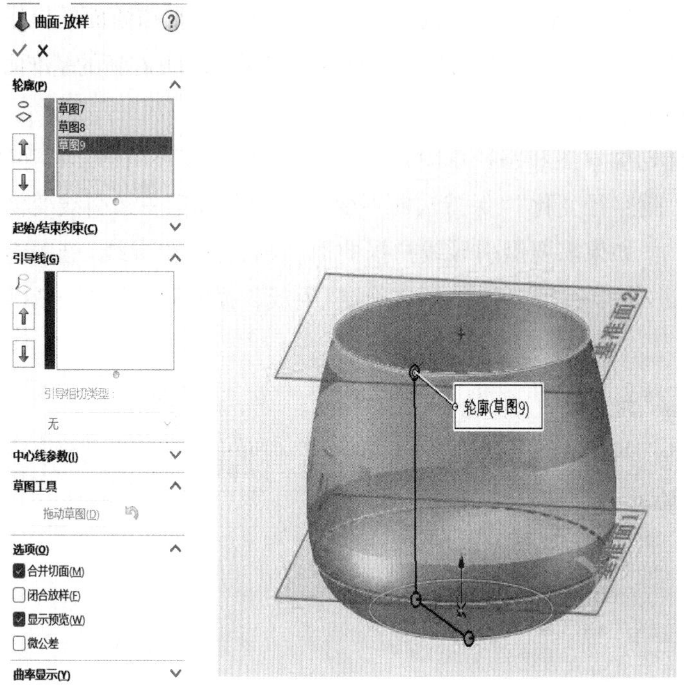

图 6-39　生成放样曲面

6.4　苹果绘制实例

苹果绘制实例

(1)选择上视基准面，分别绘制草图七和草图八，如图 6-40 和图 6-41 所示。

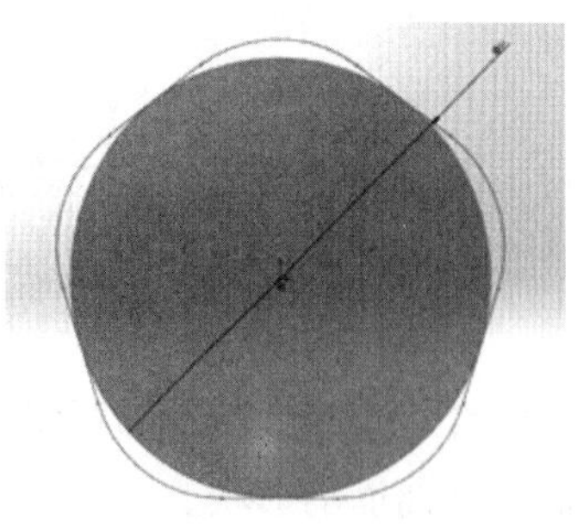

图 6-40　绘制草图七

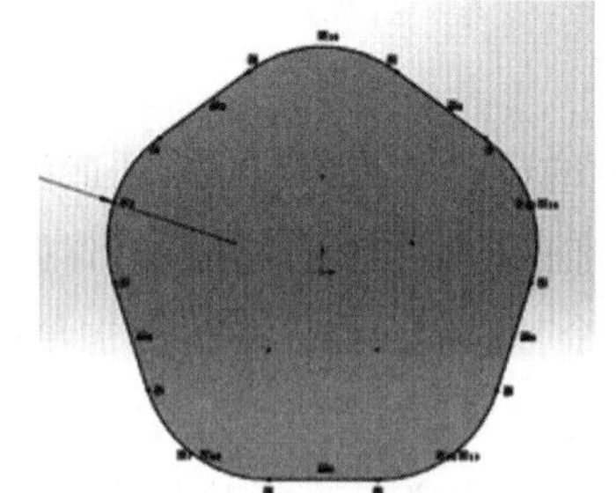

图 6-41　绘制草图八

(2)选择“右视基准面”，绘制草图九，如图 6-42 所示，注意首尾两头要与中心线稍留空隙。并将此图与草图七或草图八添加约束关系“穿透”或“固定”，如图 6-43 所示。

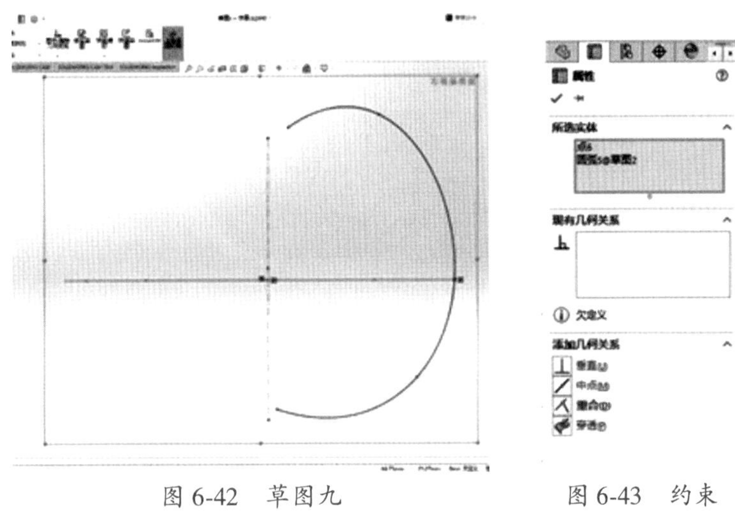

图 6-42　草图九　　　　图 6-43　约束

(3)使用“扫描曲面”命令，选择草图九为“轮廓”，草图七为“路径”，草图八为“引导线”，如图 6-44 所示，点击“确定”。

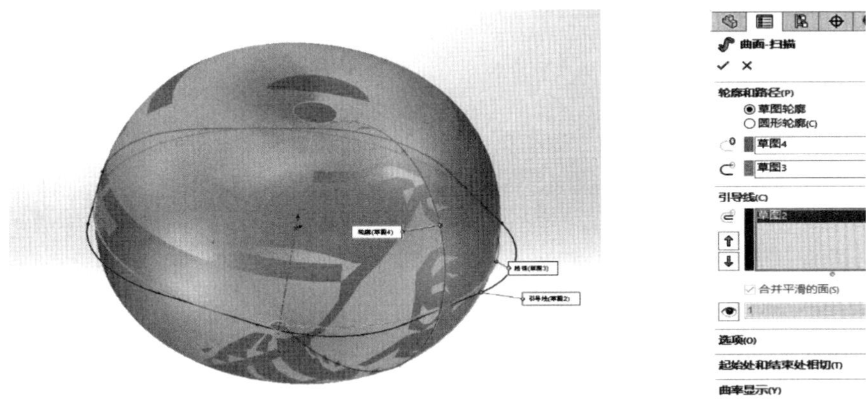

图 6-44　扫描曲面

(4)选择“前视基准面”作为草图，绘制苹果柄的路径草图，如图 6-45 所示。

(5)分别新建基准面，绘制两个小圆作为草图，如图 6-46 所示。

(6)使用“放样曲面”命令，选择上一步骤中的两个草图为“轮廓”，草图九为“引导线”，点击“确定”按钮，结果如图 6-47 所示。

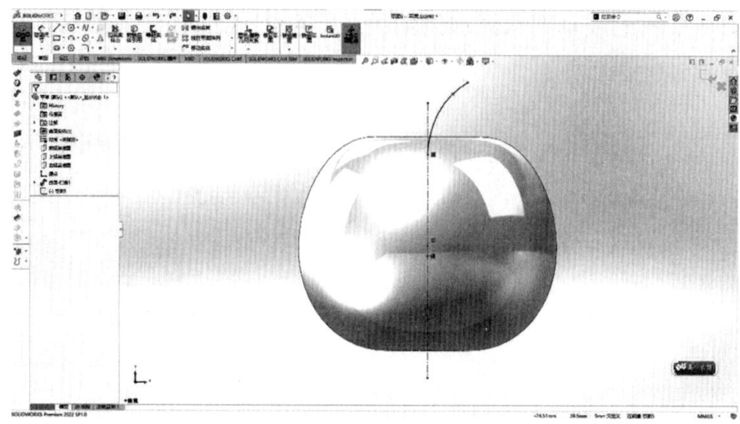

图 6-45　绘制苹果柄的路径草图

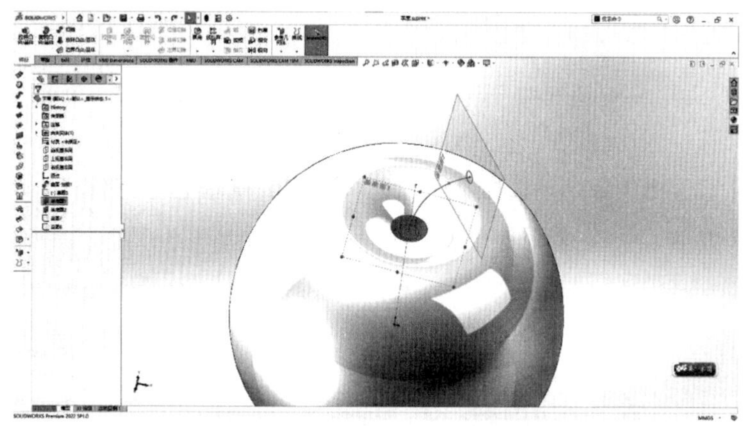

图 6-46　新建基准面并画圆

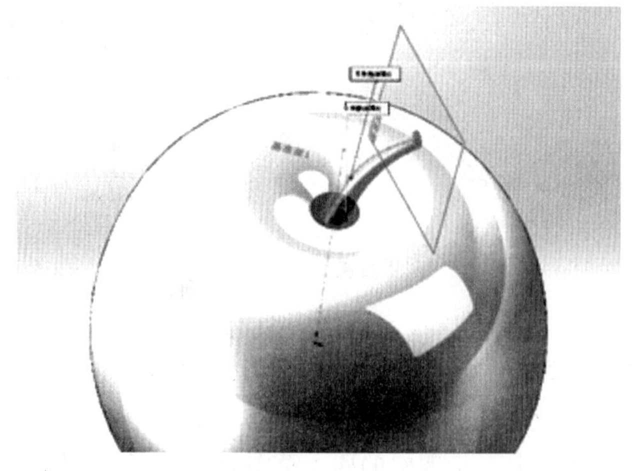

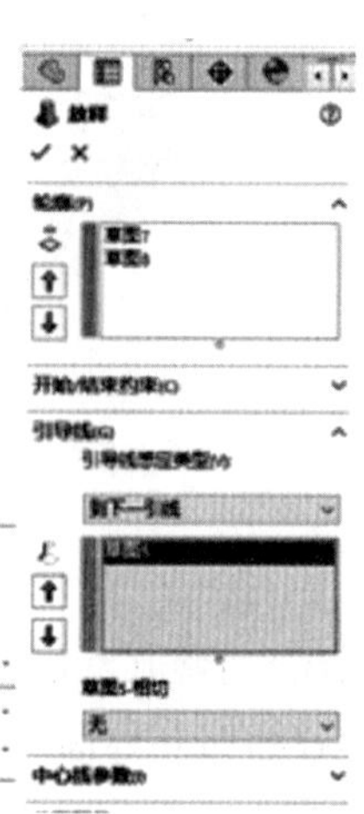

图 6-47　放样

(7)可自行上色，最终结果如图 6-48 所示。

图 6-48　最终结果

（指导老师：昌亚胜）

本章课后习题

(1)绘制如图 6-49 所示的造型。

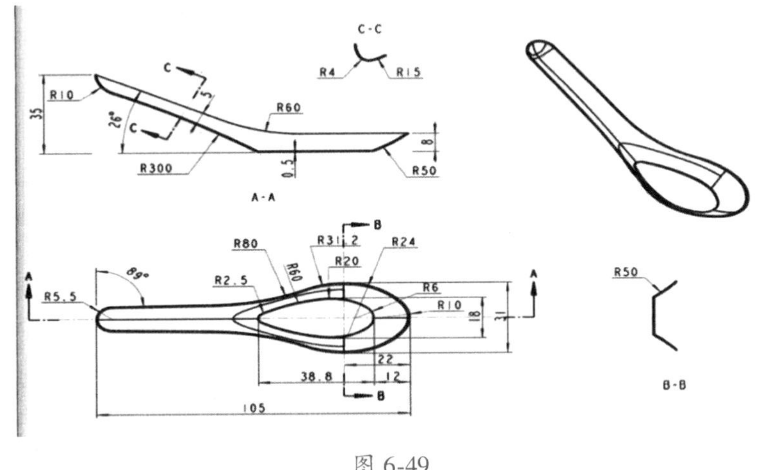

图 6-49

(2)绘制如图 6-50 所示的造型。

(3)绘制如图 6-51 所示的造型，尺寸自定。

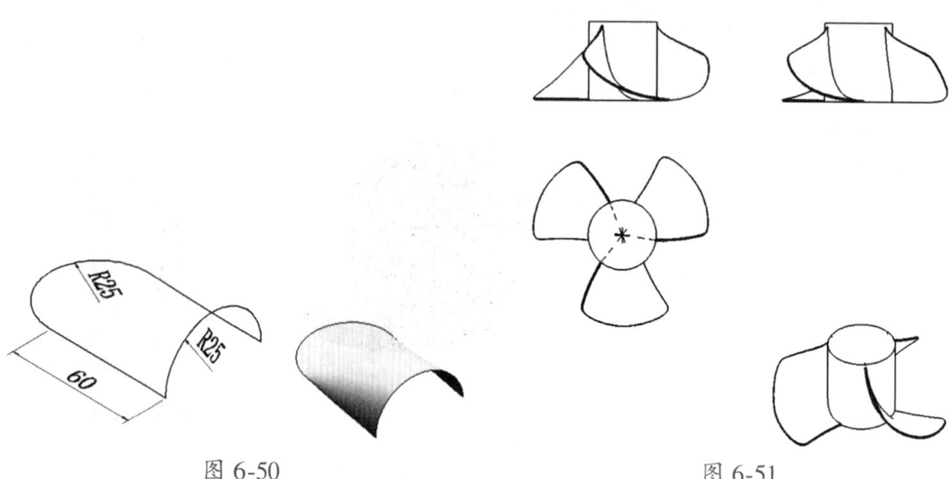

图 6-50　　　　图 6-51

(4)绘制如图 6-52 所示的造型。

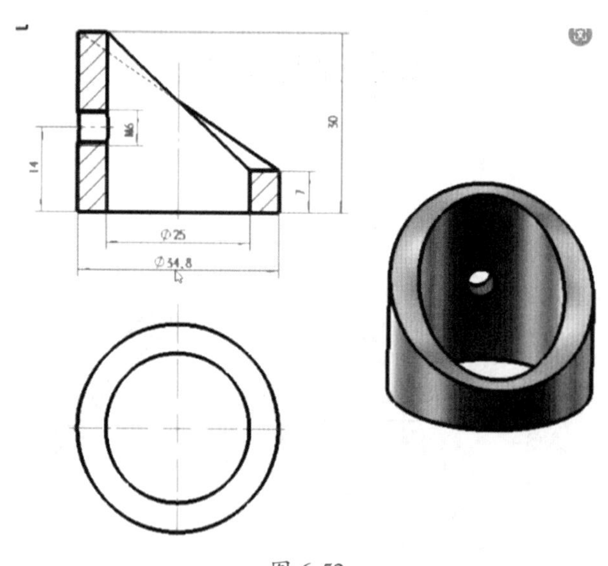

图 6-52

第 7 章 装配设计

SolidWorks 2024 提供了强大的装配功能，可以方便地将各种零件造型进行装配。

本章重点：

- 常用的装配关系用法
- 装配爆炸图的生成

7.1 装配设计模块

在机械工业生产中，机器和部件都是由零件按照一定的装配关系和技术要求装配而成的，本节主要介绍常见的装配命令的基本用法。

在零件装配时，首先合理选择第一个装配零件，第一个零件应满足以下两个条件：

(1)是整个装配模型中最为关键的零件。

(2)用户在工作中不会删除此零件。

零件之间的装配关系可以形成零件之间的父子关系。在装配的过程中，已存在的零件称为父零件，与父零件相配合的为子零件，子零件可以单独删除，而父零件不行，若删除父零件，子零件会被一起删除，因此删除首个零件就会删除整个装配零件。

进入装配图的方法：新建文件时，在“新建 SOLIDWORKS 文件”弹窗中选择第二个“装配体”选项，单击“确定”，如图 7-1 所示。

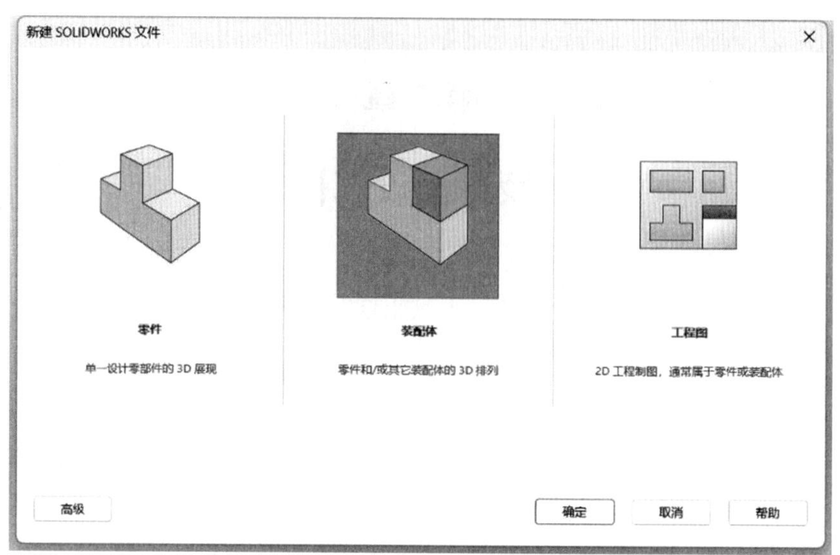

图 7-1 新建装配体

7.2 零部件的装配关系

SolidWorks 的装配关系综合解决了零件装配的各种情况。装配零件的过程实际上是定义零件与零件之间装配关系的过程。

7.2.1 配合概述

在进入装配模块后，系统会弹出“开始装配体”属性对话框，如图 7-2 所示。

单击“浏览”，系统会弹出“打开”对话框，如图 7-3 所示。选择自己需要的第一个零部件。

第一个零部件一定是固定的，选择完成后，不要直接单击工作界面，而是单击“插入零部件”下面的“确定”按钮，如图 7-4 所示。

单击“插入零部件”，可以调入其他零件。调入其他零件和第一个步骤一样，唯一的区别是其他零件可以直接在工作区放置，不用单击“√”，并且其他零件是可以移动的。

零件调入完成后，进行配合装配。单击菜单栏的“配合”按钮，进入“配合”状态，如图 7-5 所示。

图 7-2 “开始装配体”属性对话框

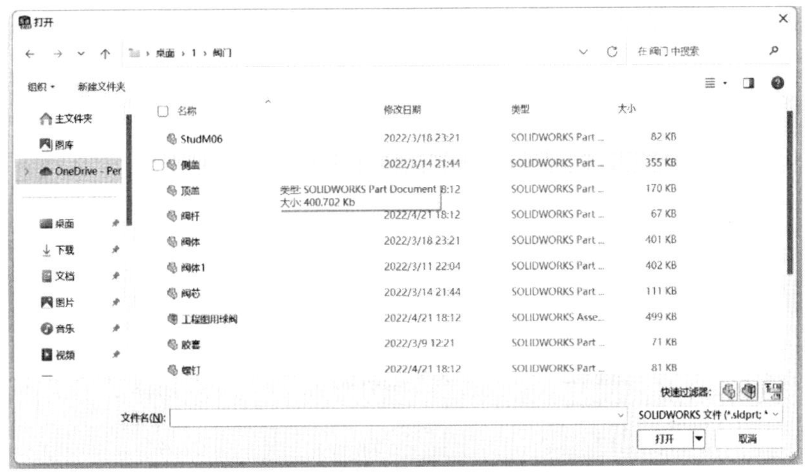

图 7-3 “打开”对话框

7.2.2 标准配合

表 7-1 为标准配合的几种类型。

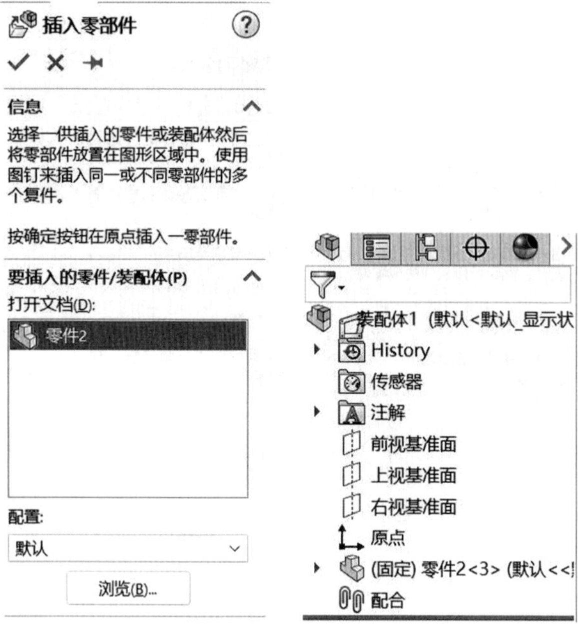

图 7-4　插入第一个零件

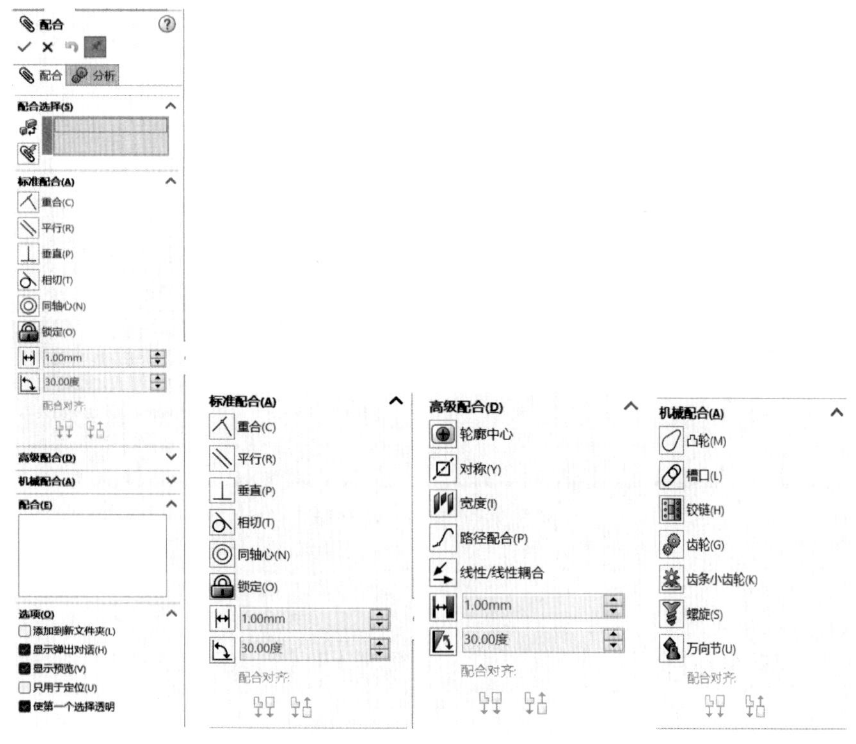

图 7-5　“配合”状态

表 7-1　　**标 准 配 合**

按钮	名称	说　　明
	重合	将所选面、边线及基准面定位(相互组合或与单一顶点组合)，使其共享同一个无限基准面；定位两个顶点使它们彼此接触
	平行	使所选的配合实体相互平行
	垂直	使所选配合实体以彼此间 90°角放置
	相切	使所选配合实体彼此相切而放置(至少有一选项必须为圆柱面、圆锥面或球面)
	同轴心	使所选配合实体共享同一中心线
	锁定	保持两个零部件之间的相对位置和方向
	距离	使所选配合实体彼此间以指定的距离而放置
	角度	使所选配合实体彼此间以指定的角度而放置
	同向对齐	与所选面正交的向量方向相同
	反向对齐	与所选面正交的向量方向相反

7.2.3　高级配合

表 7-2 为高级配合的几种类型。

表 7-2　　**高 级 配 合**

按钮	名称	说　　明
	轮廓中心	将矩形和圆形轮廓互相中心对齐，并完全定义组件
	对称	强制使两个零件的各自选中面相对于零部件的基准面或平面，又或者装配体的基准面距离对称
	宽度	使零部件位于凹槽宽度内的中心
	路径	将零部件上所选的点约束到路径
	线性/线性耦合	在一个零部件的平移和另一个零部件的平移之间建立几何关系
	距离	允许零部件在距离配合一定数值范围内移动
	角度	允许零部件在角度配合一定数值范围内移动

7.2.4 机械配合

表7-3为机械配合的几种类型。

表7-3 机械配合

按钮	名称	说明
	凸轮	是一个相切或重合配合类型，它允许将圆柱、基准面，或点与一系列相切的拉伸曲面相配合
	槽口	将螺栓或槽口运动限制在槽口孔内
	铰链	将两个零部件之间的移动限制在一定的旋转范围内，其效果相当于同时添加同心配合和重合配合
	齿轮	强迫两个零部件绕所选轴相对旋转，齿轮配合的有效旋转轴包括圆柱面、圆锥面、轴和线性边线
	齿条小齿轮	通过齿条和小齿轮配合，某个零部件(齿条)的线性平移会引起另一零部件(小齿轮)做圆周旋转，反之亦然
	螺旋	将两个零部件约束为同心，还在一个零部件的旋转和另一个零部件的平移之间添加几何关系
	万向节	一个零部件(输出轴)绕自身轴的旋转是由另一个零部件(输入轴)绕其轴的旋转驱动

7.3 零部件的操作

在装配过程中，若出现多个零件装配时，依旧可以使用“镜像”或者“阵列”操作。

7.3.1 零件阵列

1. 线性零件阵列

(1)使用“配合”中的“同轴”和“重合”，将两个零件装配在一起，如图7-6所示。

(2)单击“线性零部件”按钮，系统弹出“线性阵列”属性对话框，如图7-7所示。

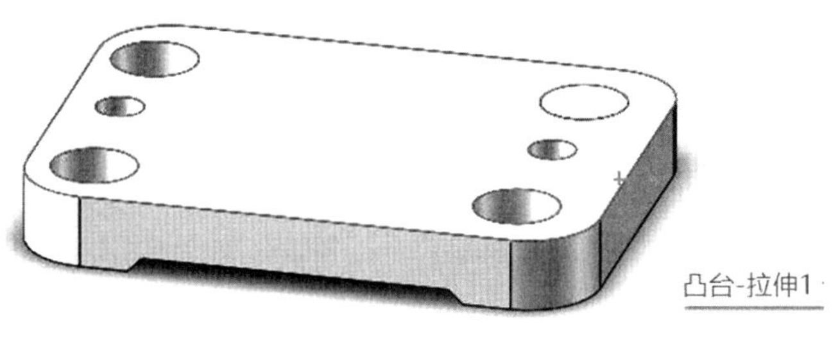

图 7-6 配合

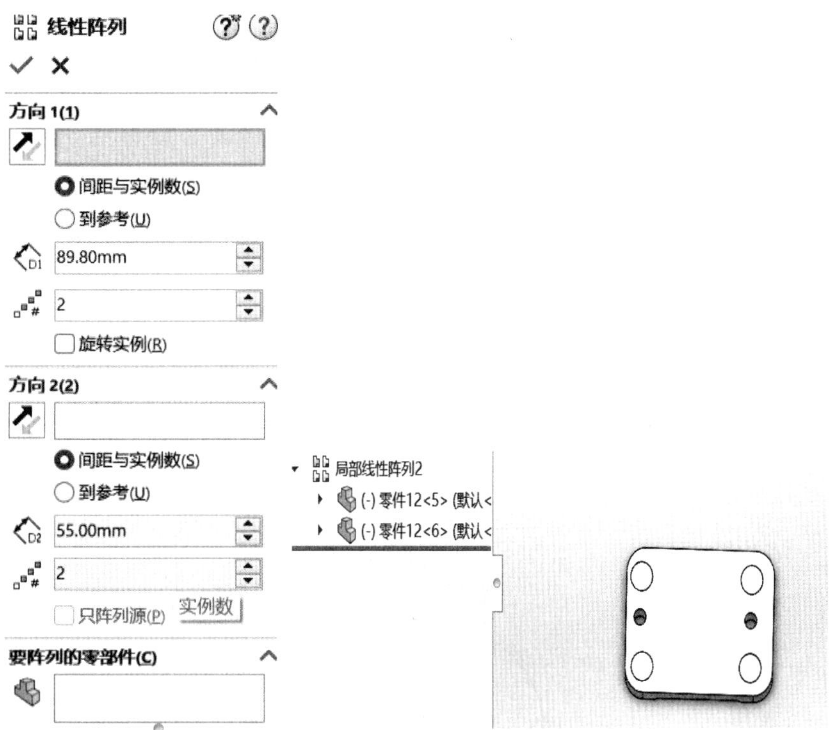

图 7-7 “线性阵列”属性对话框

2. 圆周零件阵列

(1)使用“配合”中的“同轴”和“重合”功能，将两个零件装配在一起，如图 7-8 所示。

(2)单击“圆周零部件”，系统弹出“圆周阵列”属性对话框，如图 7-9 所示。

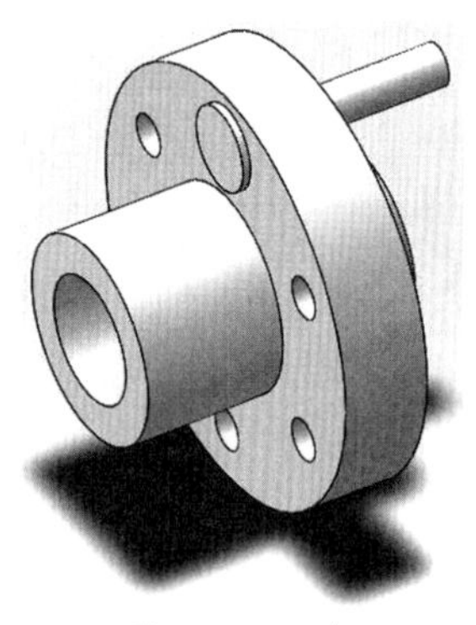

图 7-8 配合

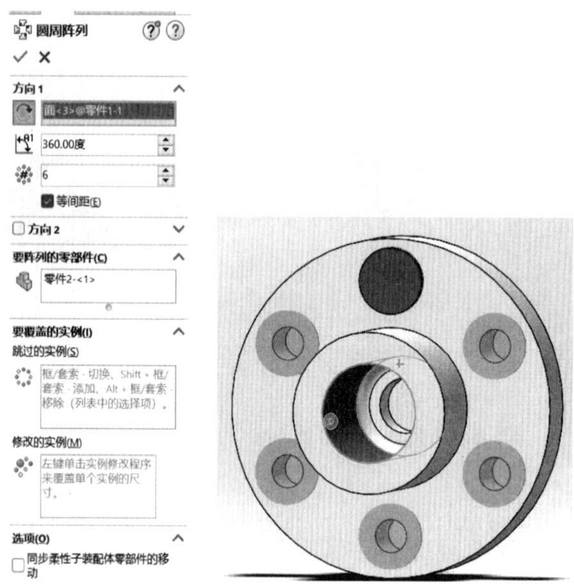

图 7-9 “圆周阵列”属性对话框

7.3.2 镜像零部件

(1)使用“配合”中的“同轴”和“重合”操作，将两个零件装配在一起，如图 7-10 所示。

图 7-10 配合

(2)单击“镜像零部件”，系统弹出“镜像零部件”属性对话框，如图 7-11 所示。

图 7-11 “镜像零部件”属性对话框

7.4 装配实例：阀球

本节以阀球作为实例来讲解装配的过程，如图 7-12 所示。

1. 阀体、阀杆的装配

(1)进入“装配”模块，系统会弹出“开始装配体”属性对话框，单击“浏览”，系统会弹出“打开”对话框，选择自己需要的第一个零部件阀体，如图 7-13 所示。

(2)单击“插入零部件”，调入第二个零件阀杆，在合适的工作界面放置，如图 7-14 所示。

(3)将阀体和阀杆相配合。单击“配合”，选择阀杆的一个面和阀体的中心圆，将二者设置为“同轴”的配合关系，如图 7-15 所示。

(4)将阀体和阀杆同轴后，继续相配合。单击“配合”，选择阀杆的一个面和阀体的中心圆，将二者设置为“重合”的配合关系，如图 7-16 所示。

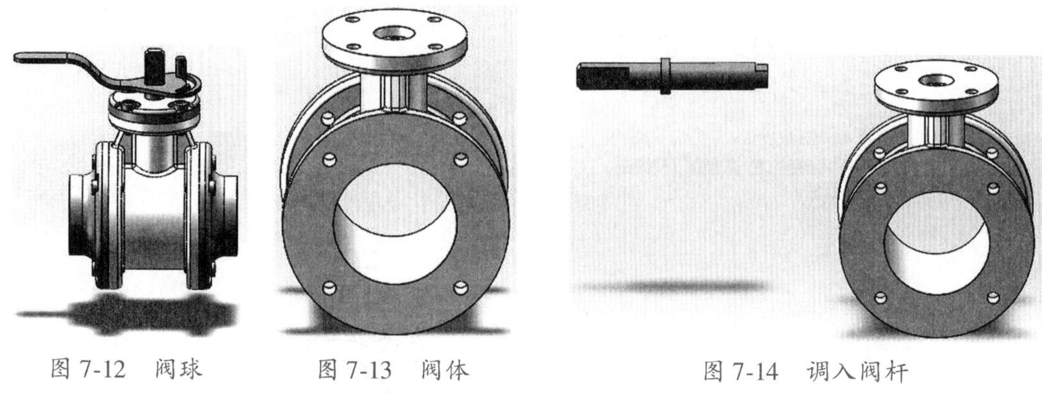

图 7-12　阀球　　　图 7-13　阀体　　　图 7-14　调入阀杆

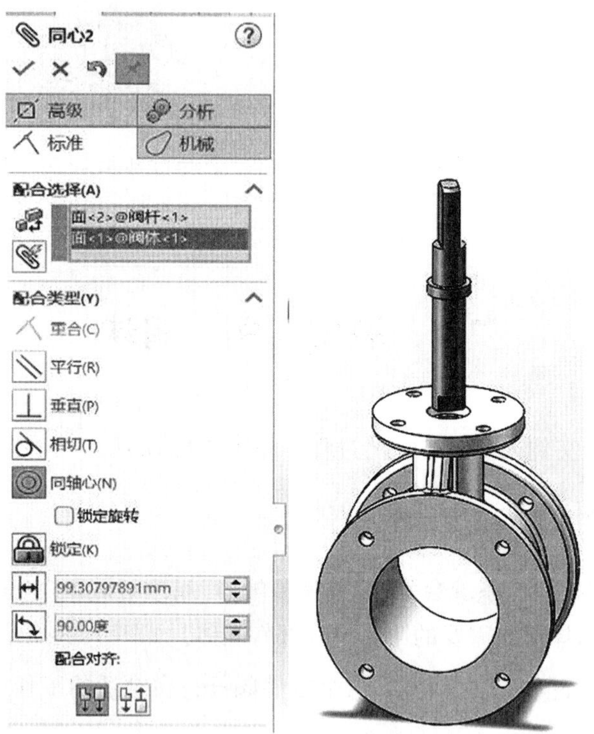

图 7-15　阀体和阀杆同轴

2. 阀杆、阀芯的装配

(1) 鼠标右键单击阀体，选择快捷菜单栏中的更改透明度按钮，这一操作是为了方便看图，便于配合，效果如图 7-17 所示。

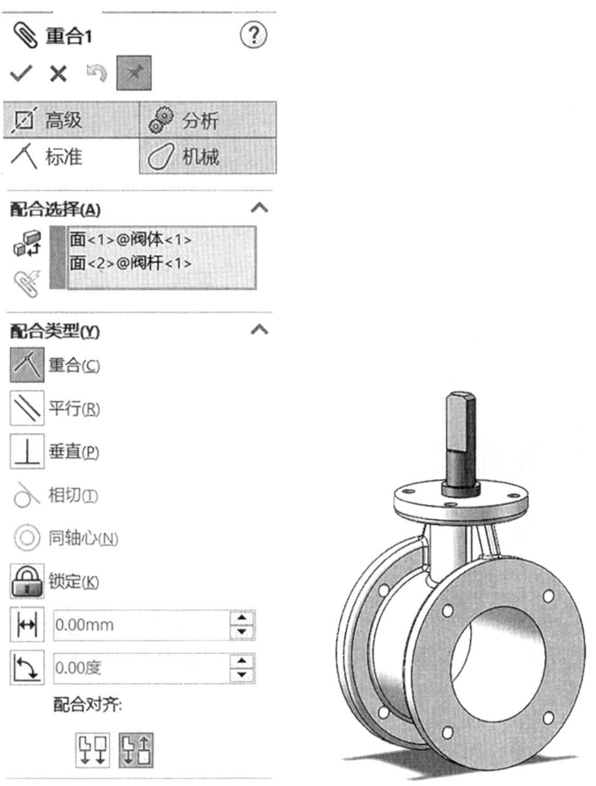

图 7-16　阀体和阀杆重合

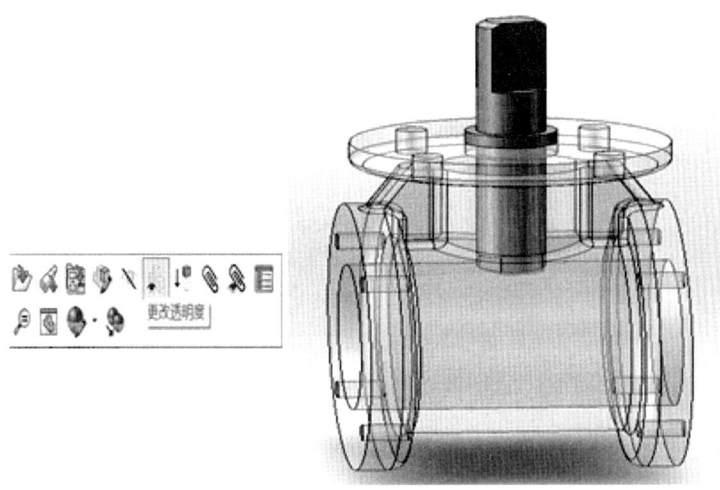

图 7-17　更改透明度

(2)单击“插入零部件”按钮，调入第三个零件阀芯，并在合适的工作界面放置，如图 7-18 所示。

(3)将阀芯和阀杆配合在一起，如图 7-19 所示。

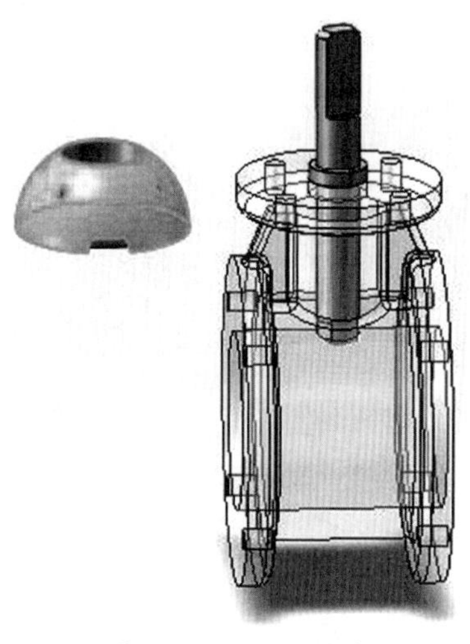
图 7-18　调入阀芯

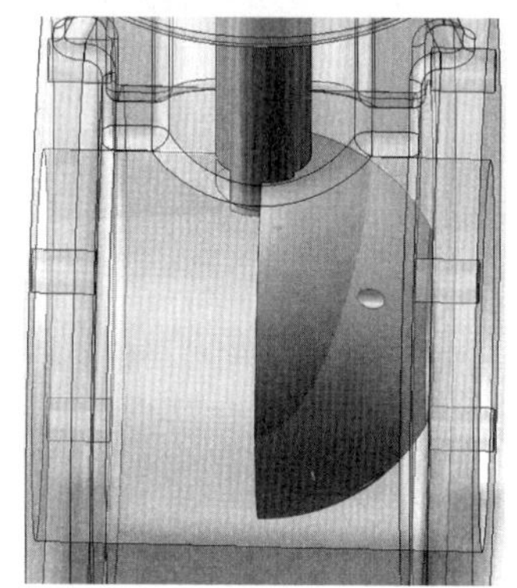
图 7-19　阀芯与阀杆配合

(4)对阀芯做镜像处理，如图 7-20 所示。

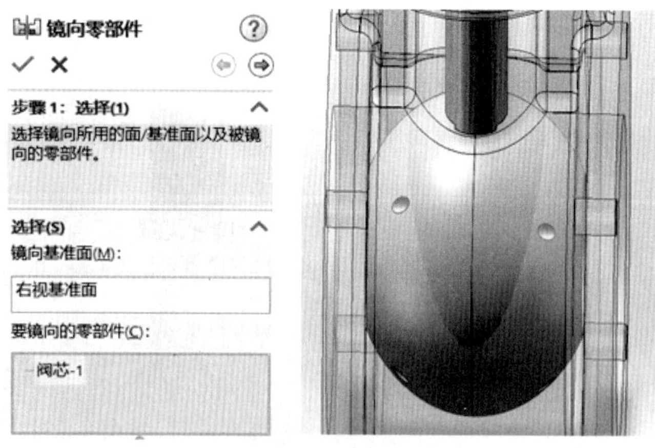

图 7-20　镜像阀芯

3. 侧盖的装配

(1)单击“插入零部件”按钮，调入第四个零件侧盖，并在合适的工作界面放置，如图 7-21 所示。

(2)再次单击阀体的透明度，将侧盖和阀体配合，如图 7-22 所示。

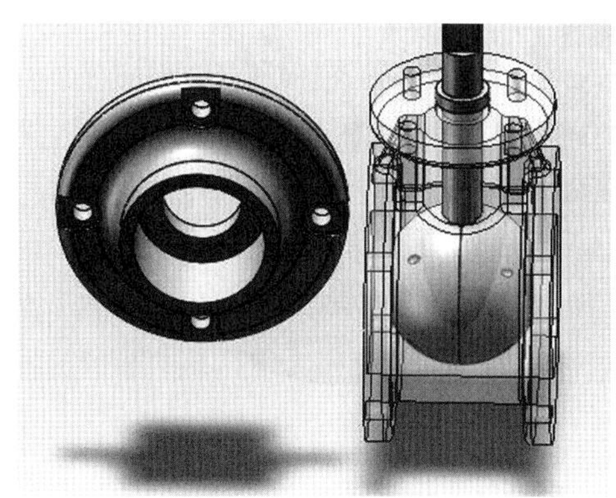

图 7-21 调入侧盖

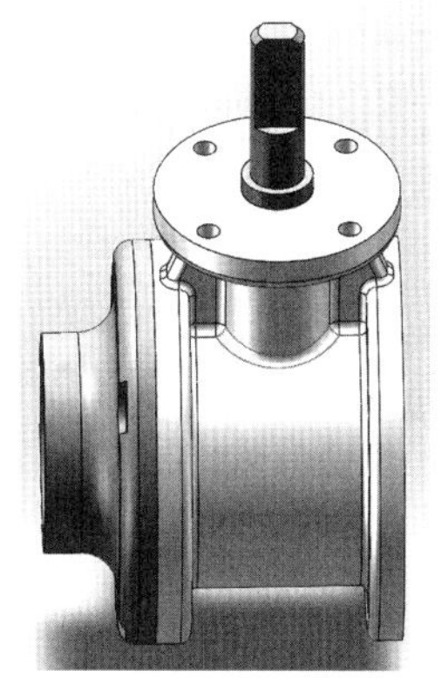

图 7-22 侧盖与阀体配合

(3)单击“插入零部件”按钮，调入第五个零件螺钉，并在合适的工作界面放置，如图 7-23 所示。

(4)将螺钉和侧盖配合，如图 7-24 所示。

图 7-23 调入螺钉

图 7-24 螺钉与侧盖配合

(5)选择“圆周阵列”，在弹出的“圆周阵列”属性对话框中进行设置，如图 7-25 所示。

(6)通过镜像操作装配侧盖和螺钉，如图 7-26 所示。

4. 顶盖的装配

(1)单击“插入零部件”按钮，调入第六个零件顶盖，并在合适的工作界面放置，如图 7-27 所示。

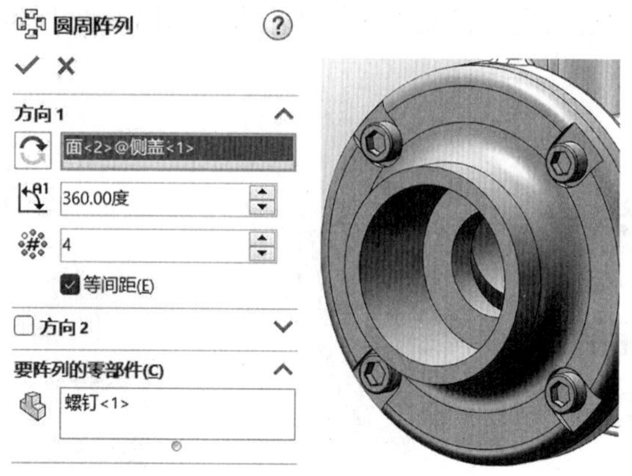

图 7-25　阵列螺钉

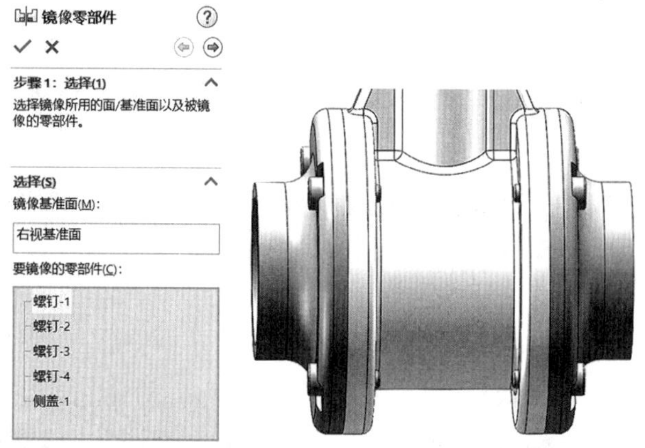

图 7-26　镜像侧盖和螺钉

（2）将顶盖和阀体上端配合，使两者装配在一起，如图 7-28 所示。

图 7-27　调入顶盖

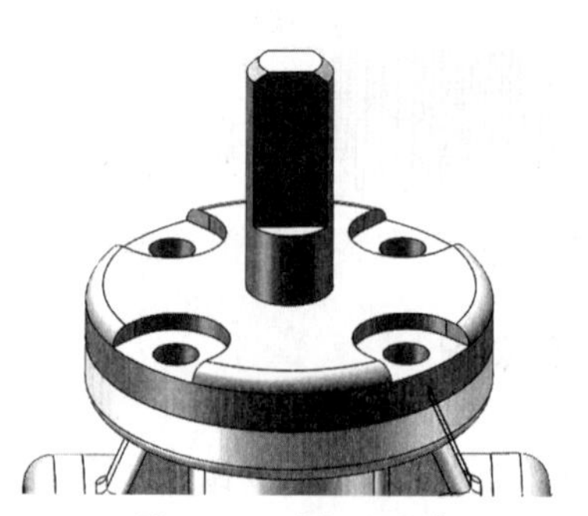

图 7-28　调入顶盖

(3)长按 Ctrl 键的同时，用鼠标将左侧栏中的螺钉拖出来，也可以点击“插入零部件”按钮调用螺钉，如图 7-29 所示。

(4)将螺钉和顶盖配合，如图 7-30 所示。

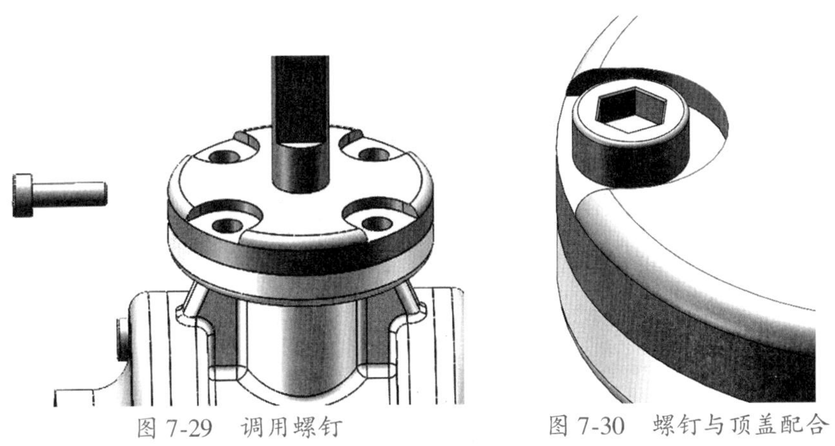

图 7-29　调用螺钉　　　　图 7-30　螺钉与顶盖配合

(5)对螺钉做“圆周阵列”处理。选择“跳过的实例”下面的选择框后按住 Shift 键，并且框选一个被阵列的螺钉，如图 7-31 所示。

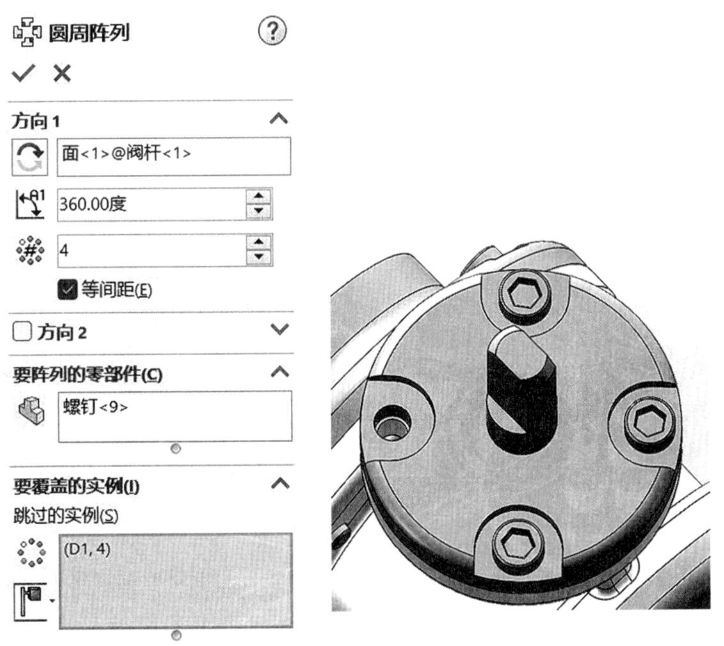

图 7-31　对螺钉的“圆周阵列”操作

5. 手柄的装配

(1)单击“插入零部件”按钮，调入第七个零件插销，并在合适的工作界面放置，如图 7-32 所示。

图 7-32 调入插销

(2)将插销和顶盖配合，如图 7-33 所示。

(3)单击“插入零部件”按钮，调入第八个零件手柄，并在合适的工作界面放置，如图 7-34 所示。

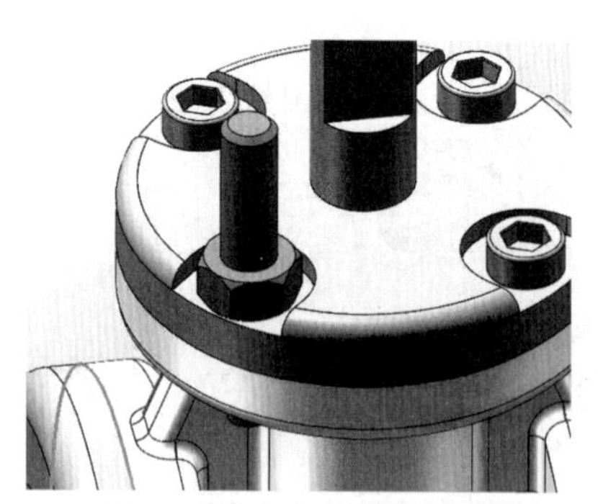

图 7-33 配合插销与顶盖

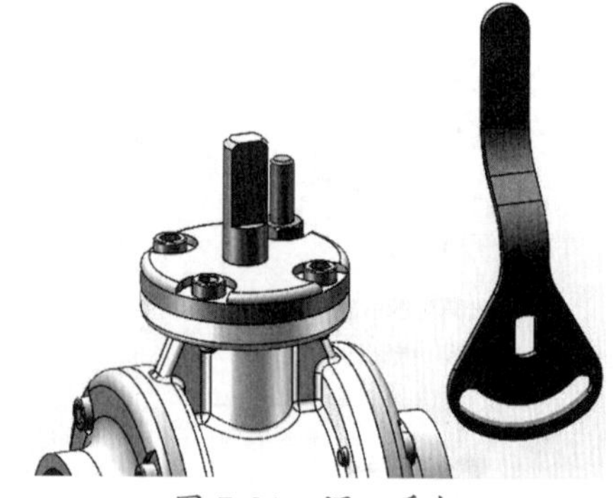

图 7-34 调入手柄

(4)将手柄和阀杆配合在一起，如图 7-35 所示。

(5)单击“插入零部件”按钮，调入第九个零件螺母，并在合适的工作界面放置，如图 7-36 所示。

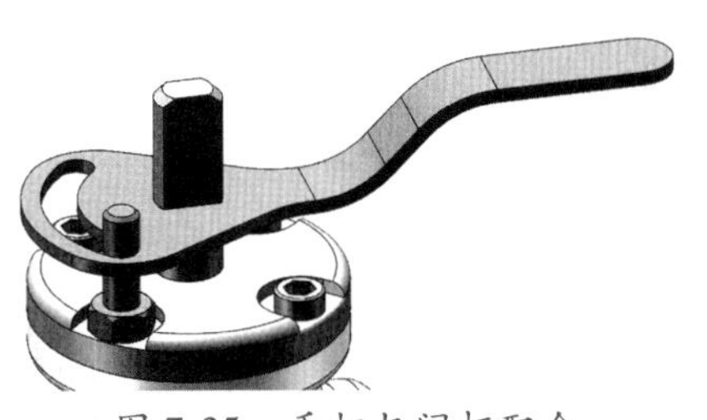
图 7-35 手柄与阀杆配合

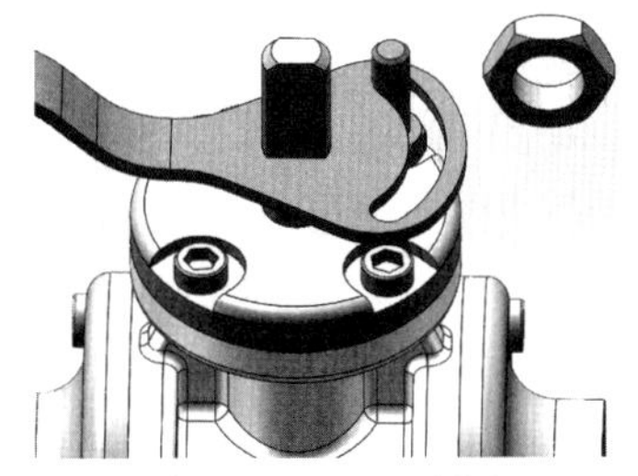
图 7-36 调入螺母

(6)将螺母和插销配合，如图 7-37 所示。

(7)球阀完成，如图 7-38 所示。

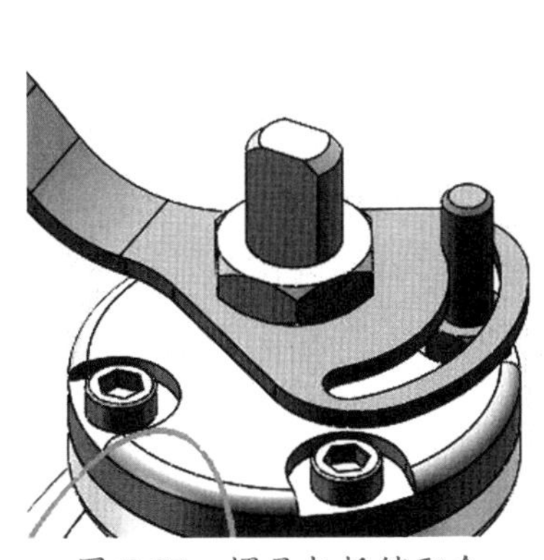
图 7-37 螺母与插销配合

图 7-38 球阀

7.5 配合关系的编辑

三维装配完成后，还可以对装配进行编辑修改。

7.5.1 编辑配合关系

在装配完成后，发现不合适的装配关系，可以通过以下方法进行修改：

(1)单击侧边栏中的“配合”三角标，将隐藏的配合关系展开，如图 7-39 所示。

(2)单击鼠标右键并选择需要编辑的配合关系，在弹出的快捷键选项中选择“编辑特征”，会出现如图7-40所示的选项，按自己的需求修改所需的配合关系。

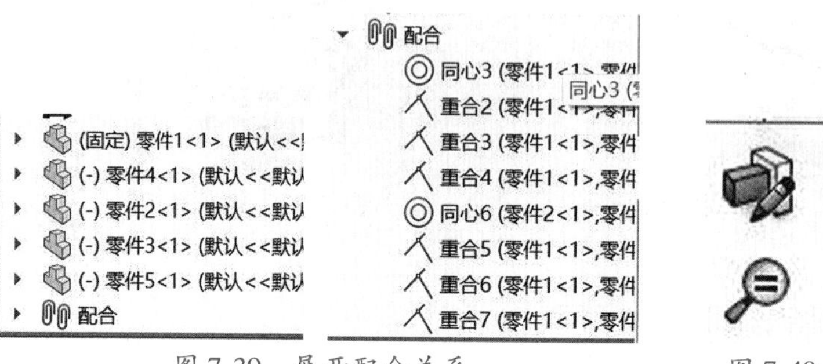

图7-39 展开配合关系

图7-40 修改配合关系

(3)单击“确定”，即可完成配合的更改。

7.5.2 删除配合关系

对于不需要或者过定义的配合，可以进行删除。删除的方法有两种：一种是直接右击想要删除的配合，会弹出快捷选项，选择“删除”即可；二是选中想要删除的配合，直接按Delete键，如图7-41所示。

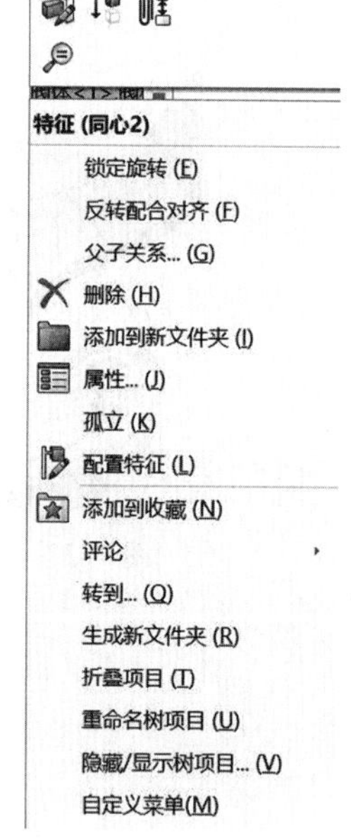

图7-41 删除配合

7.5.3 压缩配合关系

压缩配合关系可以防止配合关系被删除。压缩方法如下：

(1)选择左边栏中的配合，鼠标右键单击需要压缩的配合关系，系统则会显示快捷栏，单击按钮，如图7-42所示。

(2)如果需要解压，只需要再次单击。

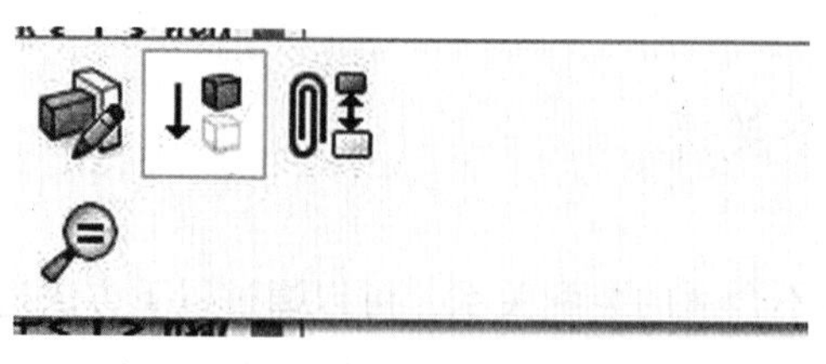

图7-42 展开配合关系

7.6 干涉检查

在复杂的装配中，只通过自己的观察是无法看出零件是否存在干涉关系。因此可以利用软件自带的功能来检查零件的干涉关系，若存在干涉，零件之间则会有高亮显示。

这里采用上一节示例球阀来检查零件之间是否存在干涉，具体步骤如下：

(1)打开装配体，单击工具栏中的“评估”，如图 7-43 所示。

(2)单击图 7-43 中的“干涉检查”，系统会弹出“干涉检查”属性对话框，如图 7-44 所示。

(3)单击“计算”，如果没有干涉，对话框中会显示“无干涉”。有干涉会显示干涉的地方，如图 7-45 所示。

图 7-43 评估　　图 7-44 “干涉检查”属性对话框　　图 7-45 干涉

7.7 爆炸视图

为了展示装配体零件之间的组成以及装配形式，通常会选择拆分装配体，这种表达形式为装配爆炸图。

爆炸图有两种表达形式：径向步骤和常规步骤。

7.7.1　径向步骤

(1)单击“装配体”中的“爆炸视图”，系统会弹出“爆炸”属性对话框，如图 7-46 所示。

(2)单击“径向”，选择整个装配体，“方向”单击阀体中心圆柱，调节合适的距离，再单击“添加阶梯”，则爆炸图完成，如图 7-47 所示。

(3)单击左侧栏中的配置管理器，系统会自动将刚刚的爆炸视图添加到“爆炸视图 1”中，可以在里面重新编辑每一个步骤，如图 7-48 所示。

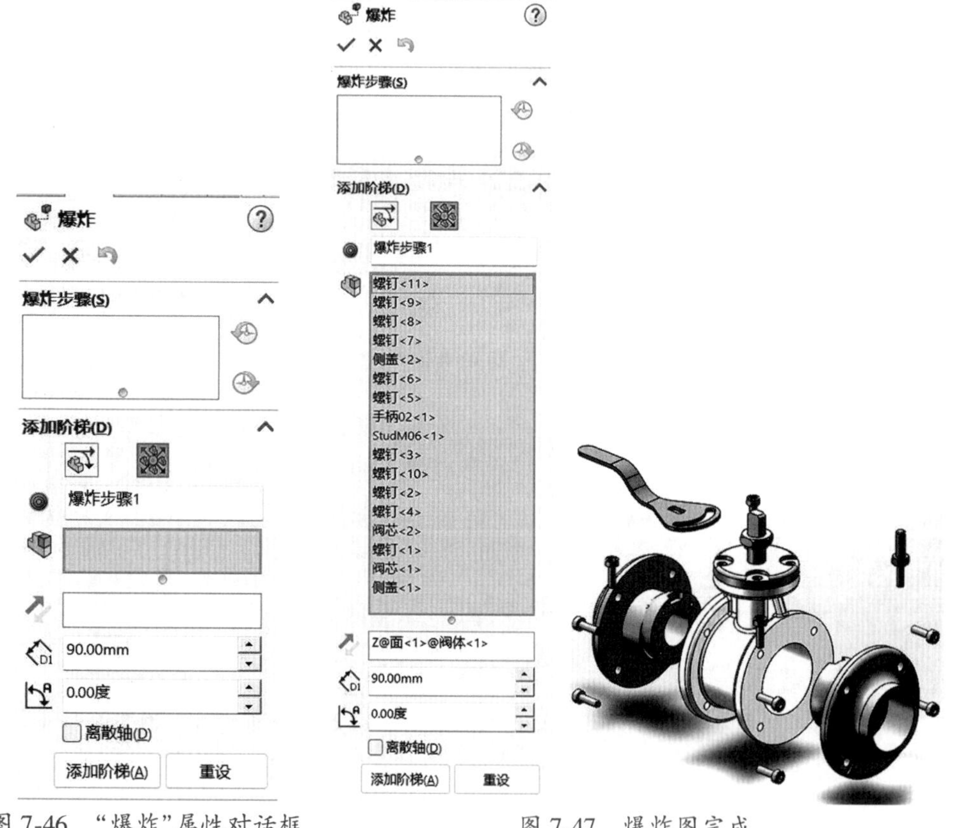

图 7-46　“爆炸”属性对话框

图 7-47　爆炸图完成

“爆炸”属性对话框常用选项如表 7-4 所示。

图 7-48 配置

表 7-4 **“爆炸”属性对话框常用选项**

选 项	说 明
爆炸步骤	爆炸到单一位置的一个或多个所选零部件
爆炸步骤零部件	显示当前爆炸步骤所选的零部件
爆炸方向	显示当前爆炸步骤所选的方向
爆炸距离	显示当前爆炸步骤零部件移动的距离
旋转轴	对于带零部件旋转的爆炸步骤，设置旋转轴
旋转角度	设置零部件旋转程度
绕每个零部件的原点旋转	将零部件设置为绕零部件原点旋转。选定时，将自动增添旋转轴选项
添加阶梯	添加爆炸步骤
重设	将 PropertyManager 中的选项重置为初始状态
完成	单击以完成新的或已更改的爆炸步骤
自动调整零部件间距	拖动时，沿轴心自动均匀地分布零部件组的间距
边界框中心	按边界框的中心对自动调整间距的零部件进行排序
边界框后部	按边界框的后部对自动调整间距的零部件进行排序
边界框前部	按边界框的前部对自动调整间距的零部件进行排序
选择子装配体零件	选中此选项即可选择子装配体的单个零部件，不选中此选项则选择整个子装配体
显示旋转环	在图形区中的三重轴上显示旋转环，可使用旋转环来移动零部件
重新使用爆炸	使用先前在所选子装配体中定义的爆炸步骤

7.7.2　常规步骤

(1)单击“装配体”中的“爆炸视图”，系统会弹出“爆炸”属性对话框，单击常规，如图 7-49 所示。

(2)单击最外面的零件向外拖动，然后从外依次单击接下来的零件，如图 7-50 所示。

(3)若同一高度的多个零件可以一起选中，同时拖动到一合适位置。

(4)单击左侧栏中的配置管理器，展开“爆炸视图 2”，可以在里面重新编辑每一个步骤，如图 7-51 所示。

图 7-49　“爆炸”属性对话框

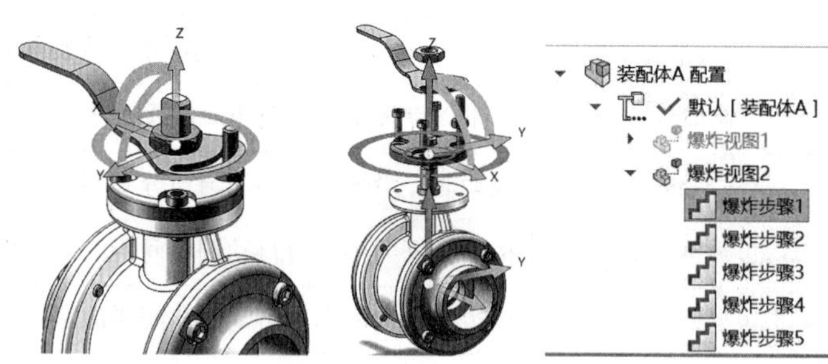

图 7-50　拖动零件　　图 7-51　调整零件位置

本章课后习题

(1)绘制图 7-52 的零件图并且装配成零件图。

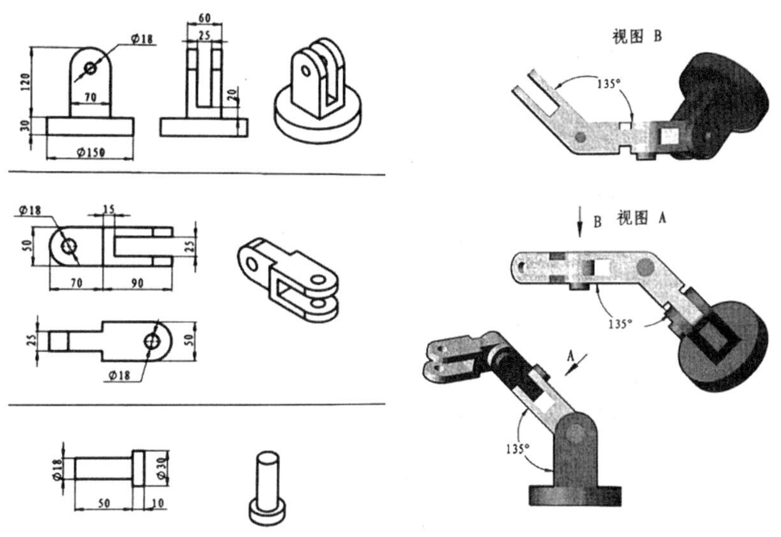

图 7-52

(2)绘制图 7-53 的零件图并且装配成零件图。

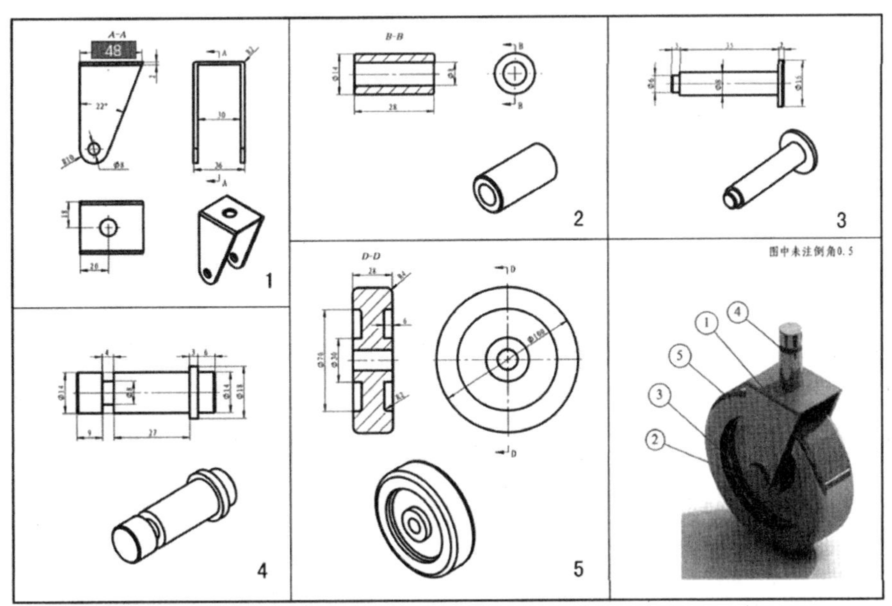

图 7-53

第 8 章
钣金零件设计

钣金零件通常用作零部件的外壳，或用于支撑其他零部件。本章重点介绍 SolidWorks 2024 钣金模块常用的操作命令。通过本章的学习，学生可以掌握中等复杂程度钣金造型的创建方法。

本章重点：

- 钣金设计的基本知识
- 钣金模块常见特征命令的使用
- 使用钣金模块创建常见的钣金零件

8.1 钣金概述

钣金，又称金属薄板，是指通过工业加工形成的薄而平的金属片。它可以被切割和弯曲成各种形状。很多日常物品就是利用金属板制造的。金属板厚度可以有很大差异。

近年来，钣金在电子电器、通信、汽车工业、医疗器械等领域得到了广泛应用，例如在电脑机箱、手机、MP3 中，钣金零件是必不可少的组成部分。图 8-1 为常见的钣金零件草图。

随着钣金的应用越来越广泛，钣金零件的设计变成了产品开发过程中很重要的一环，机械工程师必须熟练掌握钣金件的设计技巧，使钣金既能满足产品的功能和外观等要求，又能使冲压模具制造过程简单、成本低。

图 8-1　常见的钣金零件草图

8.1.1　钣金基本知识

钣金零件是一种特殊的实体模型，通常包括折弯、褶边、法兰、转折和圆角等结构，还需要进行展开和折叠操作。SolidWorks 2024 提供了丰富的钣金命令的核心应用模块，能够将钣金设计与加工过程进行数字化模拟。SolidWorks 的钣金功能具有独特的用户自定义特征库，因此可以显著加快设计速度，简化设计过程。SolidWorks 钣金设计集成在零件设计模块中，因此相关操作和零件设计基本相同。SolidWorks 既可以独立设计钣金零件，无须参考包含这些零件的其他零件，也可以在包含相关内部零部件的装配体中设计钣金零件。

8.1.2　钣金相关概念

1. 钣金厚度

钣金零件是一种具有均匀壁厚的薄壁零件。在使用钣金工具创建特征时和使用开环草图生成基体法兰时，钣金零件的厚度等于壁厚；而使用闭环草图生成基体法兰时，钣金零件的厚度等于拉伸特征的深度。

2. 折弯半径

在钣金零件折弯的过程中，为了避免外表面出现裂纹，需要确定折弯半径，即折弯内角的半径。

3. 折弯系数

折弯系数用于计算钣金展开时的折弯算法，包括“K-因子”“折弯扣除”“折弯系数表”

和“折弯补偿”等。

4. 钣金规格表

SolidWorks 2024 提供了钣金规格表，通过 Excel 表格保存常用的钣金规格。图 8-2 为钣金规格表示例。

类型:	Aluminum Gauge Table	
加工	Aluminum - Coining	
K因子	0.5	
单位:	毫米	

规格号	规格(厚度)	可用的折弯半径
Gauge 10	3	3.0; 4.0; 5.0; 8.0; 10.0
Gauge 12	2.5	3.0; 4.0; 5.0; 8.0; 10.0
Gauge 14	2	2.0; 3.0; 4.0; 5.0; 8.0; 10.0
Gauge 16	1.5	1.5; 2.0; 3.0; 4.0; 5.0; 8.0; 10.0
Gauge 18	1.2	1.5; 2.0; 3.0; 4.0; 5.0; 8.0; 10.0
Gauge 20	0.9	1.0; 1.5; 2.0; 3.0; 4.0; 5.0
Gauge 22	0.7	0.8; 1.0; 1.5; 2.0; 3.0; 4.0; 5.0
Gauge 24	0.6	0.8; 1.0; 1.5; 2.0; 3.0; 4.0; 5.0
Gauge 26	0.5	0.5; 0.8; 1.0; 1.5; 2.0; 3.0; 4.0; 5.0

图 8-2 钣金规格表示例

在创建钣金零件时，用户可以直接从规格表中读取已定义的钣金参数，包括钣金厚度、可用折弯半径和 K－因子等。SolidWorks 提供的钣金规格表样本默认保存在“SOLIDWORKS Corp \ SOLIDWORKS \ lang \ chinese-simplified \ Sheet Metal Gauge Tables”文件夹中，用户可以参考“sample table - aluminum - metric units. xlsx”文件自定义钣金规格表。

5. 释放槽

为了确保钣金折弯时整齐，避免出现撕裂或折弯时的干涉冲突，有时需要在展开图中的折弯两侧建立切口，这种切口称为释放槽。在创建法兰过程中，SolidWorks 可以根据折弯相对于现有钣金的位置自动生成释放槽，这称为钣金设计中的“自动切释放槽”。默认的释放槽类型在创建第二个实体特征时可以设置，包括矩形、撕裂形和矩圆形，如图 8-3 所示。

此外，用户还可以通过拉伸切除特征，手动创建释放槽，或者使用“边角剪裁”工具来创建释放槽。

8.1.3 基本界面介绍

要在 SolidWorks 2024 中进行钣金设计，可以通过以下步骤操作：打开零件设计模块，

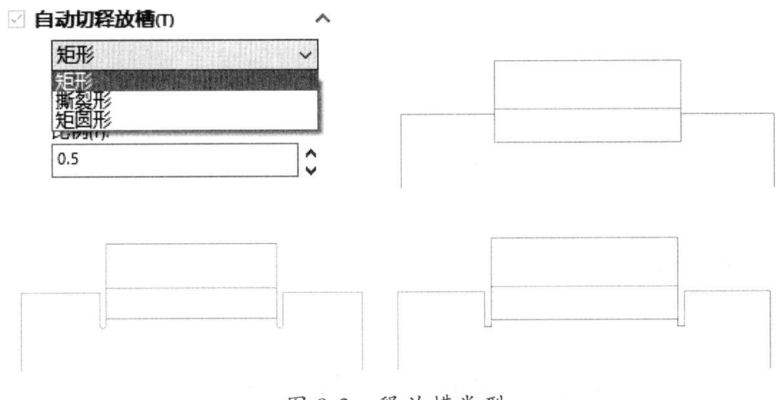

图 8-3　释放槽类型

选择“插入”→“钣金”命令，这样可以打开“钣金”子菜单，如图 8-4 所示。

另一种方法是将鼠标指针放在“工具面板”的标题附近并单击鼠标右键，在弹出的快捷菜单中选择“钣金”命令，如图 8-5 所示，这样也可以打开“钣金”面板，如图 8-6 所示。

图 8-4　“钣金”子菜单　　　　图 8-5　右键快捷菜单

创建钣金特征时，首先要创建基本特征，如“基体法兰/薄片”。在此基础上，可以添加其他附加特征或子特征。设计完成后，保存并退出。如果需要修改，可以选择需要修改

图 8-6　“钣金”面板

的特征，进行调整后再保存。

8.2　钣金模块常用特征

在 SolidWorks 2024 中主要有两种设计钣金零件的方式：

一种是创建一个零件后转换为钣金，另一种是使用钣金特定的特征来生成钣金零件。

SolidWorks 2024 的钣金特征命令很丰富，限于篇幅，本节只介绍常用的一部分特征命令，其他命令读者可以自行研究。

8.2.1　基体法兰

基体法兰特征是钣金零件的第一个特征，一旦创建，该零件将被标记为钣金零件，并且折弯操作将被添加到适当位置。生成基体法兰特征的操作步骤如下：

(1)编辑草图：创建一个标准草图，该草图可以是单一开环、单一闭环或多重封闭轮廓的草图。

(2)选择基体法兰/薄片命令：单击“钣金”面板中的“基体法兰/薄片”按钮，或者选择“插入”→“钣金”→“基体法兰/薄片”命令。这时会出现“基体法兰”属性对话框。如果草图是闭环的，属性对话框如图 8-7 所示；如果草图是开环的，属性对话框中会出现“方向”选项组，如图 8-8 所示。

(3) 设置参数：在属性对话框中设置相关参数，然后单击“确定”按钮✓，即可生成基体法兰钣金零件。

8.2.2　边线法兰

边线法兰特征用于在钣金零件的所选边线上添加法兰。生成边线法兰特征的操作步骤如下：

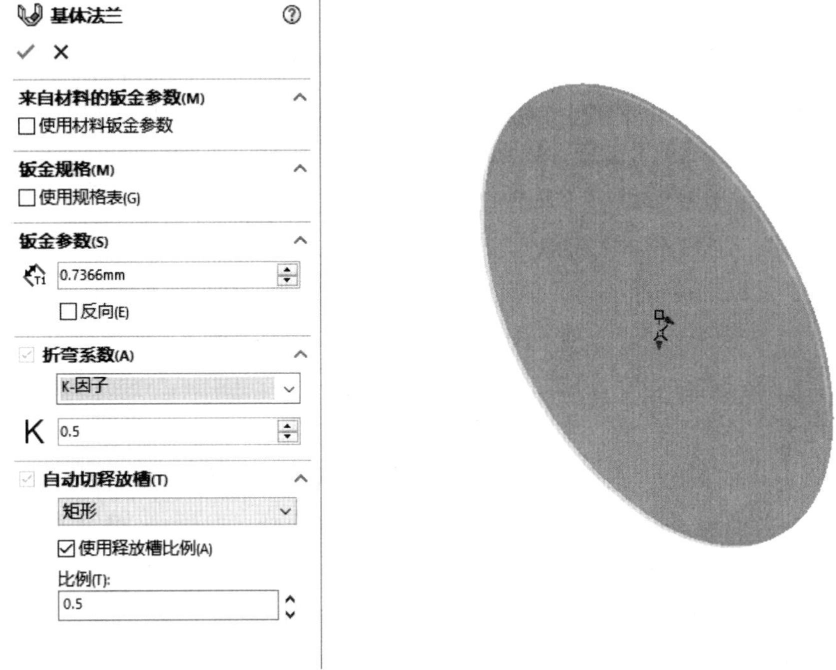

图 8-7 闭环“基体法兰”

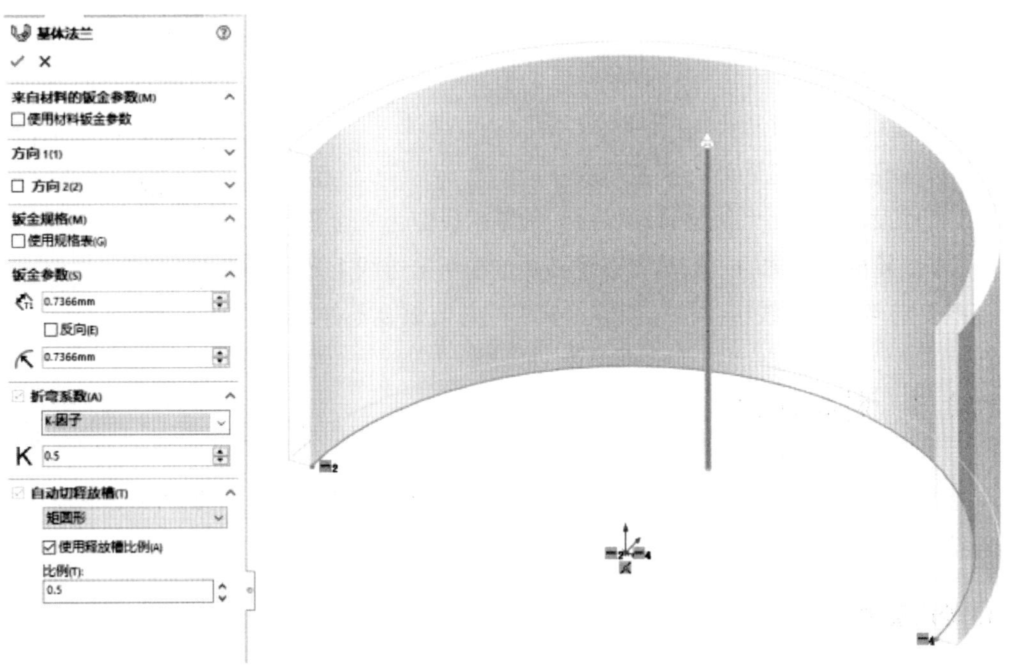

图 8-8 开环“基体法兰”

(1)生成基体钣金零件：创建一个基本的钣金零件。

(2)选择边线法兰命令：单击“钣金”面板中的“边线法兰”按钮，或者选择“插入”→“钣金”→“边线法兰”命令，打开“边线-法兰 1”属性对话框，如图 8-9 所示。

(3)选择边线：在图形区中选择要放置法兰特征的边线。

(4)编辑法兰轮廓：在“法兰参数”选项组中，单击“编辑法兰轮廓”按钮，可以编辑法兰轮廓的草图。

(5)设置折弯半径：若要使用不同的折弯半径，应取消选中“使用默认半径”复选框，然后根据需要设置折弯半径。

(6)设置法兰角度和长度：在“角度”和“法兰长度”选项组中，分别设置法兰的角度、长度、终止条件及其相应参数值。

(7)设置法兰位置：在“法兰位置”选项组中设置法兰的位置；如果要移除邻近折弯的多余材料，可选中“剪裁侧边折弯”复选框；若要从钣金体等距排列法兰，则选中“等距”复选框，然后设定等距终止条件及其相应的参数。

(8)自定义折弯系数和释放槽类型：设置“自定义折弯系数”和“自定义释放槽类型”选项组下的相应参数。

(9)生成边线法兰：单击“确定”按钮✓，即可生成边线法兰，如图 8-10 所示。

图 8-9 “边线-法兰 1”属性对话框

在使用边线法兰特征时，有几个重要的注意事项：

(1)边线要求：所选边线必须是直线。

(2)自动设定厚度：系统会自动将法兰的厚度设定为钣金零件的厚度。

(3)草图轮廓：轮廓的一条草图直线必须位于所选边线上。

这些要求确保了边线法兰特征能够正确生成并与钣金零件的其他部分兼容。

8.2.3 斜接法兰

斜接法兰特征可将一系列法兰添加到钣金零件一条或多条边线上，如图 8-11 所示。斜接法兰的绘制必须遵循以下条件：

1. 轮廓要求

(1)斜接法兰轮廓可以包括一个或多个连续直线段。例如，它可以是 L 形轮廓。

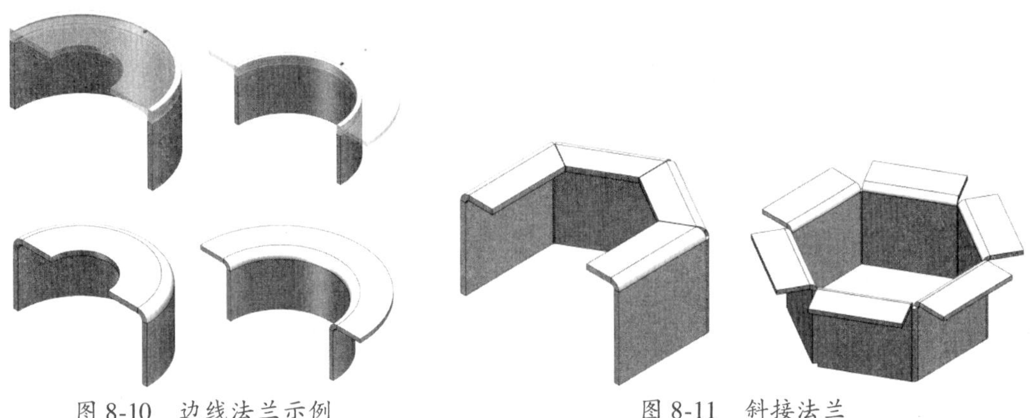

图 8-10 边线法兰示例　　图 8-11 斜接法兰

(2)草图基准面必须垂直于生成斜接法兰的第一条边线。

(3)草图可以包含直线或圆弧。

2. 使用圆弧生成斜接法兰的要求

(1)圆弧不能与厚度边线相切。

(2)圆弧可以与长边线相切，或者在圆弧和厚度边线之间放置一小段草图直线。

3. 绘制圆弧草图

(1)如图 8-12(a)所示，圆弧与长边线相切(有效的草图)。

(2)如图 8-12(b)所示，直线与厚度边线重合，圆弧与直线相切(有效的草图)。

(3)如图 8-12(c)所示，圆弧与厚度边线相切(无效的草图)。

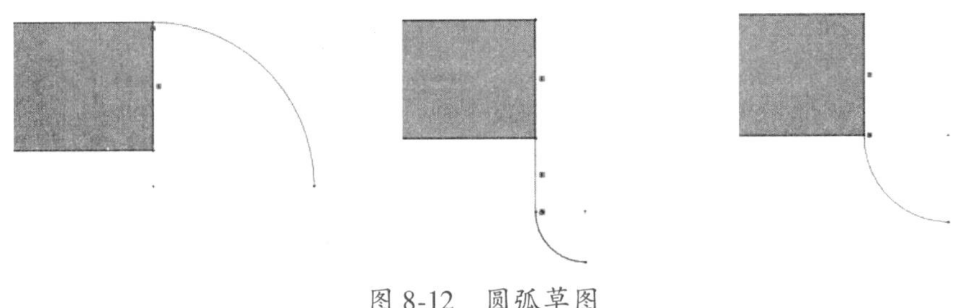

图 8-12 圆弧草图

这些条件确保斜接法兰的草图能够正确生成并符合设计要求。

为 U 形基体法兰添加一个斜接法兰的操作步骤如下：

（1）启动斜接法兰命令：单击“钣金”面板中的“斜接法兰”按钮，或选择“插入”→“钣金”→“斜接法兰”命令。此时会出现如图 8-13 所示的“信息”属性对话框。单击图 8-14 箭头所指的边线上部，会生成一个与边线垂直的新基准面，并自动进入草图环境。

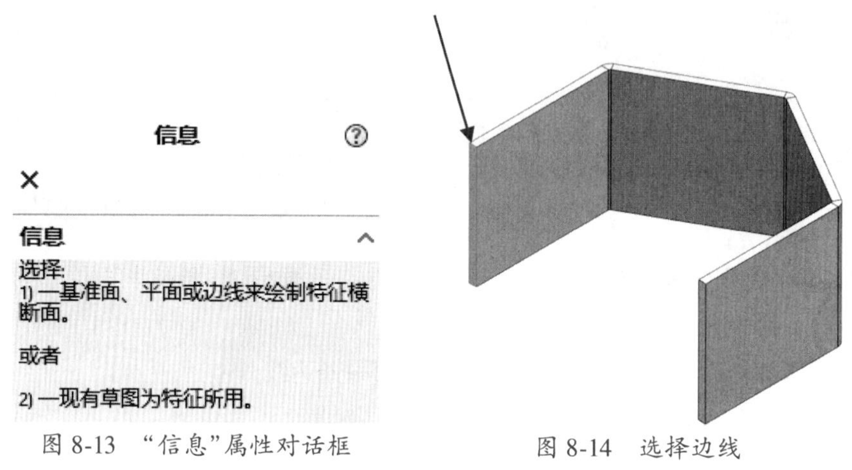

图 8-13　“信息”属性对话框　　图 8-14　选择边线

（2）绘制草图：先在草图环境中绘制一条曲线，如图 8-15 所示，再退出草图环境。

（3）调整斜接法兰设置：系统弹出“斜接法兰”对话框，如图 8-16 所示，并生成斜接法兰的预览。单击预览图中的“延伸”按钮，如图 8-17 所示，会显示完整的斜接法兰预览。

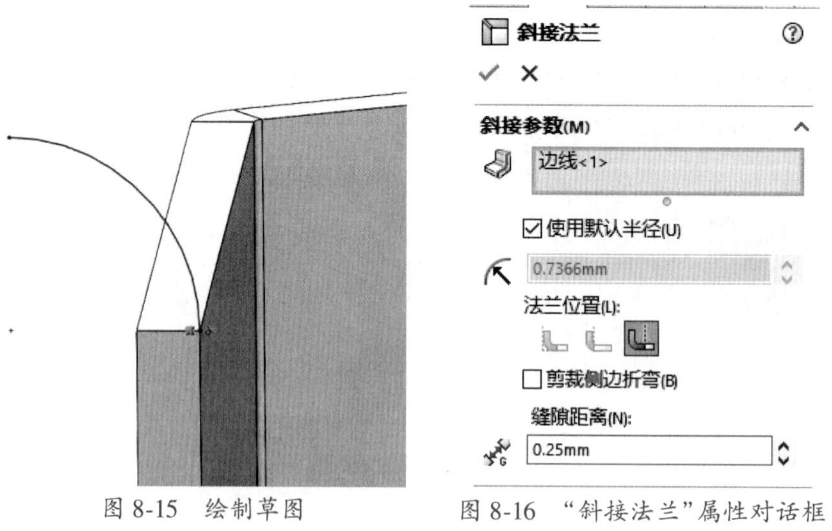

图 8-15　绘制草图　　图 8-16　“斜接法兰”属性对话框

（4）生成斜接法兰：单击“确定”按钮，即可生成最终的斜接法兰，如图 8-18 所示。

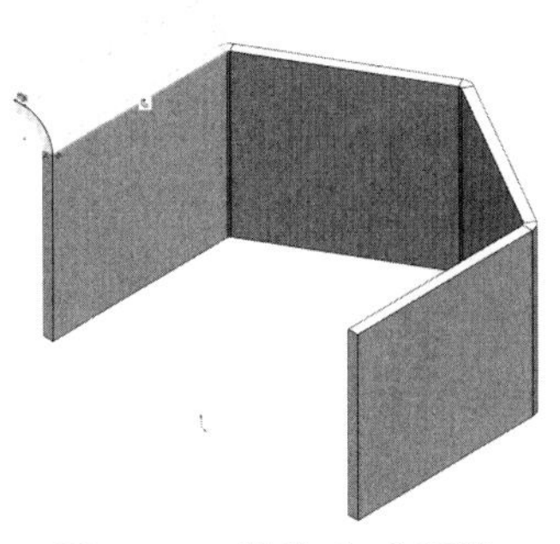

图 8-17 斜接法兰预览

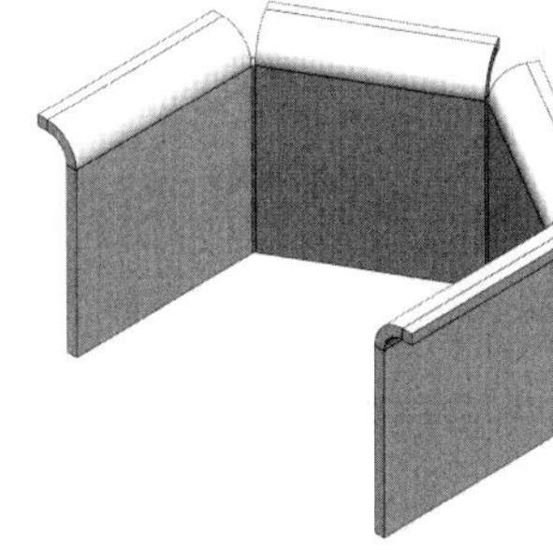

图 8-18 生成斜接法兰

8.2.4 褶边

褶边特征可以将褶边添加到钣金零件的所选边线上。褶边特征有多种类型，如图 8-19 所示。

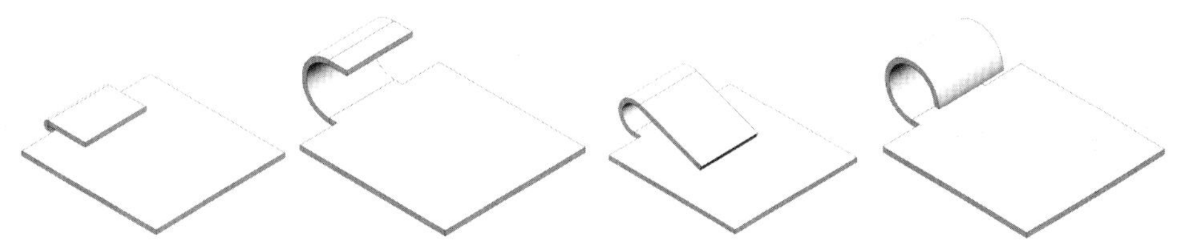

图 8-19 褶边特征类型

在“褶边”属性对话框中，常用选项的含义如下：

➢ 长度：仅适用于闭合和开环褶边。

➢ 间隙距离：仅适用于开环褶边。

➢ 角度：仅适用于撕裂形和滚轧褶边。

➢ 半径：仅适用于撕裂形和滚轧褶边。

这些选项允许用户根据实际需要调整褶边的具体参数，以满足设计要求。

为 U 形法兰添加褶边的操作步骤如下：

(1)启动褶边命令：在打开的钣金零件中，单击“钣金”面板中的“褶边”按钮，或选择“插入”→“钣金”→“褶边”命令，则会弹出如图 8-20 所示的“褶边”属性对话框。

(2)选择边线并设置参数：选择 U 形法兰一侧的三条边线，设置材料方向、开闭环、类型和大小等参数，如图 8-20 所示。

(3)生成褶边：单击“确定”按钮✔，即可生成褶边造型，如图 8-21 所示。

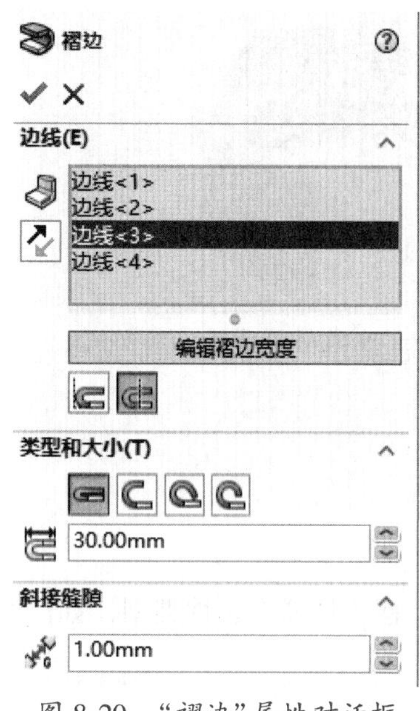

图 8-20　“褶边”属性对话框

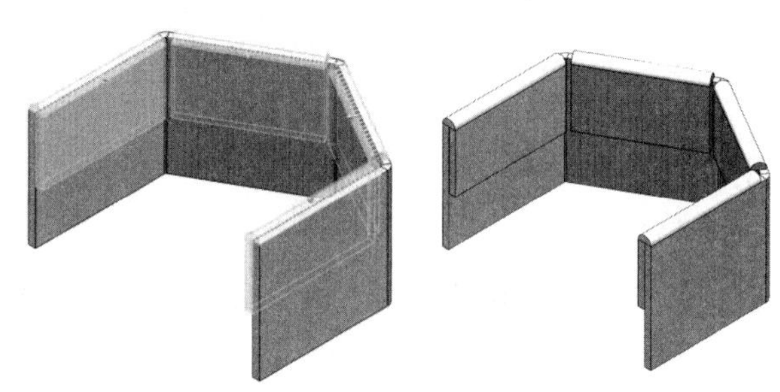

图 8-21　选择边线并生成褶边

8.2.5　转折

在钣金零件上生成转折特征的操作步骤如下：

(1)绘制直线草图：在需要生成转折的钣金零件的面上绘制一条直线草图，如图 8-22 所示。

(2)启动转折命令：单击“钣金”面板中的“转折”按钮，或选择“插入”→“钣金”→“转折”命令。然后选择所绘制的直线，则出现如图 8-23 所示的“转折”属性对话框。

注意：草图必须只包含一条直线；直线不需要是水平和垂直直线；折弯线长度不一定必须与正在折弯的面的长度相同。

(3)选择固定面：在要转折的钣金零件上选择一个固定面，如图 8-24 所示箭头所指的面。

(4)设置参数：依次设定“转折等距”“转折位置”“转折角度”等参数。

(5)完成转折：单击“确定”按钮✔，即可完成转折造型。图 8-25 到图 8-27 展示了不同设置条件下的转折特征。

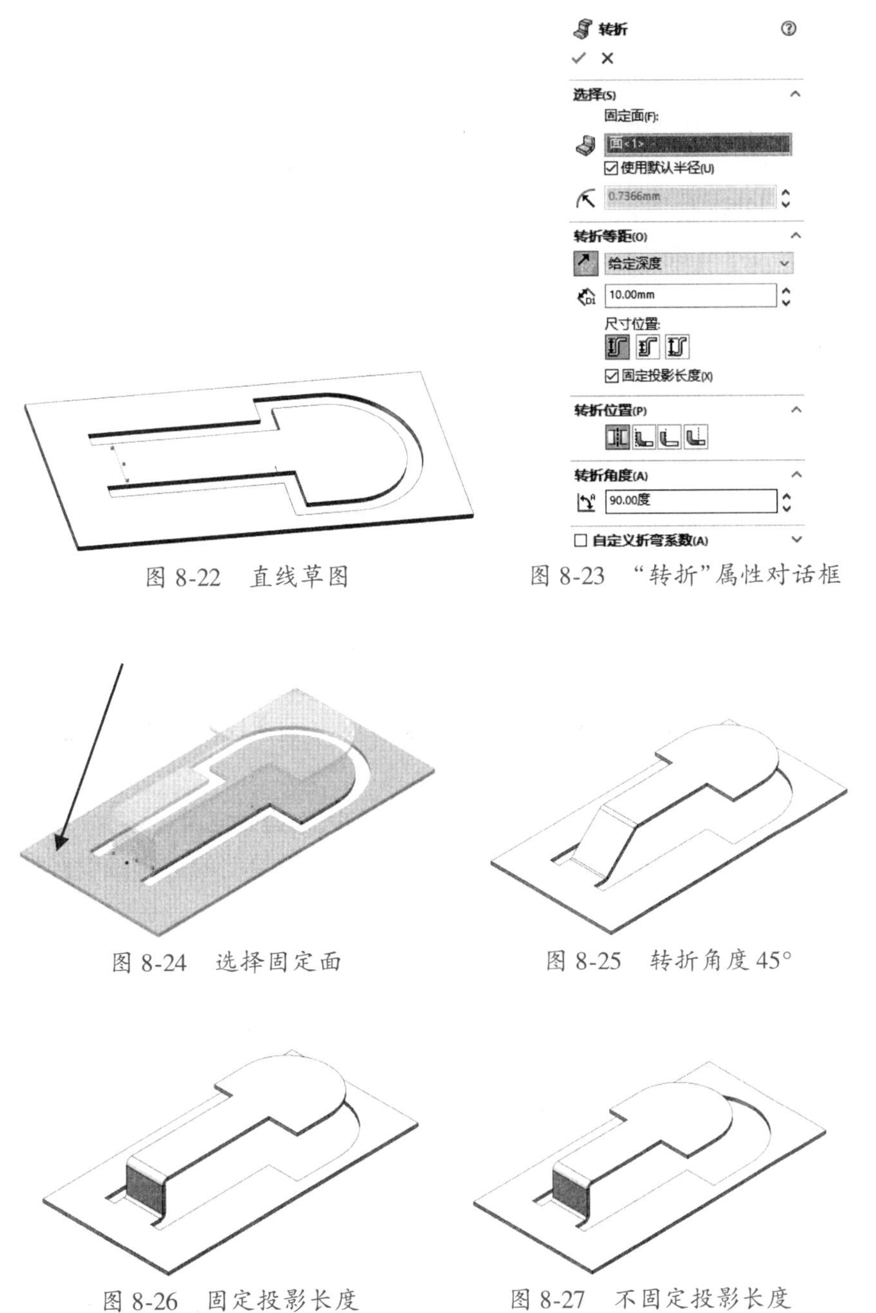

图 8-22　直线草图

图 8-23　“转折”属性对话框

图 8-24　选择固定面

图 8-25　转折角度 45°

图 8-26　固定投影长度

图 8-27　不固定投影长度

8.2.6　绘制的折弯

绘制的折弯特征可以在钣金零件处于折叠状态时将折弯线添加到零件中，并且可以将折弯线的尺寸标注到其他折叠的几何体中。以下将通过一个实例来讲解“绘制的折弯”命令的操作步骤：

(1)绘制草图：选择钣金件的顶面作为草图面，并在面上绘制一条直线草图，如图 8-28 所示。单击绘图区右上角“确认角”中的“草图”按钮以退出草图。

(2)启动绘制的折弯命令：单击“钣金”面板中的“绘制的折弯”按钮，然后选择所绘制的直线。系统会弹出如图 8-29 所示的“绘制的折弯”属性对话框。

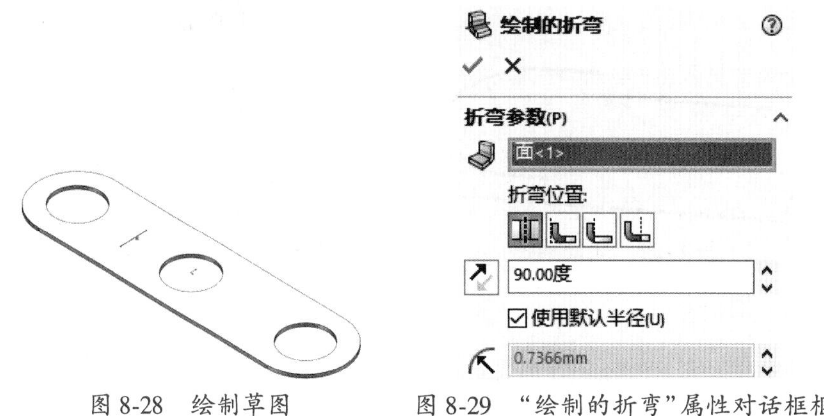

图 8-28　绘制草图　　图 8-29　“绘制的折弯”属性对话框框

(3)选择固定面：选择如图 8-30 所示箭头所指的面作为固定面。

(4)完成绘制的折弯：单击“确定”按钮✓，即可生成绘制的折弯造型，如图 8-31 所示。

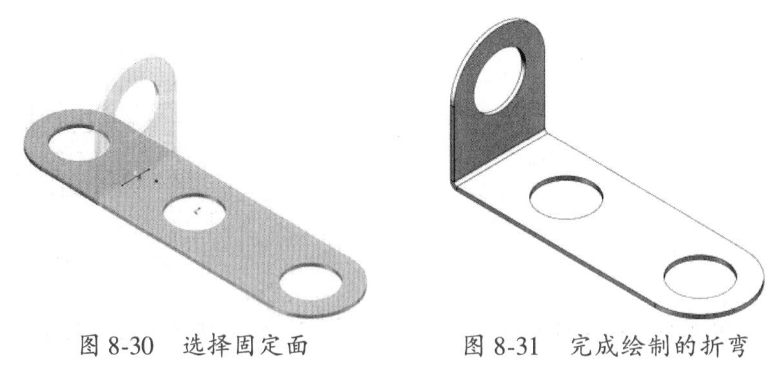

图 8-30　选择固定面　　图 8-31　完成绘制的折弯

8.2.7　闭合角

用户可以在钣金法兰之间添加闭合角。闭合角就是在钣金特征之间添加材料，具有以下功能：

➢ 通过选择所有需要闭合的边角面来同时闭合多个边角。

➢ 闭合非垂直边角。

➢ 将闭合边角应用到带有 90°以外折弯的法兰。

➢ 调整缝隙距离（指边界角特征所添加的两个材料截面之间的距离）。

➢ 调整重叠/欠重叠比率（指重叠的材料与欠重叠材料之间的比率）。

➢ 闭合或打开折弯区域。

闭合角类型有对接、重叠和欠重叠三种。闭合角的操作步骤如下：

（1）生成钣金零件：用基体法兰和斜接法兰生成一个钣金零件。

（2）启动闭合角命令：单击“钣金”面板中的“闭合角”按钮，或选择“插入”→“钣金”→“闭合角”命令，则出现如图 8-32 所示的“闭合角”属性对话框。

（3）选择角上的平面：选择角上的一个平面作为要延伸的面，如图 8-33 箭头所指。

（4）设置参数并生成闭合角：依次设定边角类型等相关参数。单击“确定”按钮✓，即可生成闭合角造型，如图 8-34 所示。

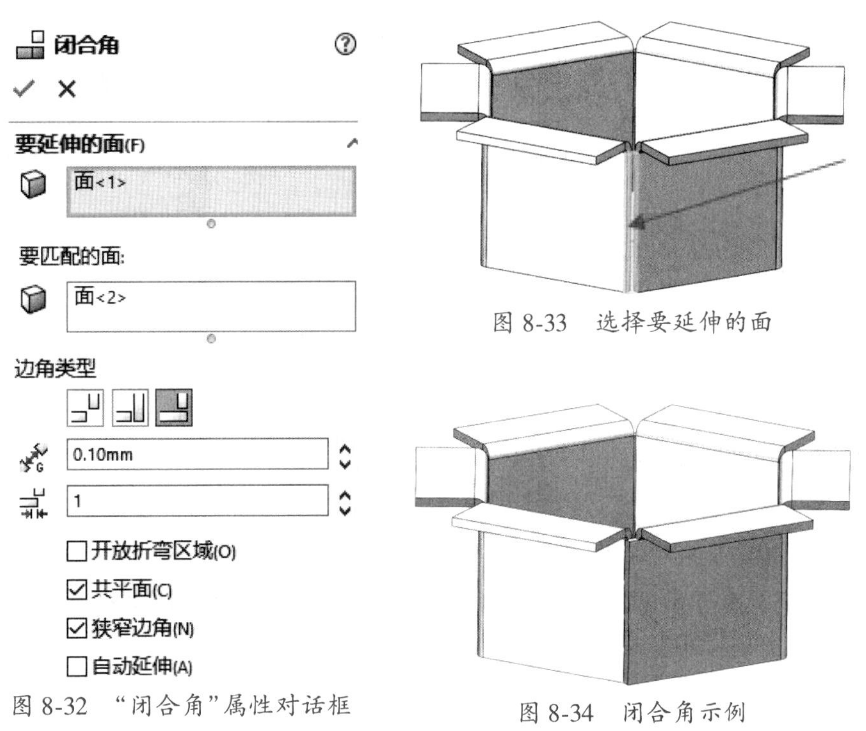

图 8-32 “闭合角”属性对话框

图 8-33 选择要延伸的面

图 8-34 闭合角示例

8.2.8　切口

切口特征用于生成沿所选模型边线的断口。切口特征不仅可以在钣金零件中使用，也可以添加到非钣金零件中。生成切口特征的操作步骤如下：

(1)生成零件：生成一个具有相邻平面且厚度一致的零件，这些相邻平面形成一条或多条线性边线或一组连续的线性边线。

(2)启动切口命令：单击“钣金”面板中的“切口”按钮，或选择“插入”→“钣金”→“切口”命令，出现如图 8-35 所示的“切口 1”属性对话框。

(3)选择边线：选择 4 条外部边线，设定好方向和距离。

(4)生成切口特征：单击“确定”按钮✓，即可生成切口特征，如图 8-36 所示。

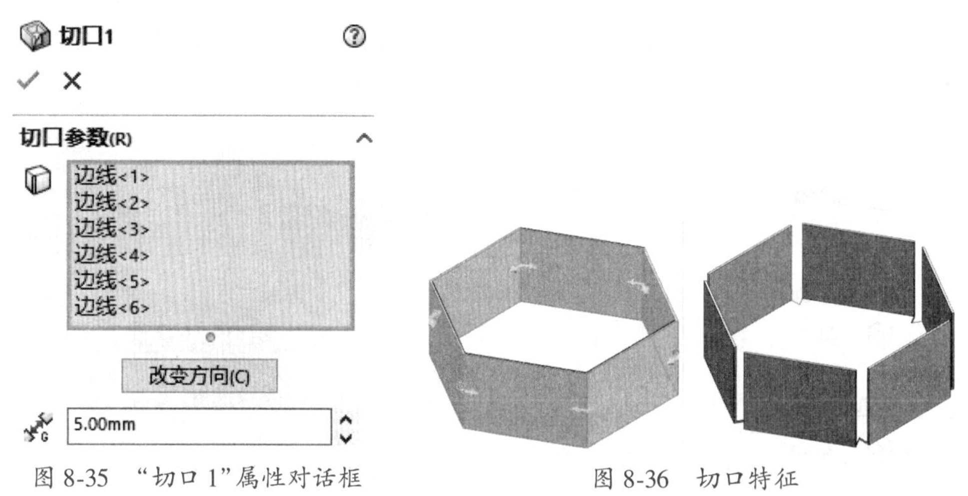

图 8-35　“切口 1”属性对话框　　　图 8-36　切口特征

8.2.9　展开与折叠

使用“展开”和“折叠”工具可以在钣金零件中展开或折叠一个或多个折弯。如果要在具有折弯的零件上添加特征，如钻孔、挖槽或折弯的释放槽等，必须先将零件展开或折叠。

1. 展开

展开特征用于在钣金零件中展开一个或多个折弯，具体操作步骤如下：

(1)单击“钣金”面板中的“展开”按钮，或选择“插入”→“钣金”→“展开”命令，会出现如图 8-37 所示的“展开”属性对话框。

(2)选择固定面，并选择一个或多个折弯作为要展开的折弯，然后单击“确定”按钮✓，即可完成展开，如图 8-38 所示。

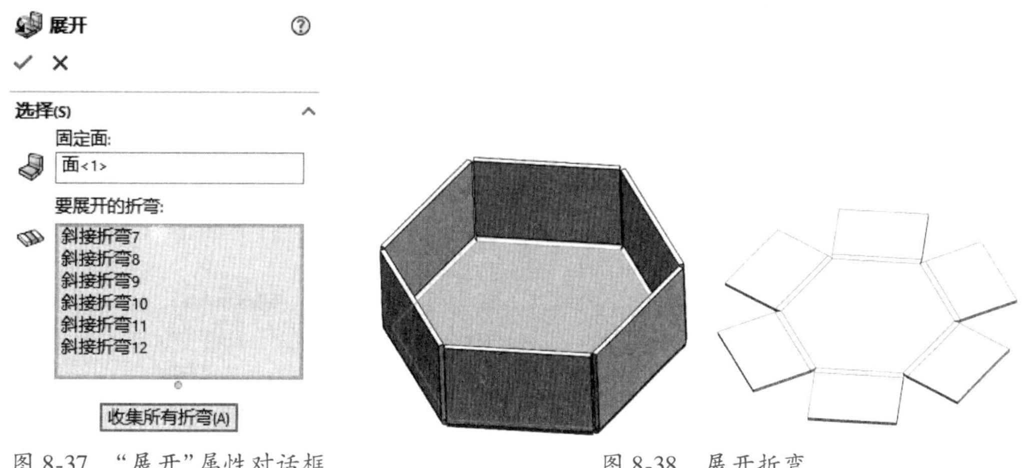

图 8-37 “展开”属性对话框　　图 8-38 展开折弯

2. 折叠

折叠特征用于在钣金零件中折叠一个或多个折弯，具体操作步骤如下：

(1)在钣金零件中，单击“钣金”面板中的“折叠”按钮，或选择“插入”→“钣金”→“折叠”命令，则出现如图 8-39 所示的“折叠”属性对话框。

(2)选择固定面，并选择一个或多个折弯作为要折叠的折弯，然后单击“确定”按钮✓，即可完成折叠，示例如图 8-40 所示。

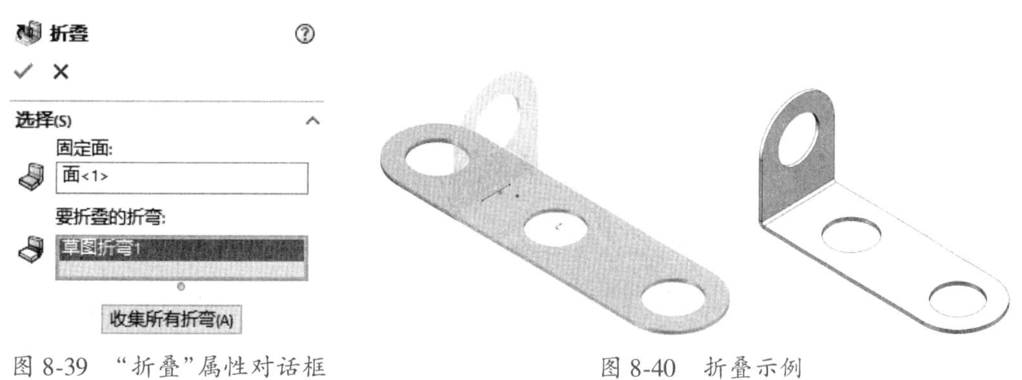

图 8-39 “折叠”属性对话框　　图 8-40 折叠示例

8.2.10　放样折弯

在钣金零件中，可以生成放样折弯。放样折弯与放样特征类似，使用由放样连接的两个草图。基体法兰特征不能与放样折弯特征一起使用，且放样折弯不能被镜像。生成放样折弯的操作步骤如下：

(1)生成两个独立的开环轮廓草图，如图 8-41 所示。

(2)单击“钣金”面板中的“放样折弯”按钮，或选择“插入”→“钣金”→“放样折弯”命令，会出现“放样折弯”属性对话框，如图 8-42 所示。

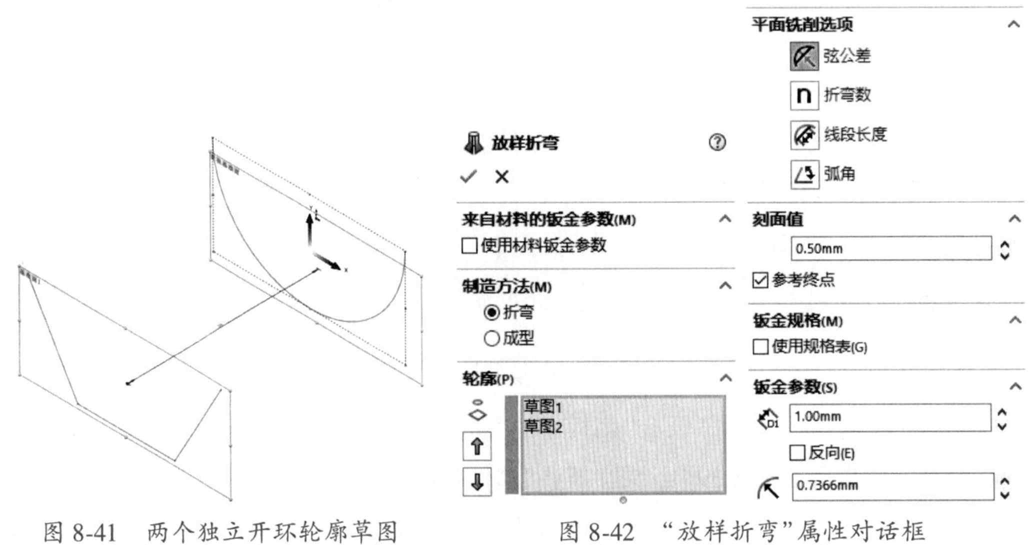

图 8-41　两个独立开环轮廓草图　　　　图 8-42　“放样折弯”属性对话框

(3)在图形区中选择两个草图，确认想要放样路径经过的点，查看路径预览，如图 8-43 所示。

注意：两个草图必须符合下列准则：

(1)草图必须为开环轮廓。

(2)轮廓开口应同向对齐以使平板形式更精确。

(3)草图不能有尖锐边。

(4)如有必要，单击“上移”或“下移”按钮来调整轮廓的顺序，或重新选择草图将不同的点连接在轮廓上。为钣金零件设定厚度，然后单击“确定”按钮，即可完成放样折弯，如图 8-44 所示。

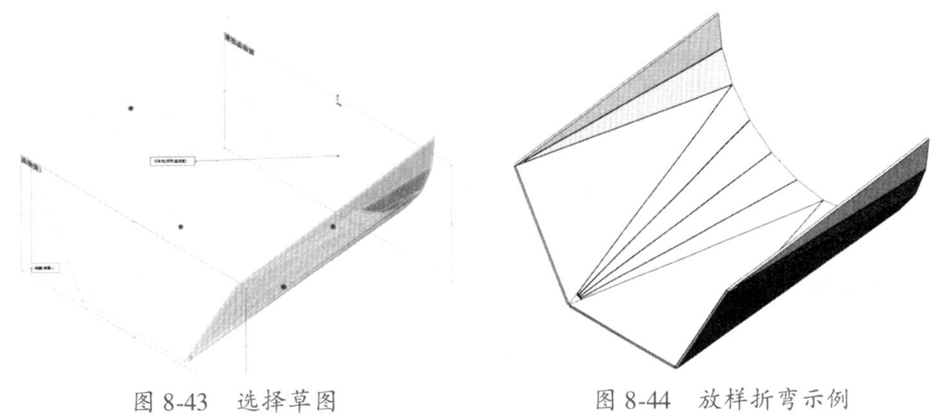

图 8-43 选择草图　　图 8-44 放样折弯示例

8.2.11 断裂边角/边角剪裁

“断裂边角/边角剪裁”工具用于从折叠的钣金零件的边线或面切除材料或者向其中加入材料。

1. 断裂边角

“断裂边角”命令用于在钣金零件上添加倒角或圆角。生成断裂边角的操作步骤如下：

(1)生成钣金零件。

(2)单击“钣金”面板中的“断裂边角”按钮，或选择“插入”→“钣金”→“断裂边角”命令，会出现如图 8-45 所示的“断裂边角”属性对话框。

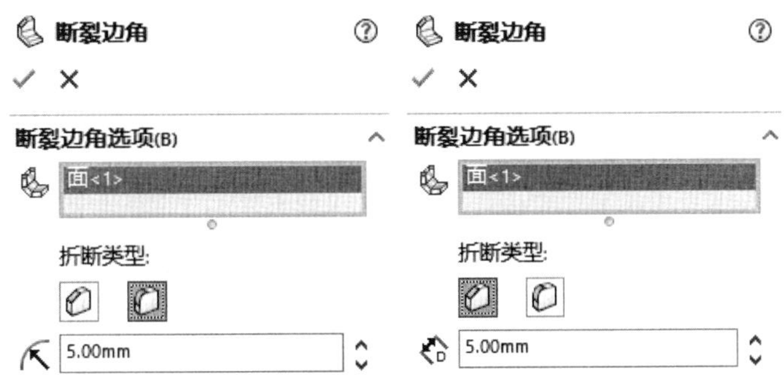

图 8-45 “断裂边角”属性对话框

(3)选择需要断开的边角边线或法兰面，此时会在图形区中显示断开边角的预览。

(4)设置好断开类型，然后单击“确定”按钮✓，即可断开边角。图 8-46 所示为添加倒角或添加圆角后的效果。

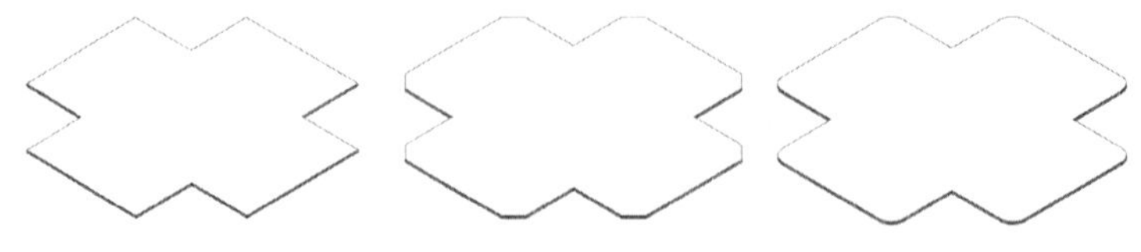

图 8-46　添加倒角/圆角

2. 边角剪裁

“边角剪裁”命令用于在展开的平板钣金零件的边角添加释放槽。操作步骤如下：

(1) 在设计树的“平板形式”选项上单击鼠标右键，在弹出的快捷菜单中选择“解除压缩”按钮，如图 8-47 所示。

(2) 单击“钣金”面板中的“边角剪裁”按钮，或选择“插入”→“钣金”→“边角剪裁”命令，则出现如图 8-48 所示的“边角-剪裁”属性对话框。

(3) 选择需要添加边角剪裁的边线，或单击“聚集所有边角”按钮，此时在图形区中显示断开边角的预览。

(4) 设置好断开类型，然后单击“确定”按钮✓，即可完成边角剪裁，如图 8-49 所示。

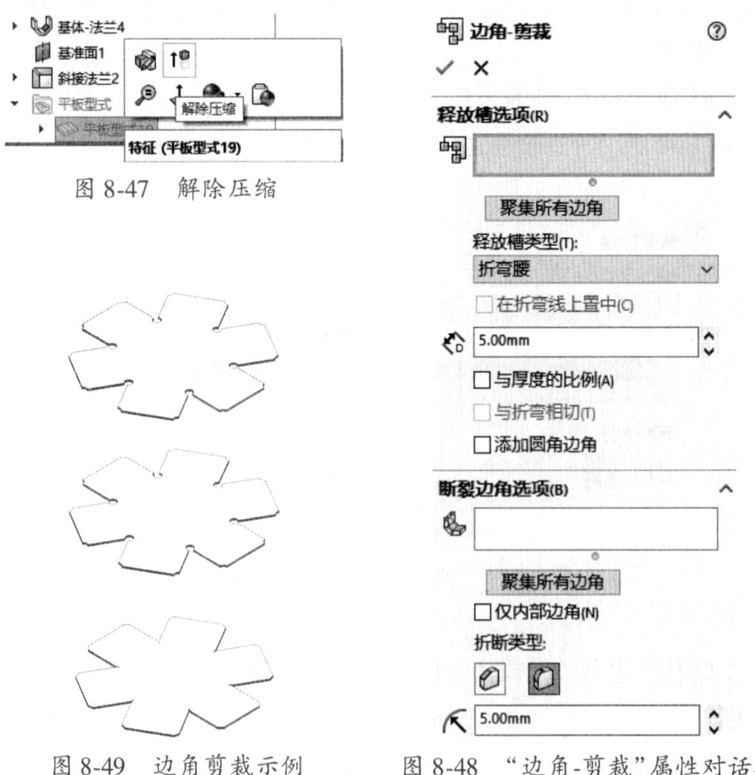

图 8-47　解除压缩

图 8-49　边角剪裁示例

图 8-48　“边角-剪裁”属性对话框

8.3 钣金设计实例

如图 8-50 所示为一钣金覆盖件，本节以它为例介绍完整钣金零件的创建过程。

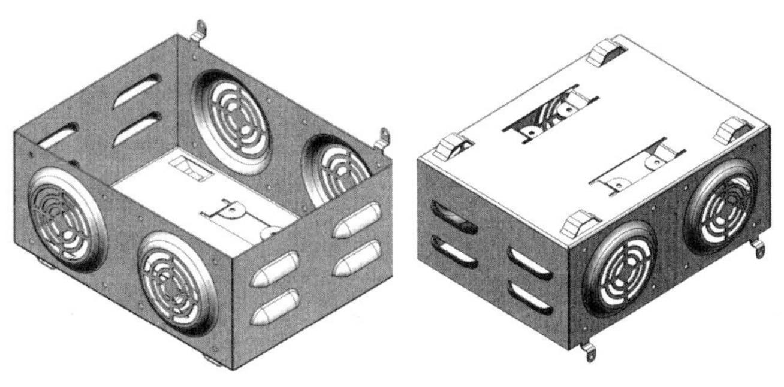

图 8-50 钣金覆盖件

（1）在“上视基准面”上绘制草图，如图 8-51 所示，该草图用于建立钣金零件中的第一个基体法兰特征。

（2）使用绘制的草图建立基体法兰，给定法兰的厚度为 1mm，钣金零件的默认折弯系数为“K–因子”，使用默认的数值 0.5，默认释放槽类型为“矩圆形”，比例为 0.5，如图 8-52所示，单击“确定”按钮，即可完成基体法兰，如图 8-53 所示。

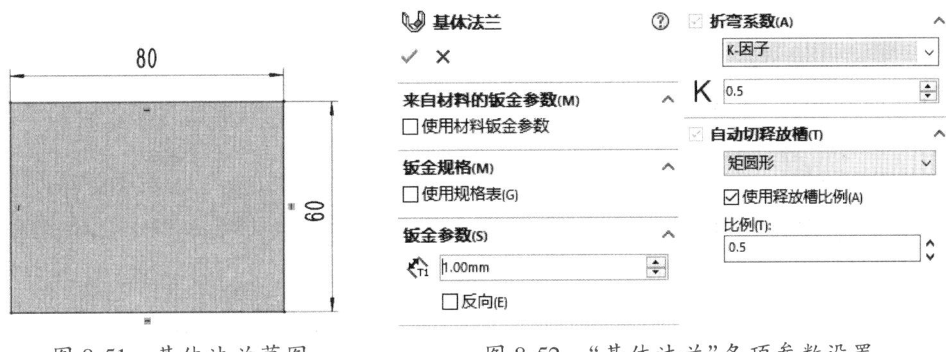

图 8-51 基体法兰草图

图 8-52 “基体法兰”各项参数设置

（3）单击“钣金”面板上的“边线法兰”按钮，选择如图 8-53 所示预览所在的边线，设置法兰位置为“材料在内”，法兰长度为“70. 00mm”，其他参数默认，如图 8-54 所示，单击“确定”接钮，即可生成边线法兰。

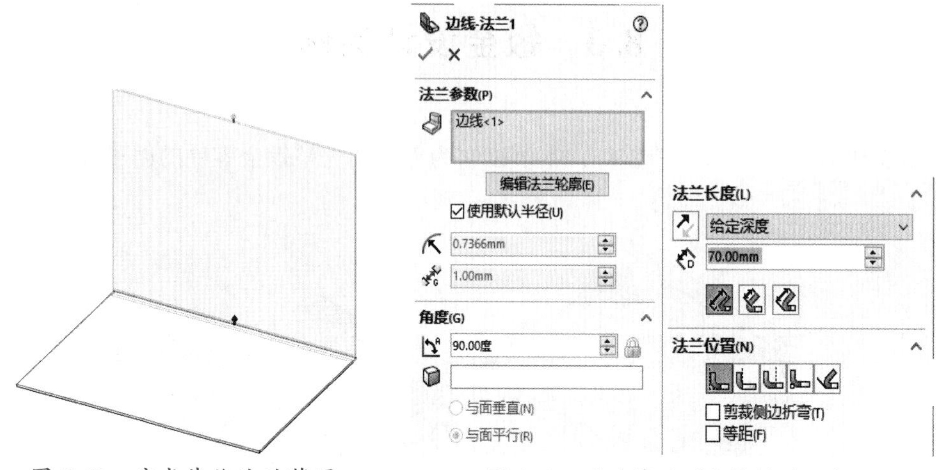

图 8-53 完成基体法兰草图　　图 8-54 “边线法兰”属性对话框

(4)单击“任务窗格”中的“设计库”按钮，在打开的设计库中，先选择“forming tools”(成形工具)选项，再选择“embosses”(压印)选项，鼠标指针移至“circular emboss”(圆形压印)处，如图 8-55 所示，按住鼠标左键拖至边线法兰处，如图 8-56 所示。

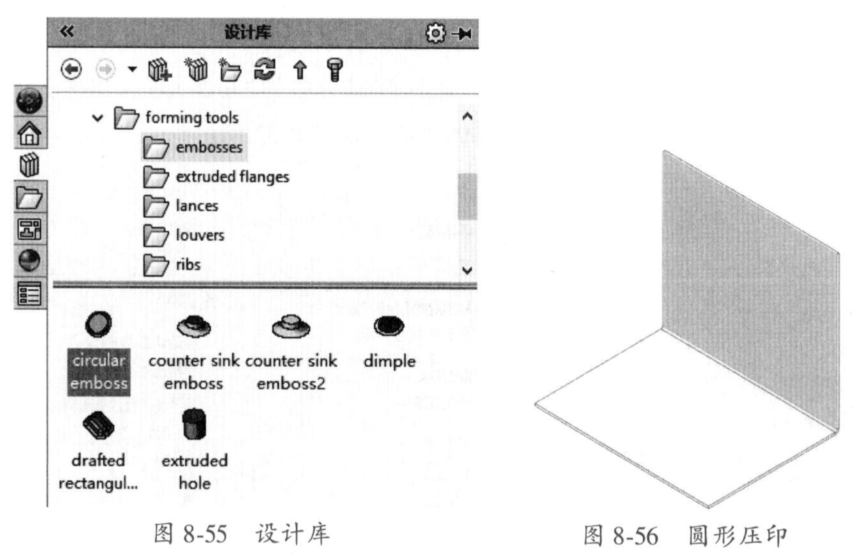

图 8-55 设计库　　图 8-56 圆形压印

(5)系统弹出“成形工具特征”属性对话框，单击“位置”选项卡，如图 8-57 所示，然后标注尺寸并确定压印的位置，如图 8-58 所示，单击“确定”按钮，即可生成圆形压印特征。

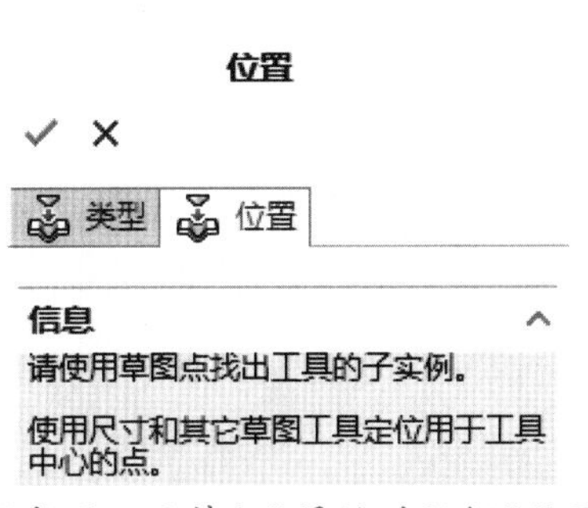

图 8-57 “成形工具特征”属性对话框“位置”选项卡

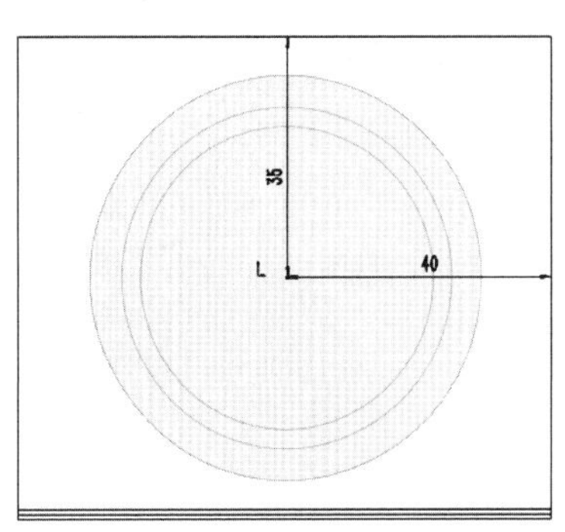

图 8-58 确定压印位置

(6)选择图 8-59 高亮处为草图基准面，绘制如图 8-60 所示的草图。单击特征面板上的“通风口”按钮，系统弹出“通风口”属性对话框，“边界”选择 $\phi40$ 圆，“筋”选择两直线，“翼梁”选择 $\phi30$、$\phi20$ 圆，“填充边界”选择 $\phi10$ 圆，其他参数如图 8-61 所示，再单击“确定”按钮，生成的通风口如图 8-62 所示。

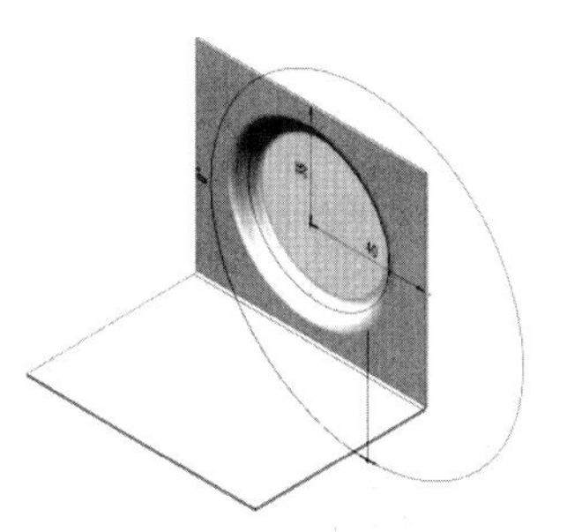

图 8-59 选择草图基准面

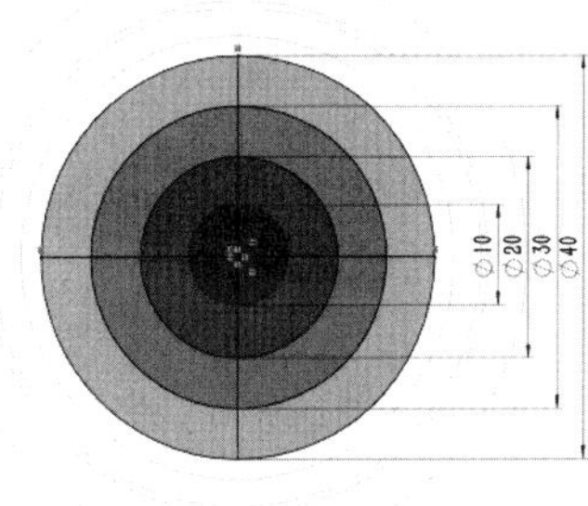

图 8-60 绘制草图

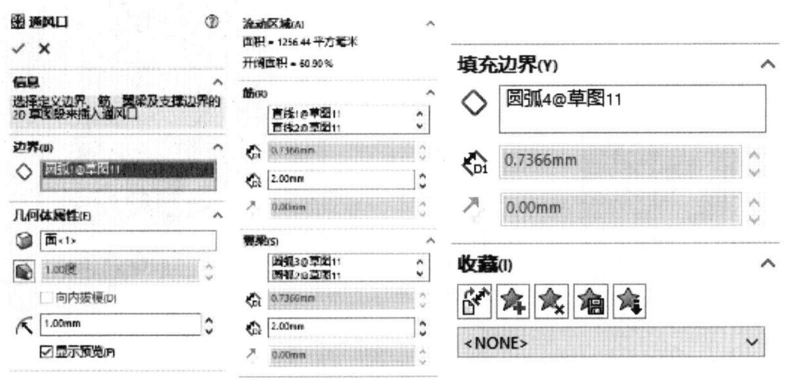

图 8-61 “通风口”属性对话框

（7）选择如图 8-62 所示箭头所指面作为草图基准面，绘制草图。单击“特征”面板上的“拉伸切除”按钮，以“完全贯穿”的方式进行切除，结果如图 8-63 所示。

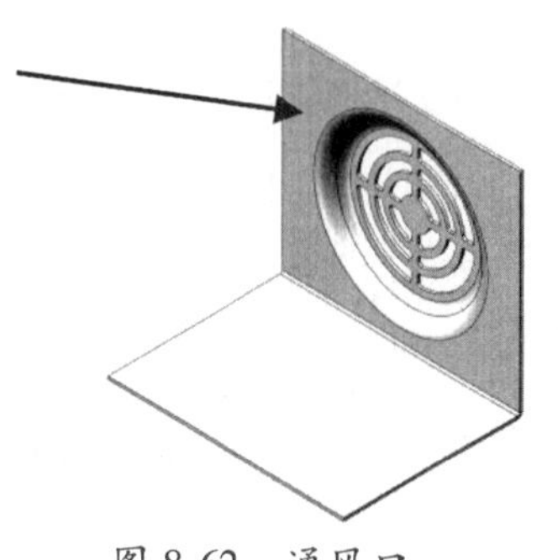

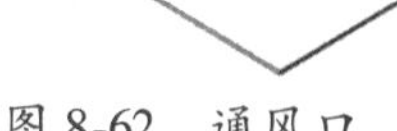

图 8-62　通风口

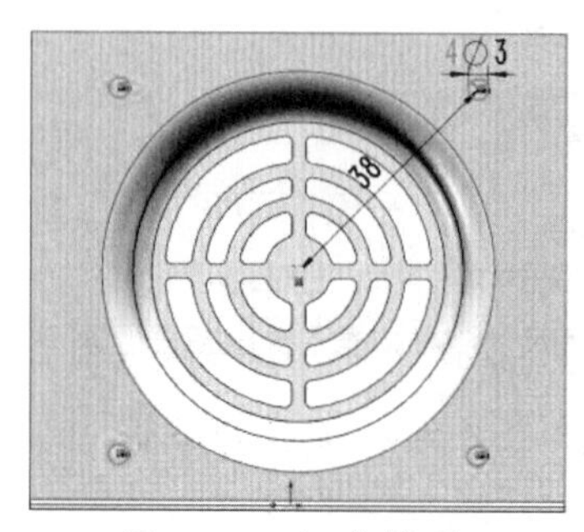

图 8-63　切除草图

（8）单击“钣金”面板上的“边线法兰”按钮，选择如图 8-64 所示预览所在的边线，设置法兰位置为“材料在内”，法兰长度为“70. 00mm”，其他参数默认，单击“确定”接钮，即可生成边线法兰。

（9）单击“钣金”面板中的“闭合角”按钮，选择如图 8-65 所示箭头所指面作为要延伸的面。设置参数并生成闭合角，其他参数默认。单击“确定”按钮，即可生成闭合角造型。

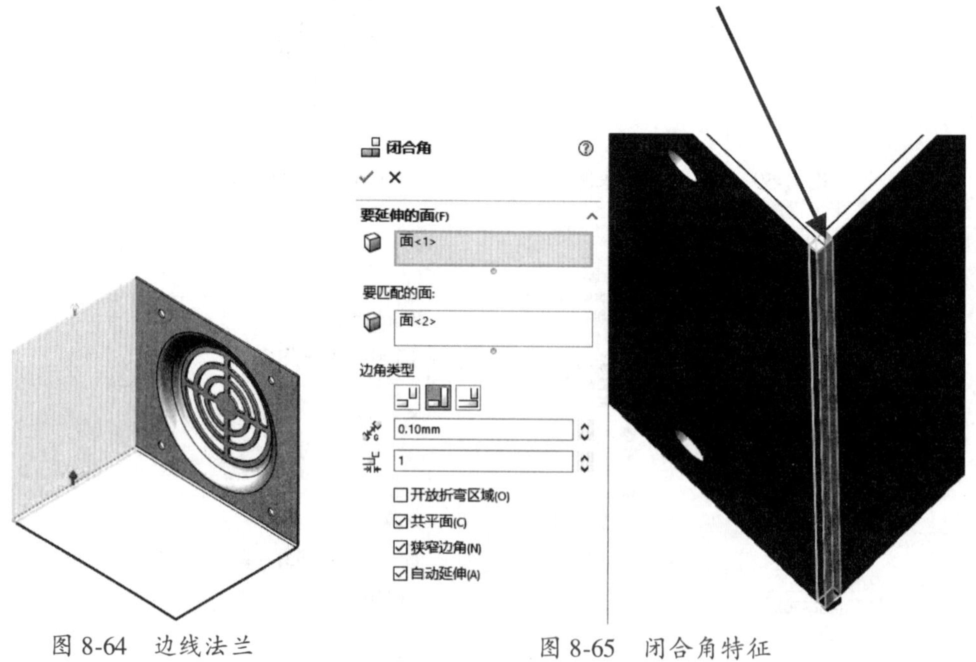

图 8-64　边线法兰　　　图 8-65　闭合角特征

(10)使用与步骤(4)类似的方式，在设计库中选择“forming tools”(成形工具)选项，选择“louver”(百叶窗)选项，鼠标指针移至“louver”(百叶窗)处，如图 8-66 所示，按住鼠标左键拖至第二处边线法兰处，参数如图 8-67 所示，定位如图 8-68 所示，单击“确定”按钮。

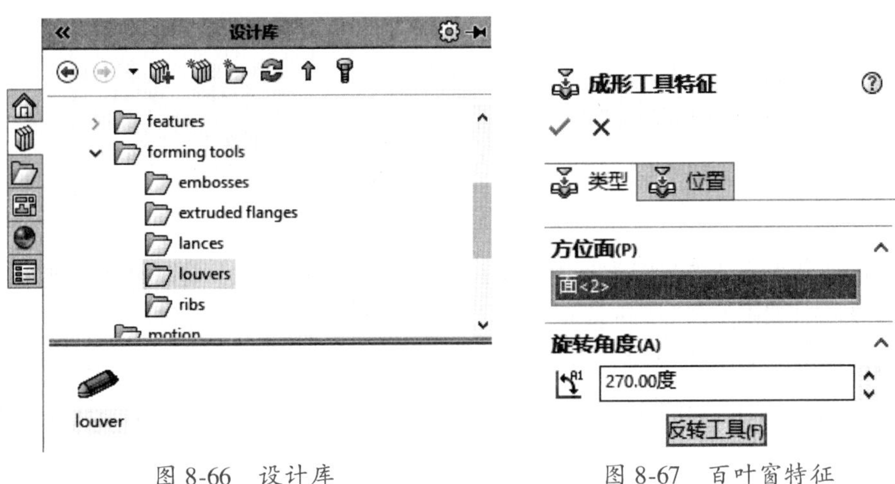

图 8-66　设计库　　　图 8-67　百叶窗特征

(11)使用与步骤(4)类似的方式，在设计库中选择“forming tools”(成形工具)选项，选择“lances”(切口)选项，鼠标指针移至“bridge lances”(桥式切口)处，如图 8-69 所示，按住鼠标左键拖至基底法兰底部，参数单击“反转工具”，定位如图 8-70 所示，单击“确定”按钮，最终桥式切口的位置如图 8-71 所示。

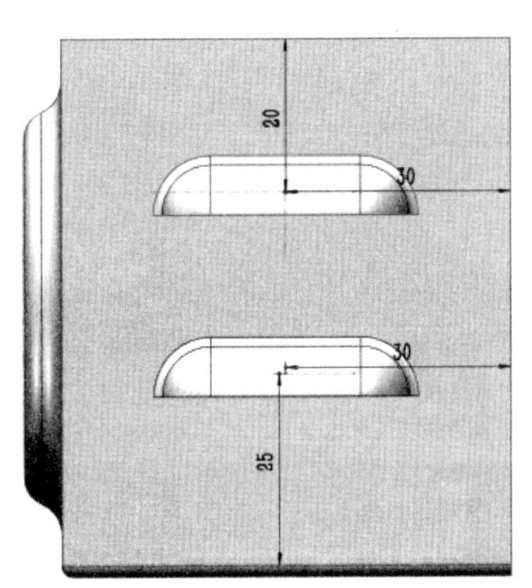

图 8-68　确定特征位置

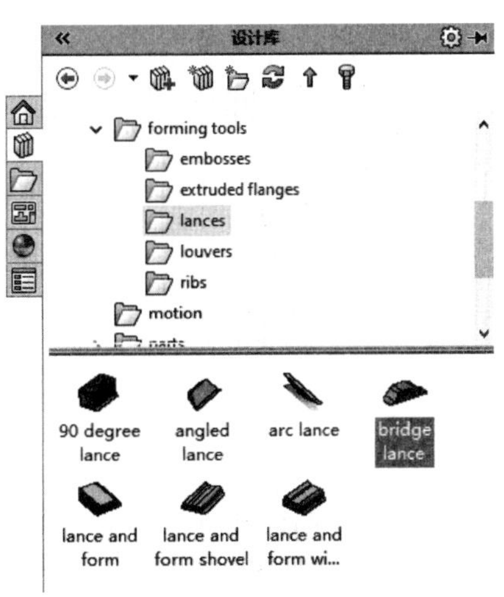

图 8-69　桥式切口

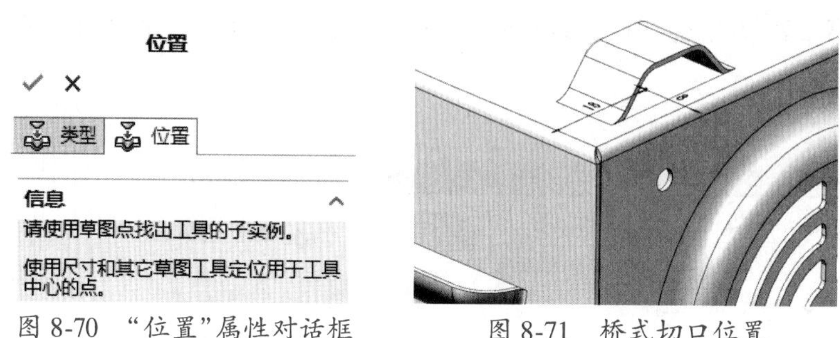

图 8-70　“位置”属性对话框　　　　图 8-71　桥式切口位置

(12)选择基体法兰底部作为草图面，以左下角点作为基准点绘制草图，如图 8-72 所示。单击“特征”面板上的“拉伸切除”按钮，以“完全贯穿”的方式进行切除。

(13)在如图 8-72 所示箭头处平面绘制草图，如图 8-73 所示。单击“钣金”面板上的“转折”按钮，系统弹出“转折”属性对话框，按照如图 8-74 所示设置参数，单击“确定”按钮。

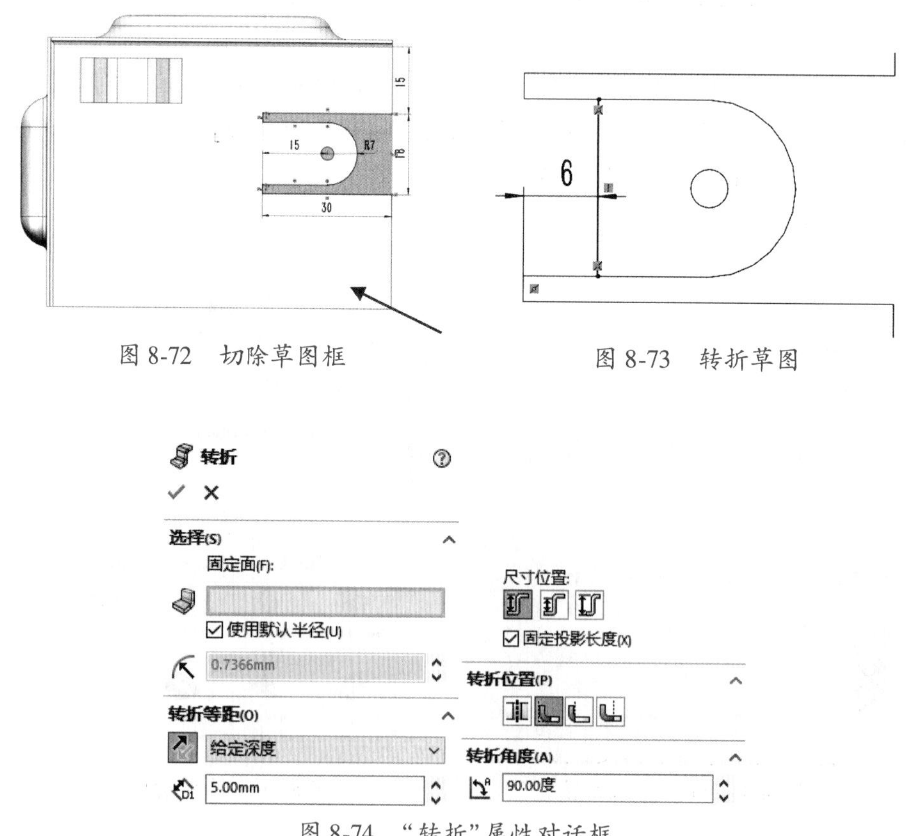

图 8-72　切除草图框　　　　图 8-73　转折草图

图 8-74　“转折”属性对话框

(14)使用特征面板上的“镜像”命令，系统弹出“镜像”属性对话框，如图 8-75 所示，选择如图 8-75 所示的箭头所指断面为镜像面，镜像前面所有钣金造型，生成另一侧钣金造型。

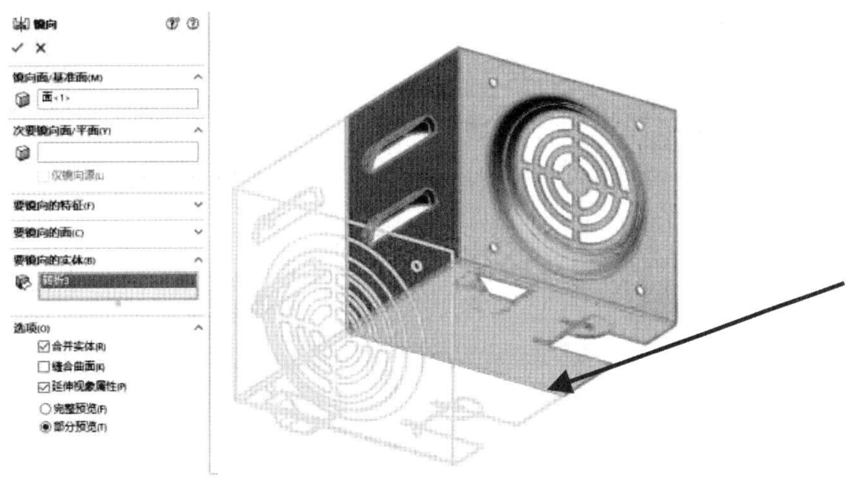

图 8-75　镜像特征

(15)选择钣金上表面作为草图面，在右侧绘制草图，如图 8-76 所示。

(16)单击“钣金”面板上的“基体法兰/薄片”按钮，选择刚绘制的草图，再单击“确定”按钮，结果如图 8-77 所示。

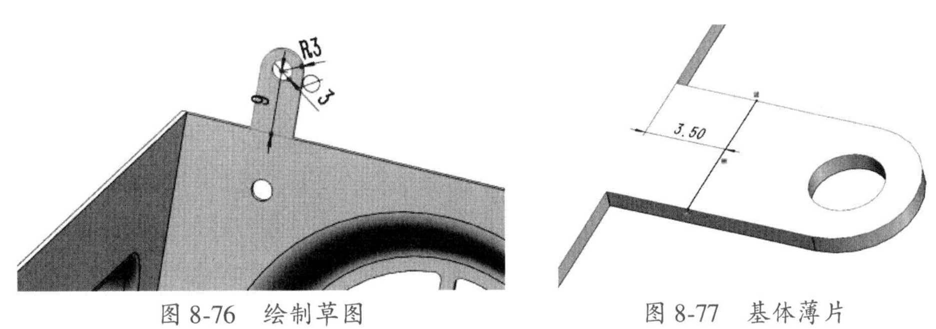

图 8-76　绘制草图　　图 8-77　基体薄片

(17)单击“钣金”面板上的“转折”按钮，选择薄片的上表面绘制草图，“转折”属性对话框中的参数设置如图 8-78 所示，再单击“确定”按钮，结果如图 8-79 所示。

(18)使用特征面板上的“镜像”命令，系统弹出“镜像”属性对话框，选择图 8-80 中箭头所指断面为镜像面，镜像前面所有钣金造型，生成另一侧钣金造型，如图 8-81 所示。

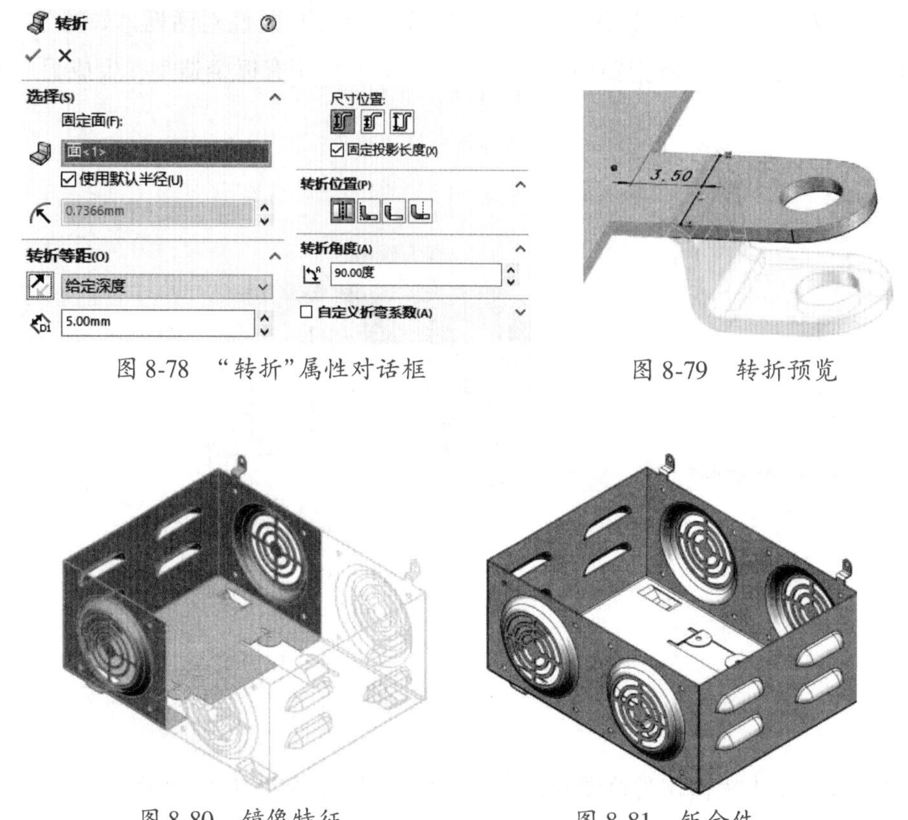

图 8-78　“转折”属性对话框

图 8-79　转折预览

图 8-80　镜像特征

图 8-81　钣金件

(19)完成钣金零件造型后，可以在设计树中单击“解除压缩”按钮，如图 8-82 所示，展开钣金零件，效果如图 8-83 所示。

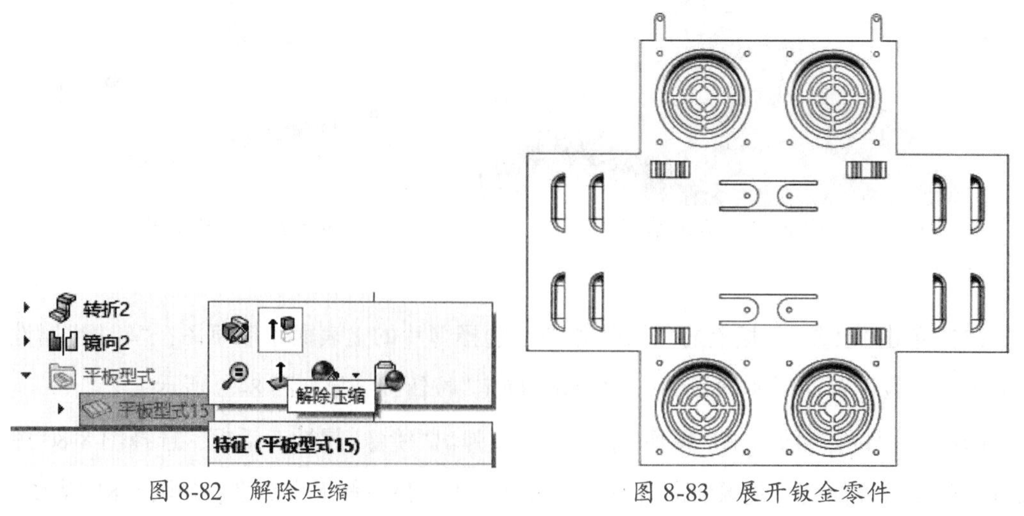

图 8-82　解除压缩

图 8-83　展开钣金零件

本章课后练习

(1)什么是钣金零件？在工业中钣金应用在哪些领域？

(2)在钣金零件的设计中，为什么要确定折弯半径？

(3)使用开环草图生成基体法兰时，钣金零件的厚度是否等于拉伸特征的深度？

(4)在 SolidWorks 中，用户能不能通过拉伸切除特征来手动创建释放槽？

(5)完成图 8-84 和图 8-85 的钣金零件创建。

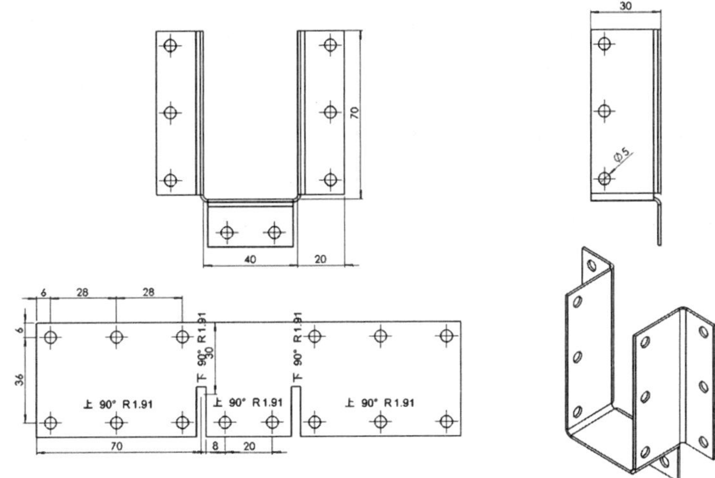

图 8-84　钣金练习 1

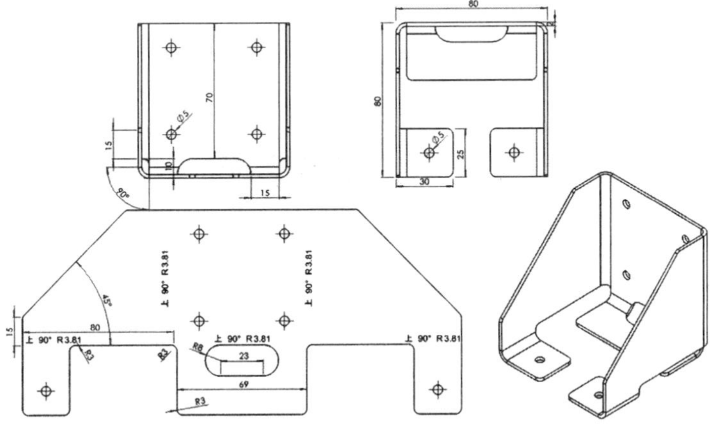

图 8-85　钣金练习 2

第 9 章

工程图生成

使用 SolidWorks 创建的三维零件和装配体能够生成对应的二维工程图。这些零件、装配体和工程图文件是相互关联的。因此，当用户对零件或装配体进行任何更改时，工程图文件也需要做相应的更新。通常情况下，工程图包括多个由三维模型生成的视图，还可以从现有视图中派生出新视图。例如，剖面视图就是从现有的工程视图中生成的，还可以添加尺寸标注、几何公差和注释。本章将通过实例详细介绍工程图的生成方法。

本章重点：

- 设置绘图规范
- 视图的生成与编辑
- 尺寸标注
- 装配体工程视图

9.1 工程图界面

单击“新建”按钮后，会弹出“图纸格式/大小”对话框，如图 9-1 所示。在该对话框中，选择“A3(ISO)”，然后单击“确定”按钮，进入工程图界面，如图 9-2 所示。

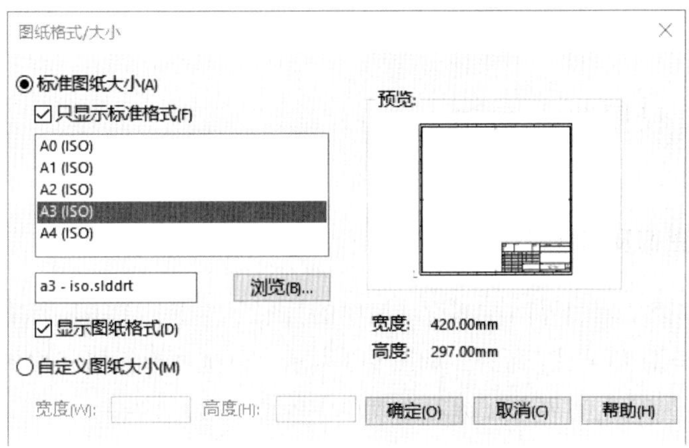

图 9-1 “图纸格式/大小”对话框

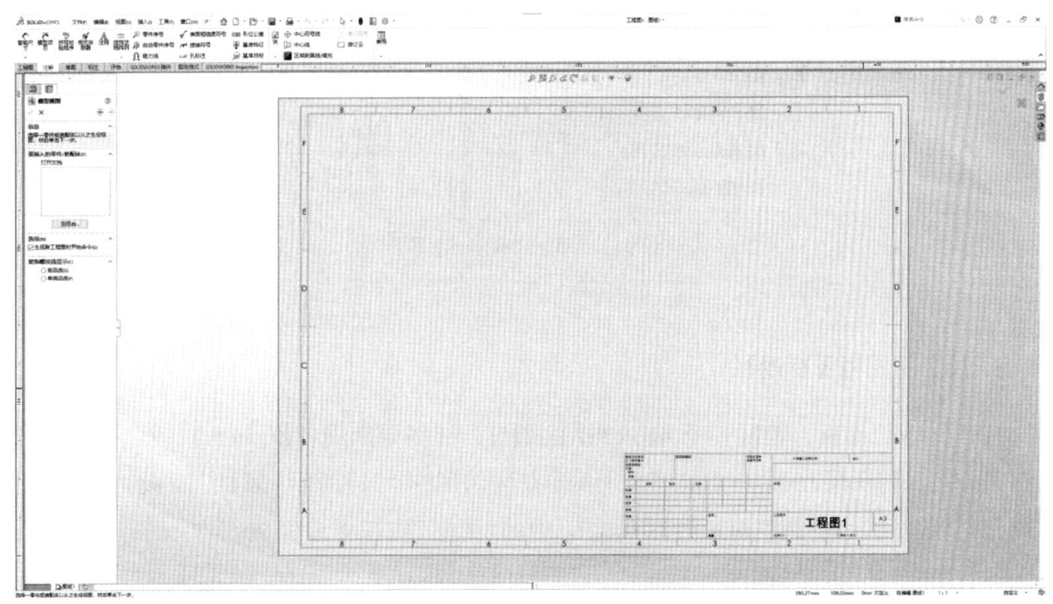

图 9-2 工程图界面

9.2 建立工程图模板文件

工程图模板文件包含工程图的图幅大小、标题栏格式、标注样式、文字样式等内容。SolidWorks 2024 提供了多种模板格式，用户可以根据需要直接选择使用。为了方便读者学习如何在 SolidWorks 2024 中建立自定义模板文件，本节将演示如何以自定义的方式创建一个全新的模板文件。

9.2.1　工程图基本知识

1. 删除默认图框及标题栏

将鼠标指针移至工程图界面左侧设计树中的“图纸 1”上，单击鼠标右键，在弹出的快捷菜单中选择“编辑图纸格式”命令，如图 9-3 所示。框选原模板格式中的所有图框及标题栏后删除。图纸格式内的边界在鼠标右键菜单中单击“删除边界”。

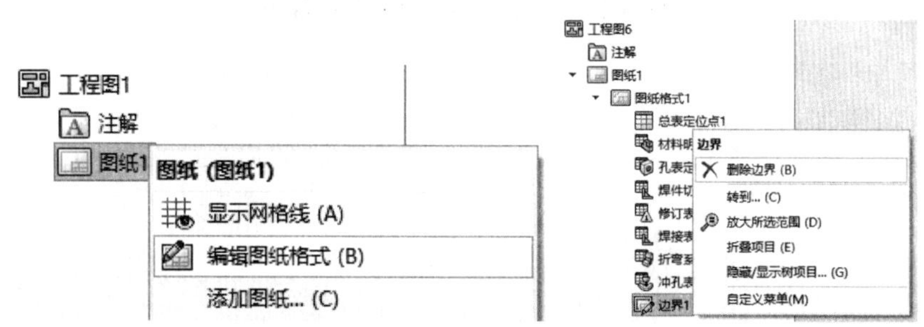

图 9-3　单击“删除边界”

2. 绘制新图框及标题栏

打开“草图”面板，绘制一个 410×287 的矩形(A3 图幅四周各留 5mm)，然后选择矩形的四条边线，将图层改为“FORMAT”，修改方法如图 9-4(a)所示“属性”面板，结果如图 9-5 所示。线宽大小的调整可通过图 9-4(b)中的“图层”按钮来完成。

(a)　　(b)

图 9-4　修复图层

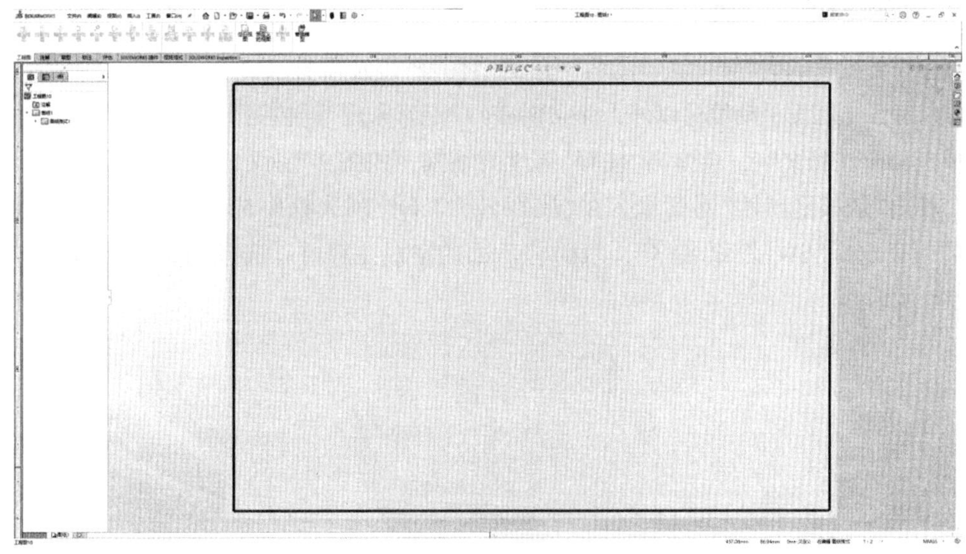

图 9-5 绘制边框

在图框的右下角，按照图 9-6 的尺寸及格式绘制标题栏。绘制完成后，选择“视图”→“隐藏/显示注解”命令，将所标注的尺寸隐藏。

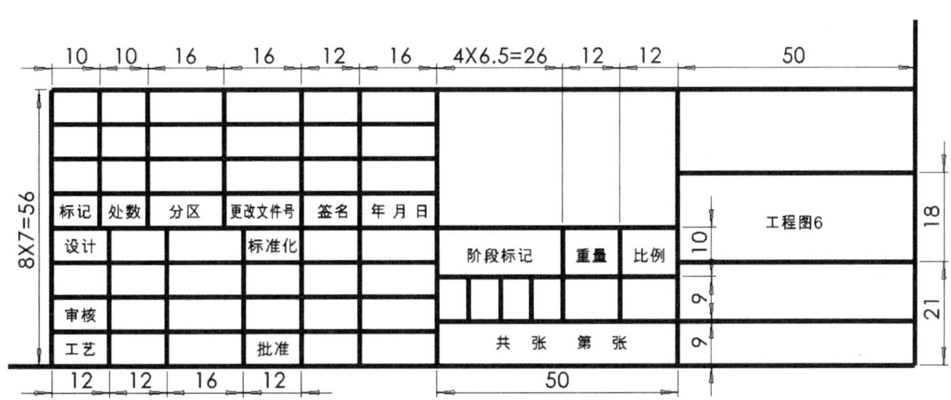

图 9-6 标题栏格式

3. 添加注释文字

使用“注解”面板上的“注释”命令添加标题栏中的文字。对于需要以后填写内容的空白处，也需要添加空白注释。

4. 链接到属性

对于需要变化的内容，比如“图名”“单位”“图号”以及需要以后填写内容的空白注释处，除了可以每张工程图手动填写以外，SolidWorks 中通常采用“链接到属性”的方式来定义。

单击相应注释文字，会弹出“注释”属性对话框，如图 9-7 所示。单击“链接到属性”按钮后会弹出“链接到属性”对话框。在“属性名称”下拉列表框中选择相应的字段名称(如“图名”可以选择“SW-图纸名称”，“比例”后面的空白注释可以选择“SW-视图比例”等)，如图 9-8 所示。

图 9-7　“注释”属性对话框

图 9-8　“链接到属性”对话框

9.2.2　设置单位系统

选择“工具”菜单，然后单击“选项”命令，打开“系统选项”对话框。切换到“文件属性”选项卡，选择“单位”选项，如图 9-9 所示，将单位系统更改为“MMGS”。

9.2.3　保存模板

在特征管理器中鼠标右键单击“图纸 1”选项，从弹出的快捷菜单中选择“编辑图纸”命令，如图 9-10 所示，完成工程图板设置。然后选择“文件”菜单，单击“另存为”命令，打开“另存为”对话框。在“保存类型”下拉列表中选择“工程图模板（ * . drwdot）”。此时，文

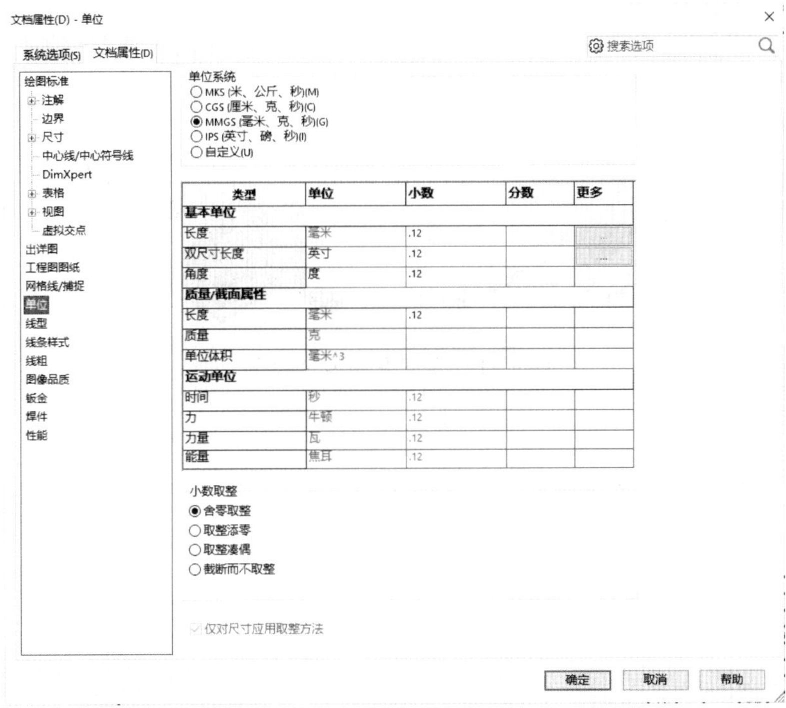

图 9-9 “文档属性(D)-单位”对话框

件的保存目录会自动切换到 SolidWorks 安装目录：\ SOLIDWORKS 2022 \ templates。输入任意文件名，单击“保存”按钮，生成新的工程图文件模板。

图 9-10 右键菜单

9.3 生成视图

本节将通过实例介绍 SolidWorks 2024 中各种工程图视图的生成方法。我们将以图 9-

11 所示的真空泵体零件为例进行讲解。

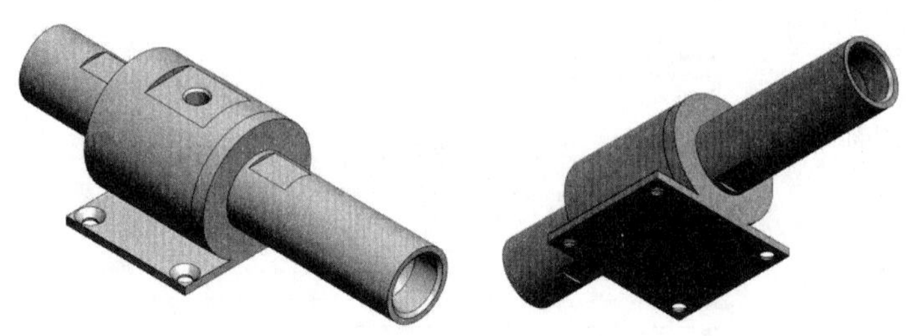

图 9-11　真空泵体零件示例

9.3.1　标准视图

标准视图是根据模型在不同方向的投影生成的视图，主要依赖于模型的放置位置。标准视图包括标准三视图和模型视图。

1. 标准三视图

标准三视图可以同时为模型生成三个默认的正交视图，即主视图、俯视图和左视图。主视图是模型的“前视”视图，俯视图和左视图分别是模型在相应位置的投影。下面以泵体为例说明标准三视图的创建方法：

(1)单击“新建”按钮，出现“新建 SOLIDWORKS 文件”对话框，选择刚才制作的模板，单击“确定”按钮，创建一个新的工程图文件。

(2)单击“视图布局”面板上的“标准三视图”按钮，出现“标准三视图”属性对话框，如图 9-12 所示。单击“浏览”按钮，出现“打开”对话框，再选择“泵体”文件，然后单击“打开”按钮，建立标准三视图，如图 9-13 所示。

2. 模型视图

模型视图可以根据现有零件添加正交或命名视图。单击“视图布局”面板上的“模型视图”按钮，在绘图区选择任意视图，出现“模型视图”属性对话框，如图 9-14 所示。勾选“生成多视图”复选框，同时选择“前视图”“右视图”“上视图”“等轴测”等，即可建立所需的模型视图，如图 9-15 所示。

图形的比例既可以在属性对话框中自定义，也可以在右下角的状态栏中指定图纸的默认比例，如图 9-16 所示。

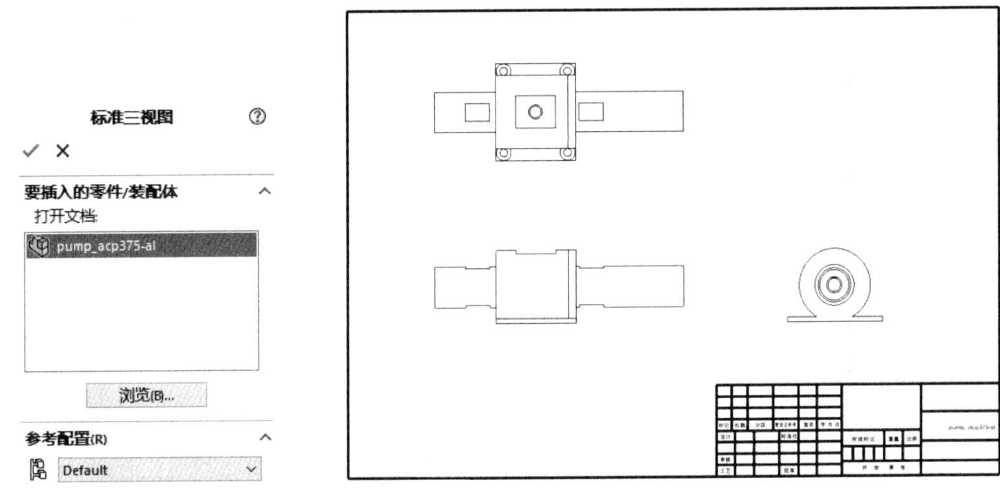

图 9-12 “标准三视图”属性对话框　　图 9-13 标准三视图

图 9-14 “模型视图”属性对话框

9.3.2 派生视图

派生视图是从其他视图生成的，包括投影视图、辅助视图、旋转视图、剪裁视图、局部视图、剖面视图、断开的剖视图和断裂视图。

1. 投影视图

投影视图是根据已有视图，通过正交投影生成的视图。

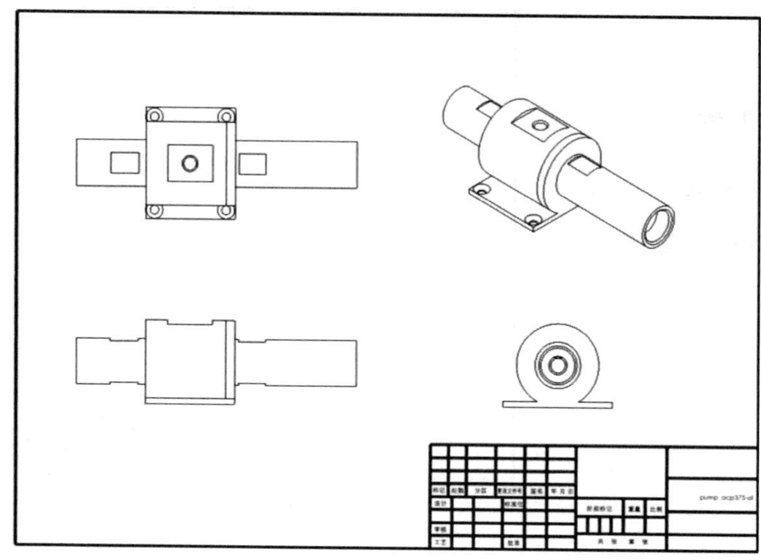

图 9-15　模型视图

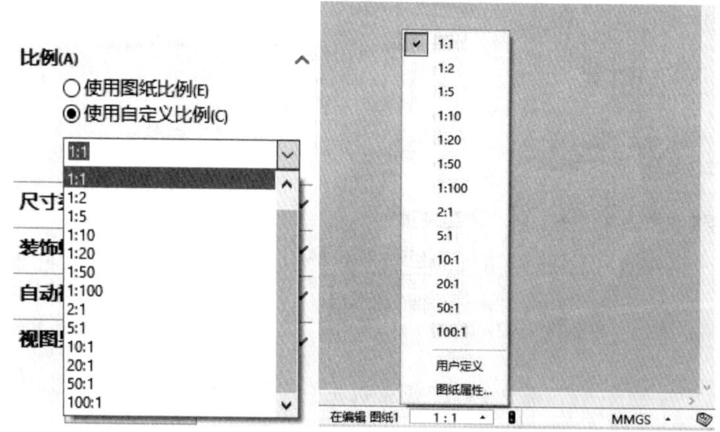

图 9-16　设置比例

(1)选择主视图，单击“投影视图”按钮，在主视图左侧单击，生成右视图。

(2)选择主视图，单击“投影视图”按钮，在主视图上方单击，生成仰视图。

(3)选择左视图，单击“投影视图”按钮，在左视图右侧单击，生成后视图。

(4)选择任意一个基本视图，单击“投影视图”按钮，指针向四个 45°角方向移动，然后再次单击则生成不同方向的轴测图。各种投影视图如图 9-17 所示。

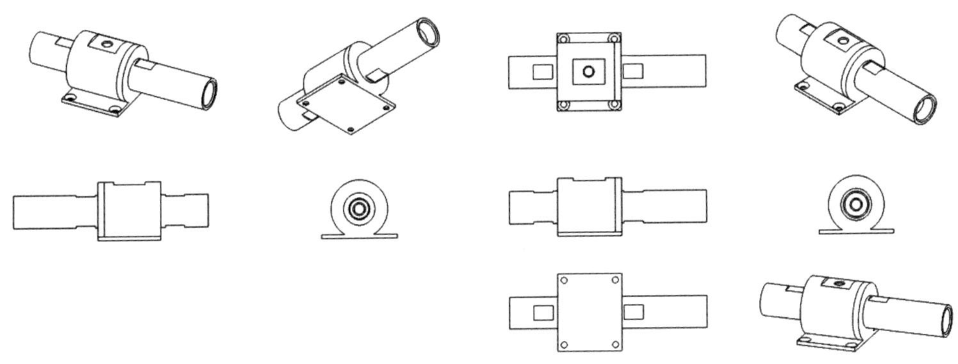

图 9-17 投影视图

2. 辅助视图

辅助视图相当于机械图样国标中的斜视图，用来表达机体倾斜结构。首先，打开“零件”样例文件，单击“辅助视图”按钮，选择主视图中的参考边线，如图 9-18 所示。然后将鼠标指针移到所需位置，单击放置视图。如果需要，可以勾选“辅助视图”属性对话框中的“反转方向”复选框，如图 9-19 所示。将标注的文字和箭头拖动到适当的位置。

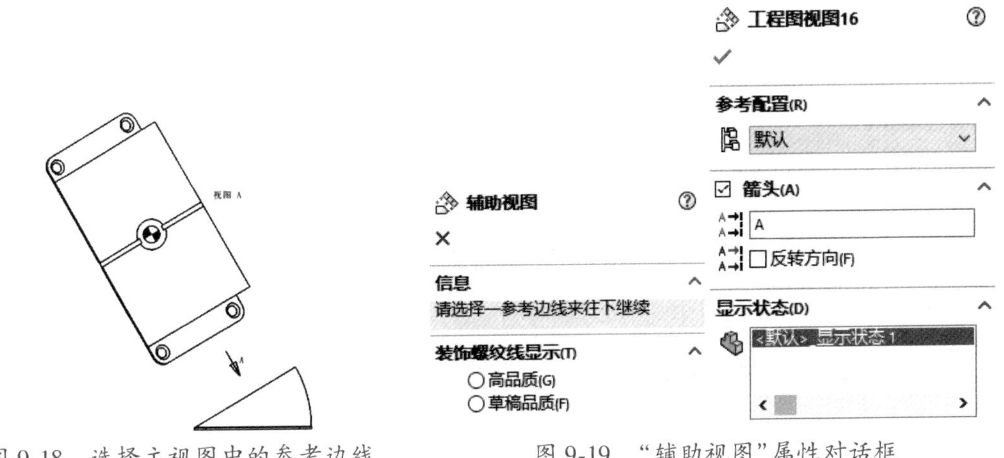

图 9-18 选择主视图中的参考边线

图 9-19 “辅助视图”属性对话框

注意：选择“工具”→“选项”命令，在“文档属性”选项卡中选择“尺寸”选项，在打开的选项中可以更改箭头大小；在“辅助视图”选项卡中，可以更改辅助视图箭头文字和标号文字的大小。

选中刚生成的辅助视图，依次选择需要隐藏的边线，再单击如图 9-20 所示的右键菜单中的“隐藏/显示边线”按钮，将所选边线隐藏，然后利用草图中的“样条曲线”命令绘制波浪线，效果如图 9-21 所示。

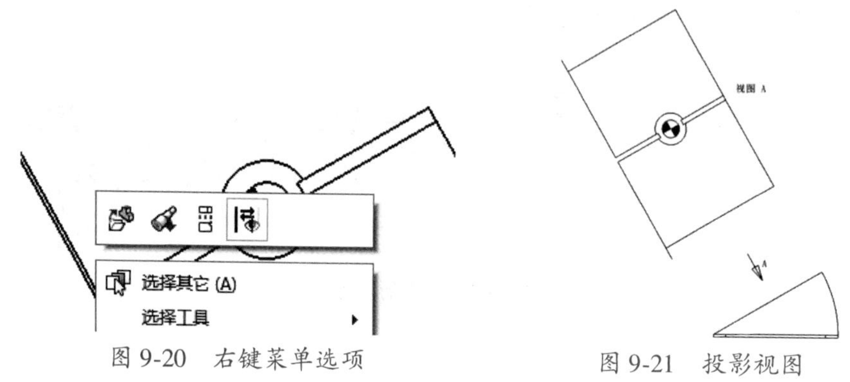

图 9-20　右键菜单选项　　　　图 9-21　投影视图

3. 旋转视图

旋转视图可以将视图绕其中心点旋转，或将所选边线设置为水平或竖直方向。

(1) 鼠标右键单击辅助视图边界的空白区域，从弹出的快捷菜单中选择“缩放/平移/旋转”→“旋转视图”命令，如图 9-22 所示，出现“旋转工程视图”对话框，如图 9-23 所示。

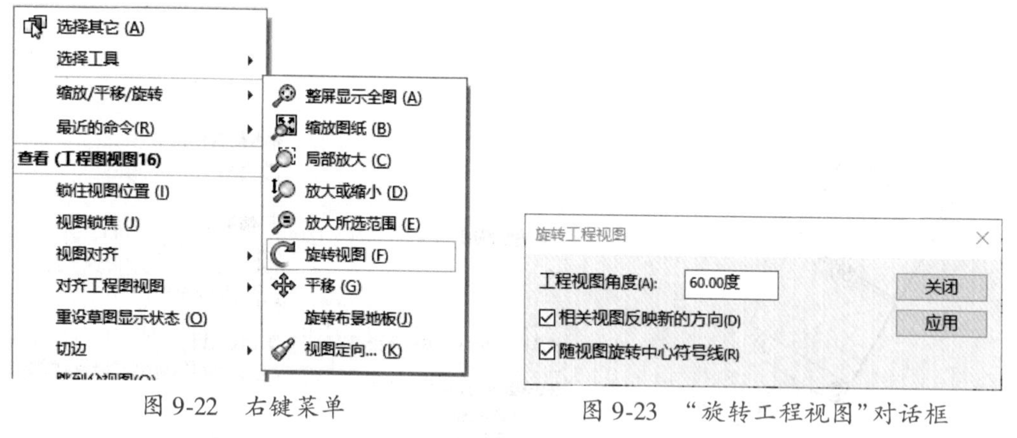

图 9-22　右键菜单　　　　图 9-23　“旋转工程视图”对话框

(2) 在“工程视图角度”文本框内输入合适的角度，单击“应用”按钮，关闭对话框。

(3) 如果不知道旋转角度，可以选中斜视图中需要与水平对齐的图线，然后选择“工具”→“对齐工程图视图”→“水平边线”命令。

选择辅助视图，将其移动到合适位置，并修改注释内容，结果如图 9-24 所示。

4. 剪裁视图

剪裁视图是在现有视图中剪去不必要的部分，使得视图所表达的内容既简练又突出重点。双击辅助视图空白区域，激活需要裁剪的视图。单击“草图”面板中的“样条曲线”按钮或“直线”按钮，在辅助视图中绘制封闭轮廓线，如图 9-25 所示。

选择所绘制的封闭轮廓，单击“剪裁视图”按钮，视图的多余部分被剪掉，完成的剪裁视图如图 9-26 所示。鼠标右键单击剪裁视图，从弹出的快捷菜单中选择“剪裁视图”→“移除剪裁视图”命令，即可恢复视图原状。选择封闭轮廓线，单击 Delete 键，即可删除封闭轮廓线。

5. 局部视图

局部视图用来放大显示现有视图某一局部的形状，相当于机械图样国标中的局部放大图。单击“局部视图”按钮，在欲建立局部视图的部位绘制圆，此时会显示“局部视图 K”属性对话框，如图 9-27 所示。可以在该对话框中设置标注文字的内容和大小以及视图放大比例。将鼠标指针移到所需位置，单击放置视图，如图 9-28 所示。

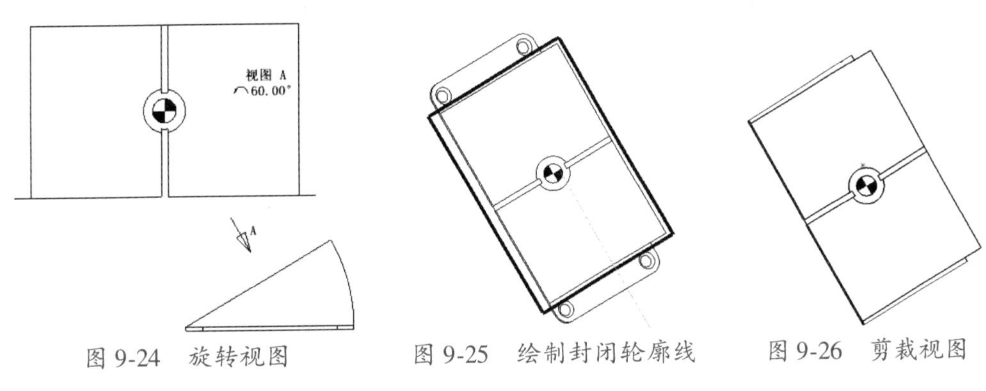

图 9-24　旋转视图　　图 9-25　绘制封闭轮廓线　　图 9-26　剪裁视图

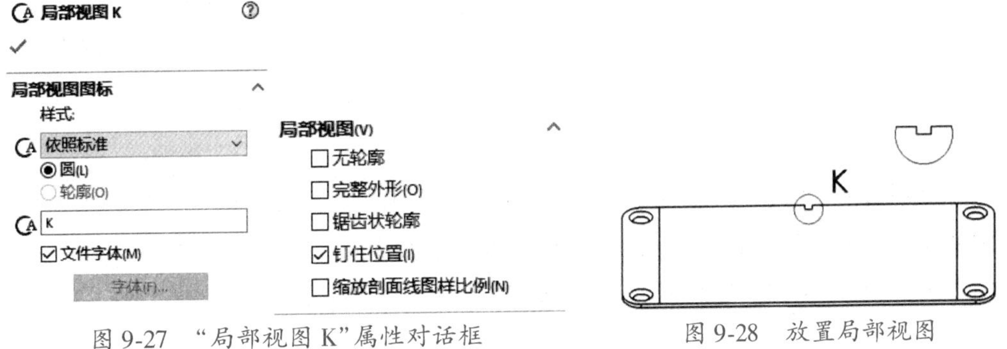

图 9-27　“局部视图 K”属性对话框　　图 9-28　放置局部视图

6. 剖面视图

剖面视图用来表达机体的内部结构，用该命令可以绘制机械图样国标中的全剖视图和半剖视图。选中俯视图，单击“剖面视图”按钮，系统弹出“剖面视图辅助”属性对话框，如图 9-29 所示。将鼠标指针移到右视图对称面位置并单击，再单击临时工具条的“确定”按钮✓，如图 9-30 所示。

向左拖动鼠标，在俯视图正上方适当的位置单击“确定”位置，最终结果如图 9-31 所示。利用如图 9-30 所示的临时工具条中的选项，可以实现单一剖视图、阶梯剖视图以及旋转剖视图等不同的表达效果。

7. 断开的剖视图

断开的剖视图用于绘制机械图样国标中的局部剖视图。选择需要绘制局部剖视图的图样，单击“草图”面板中的“样条曲线”按钮，绘制样条曲线，如图 9-32 所示。

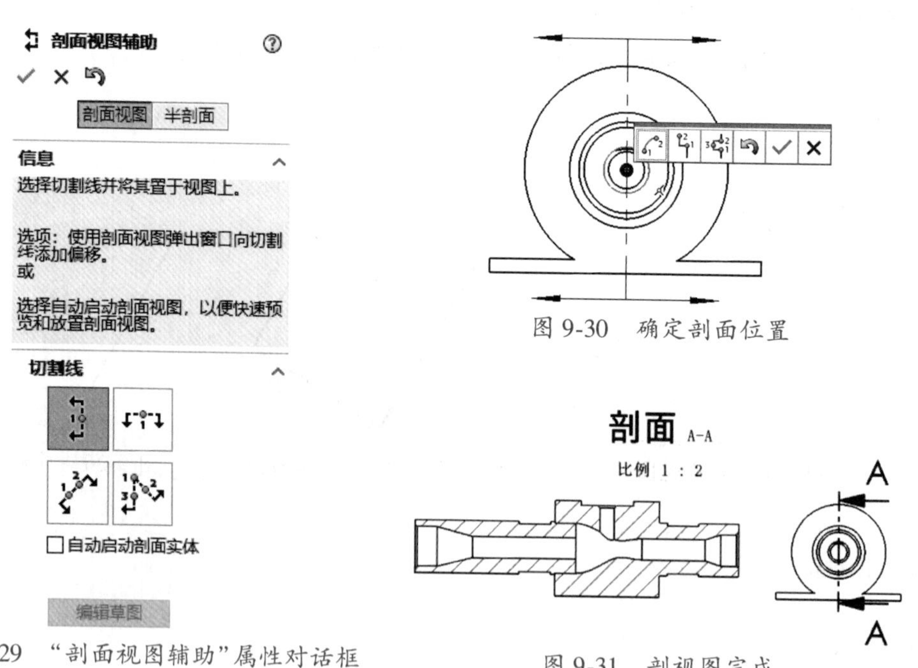

图 9-29　“剖面视图辅助”属性对话框

图 9-30　确定剖面位置

图 9-31　剖视图完成

选中绘制的样条曲线，然后单击“视图布局”面板中的“断开的剖视图”按钮，系统弹出“断开的剖视图”属性对话框，如图 9-33 所示，设置剖切深度为“92. 0000mm”，该深度为主视图顶面到剖切面的距离，单击“确定”按钮✓，结果如图 9-34 所示。

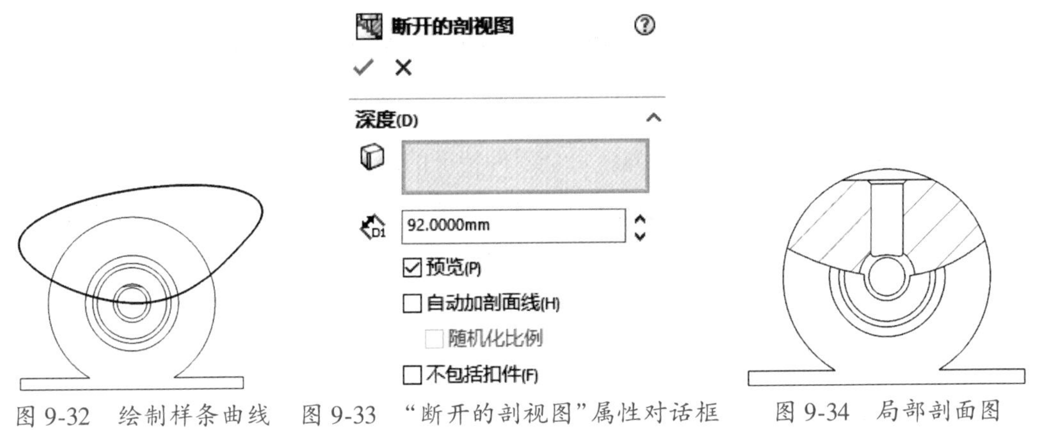

图 9-32 绘制样条曲线 图 9-33 “断开的剖视图”属性对话框 图 9-34 局部剖面图

8. 断裂视图

对于较长的机件(如轴、杆、型材等)，沿长度方向的形状一致或按一定规律变化，可以使用断裂视图命令将其断开后缩短绘制，而与断裂区域相关的参考尺寸和模型尺寸仍反映实际的模型数值。此处创建一个较长件的主视图，以一根轴的工程图为例。

单击“断裂视图”按钮，选择主视图，弹出“断裂视图”属性对话框，如图 9-35 所示。修改“缝隙大小”并选择“折断线样式”，此时视图中出现断裂曲线。拖动断裂线到所需位置，单击“确定”按钮✓，效果如图 9-36 所示。

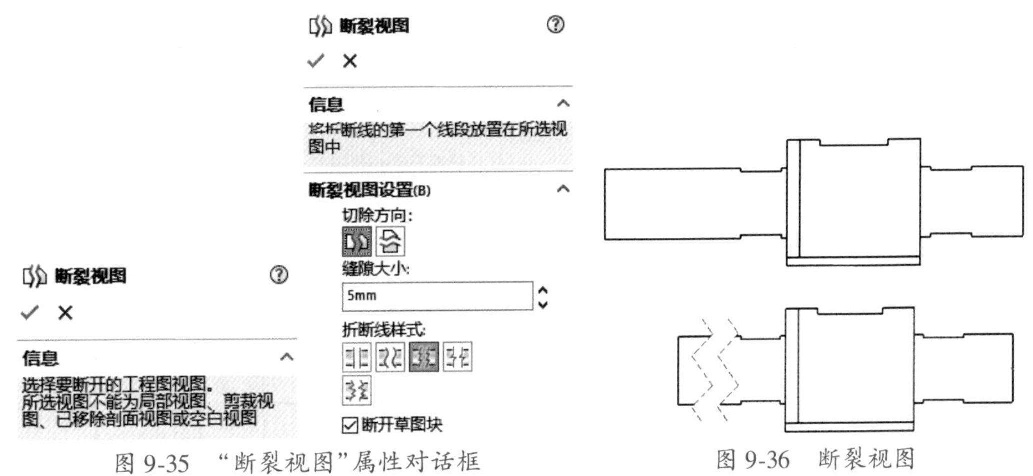

图 9-35 “断裂视图”属性对话框 图 9-36 断裂视图

9.4　标注工程图尺寸

在工程图中标注尺寸时，通常先将每个零件特征的尺寸插入各个视图中，然后通过编辑和添加尺寸，使标注的尺寸满足正确、完整、清晰和合理的要求。SolidWorks 2024 提供了强大的尺寸标注功能，本节将简要介绍常用命令的使用方法。

9.4.1　添加中心线

添加中心线的具体操作步骤如下：

(1) 单击“注解”面板上的“中心线”按钮，系统将弹出“中心线”属性对话框。

(2) 要手动插入中心线，可以选择需要标注中心线的两条边线，或选择单一圆柱面、圆锥面、环面或扫描面。

(3) 要为整个视图自动插入中心线，可以选择自动插入选项，然后选取一个或多个工程图视图。

添加中心线后的泵体示例如图 9-37 所示。

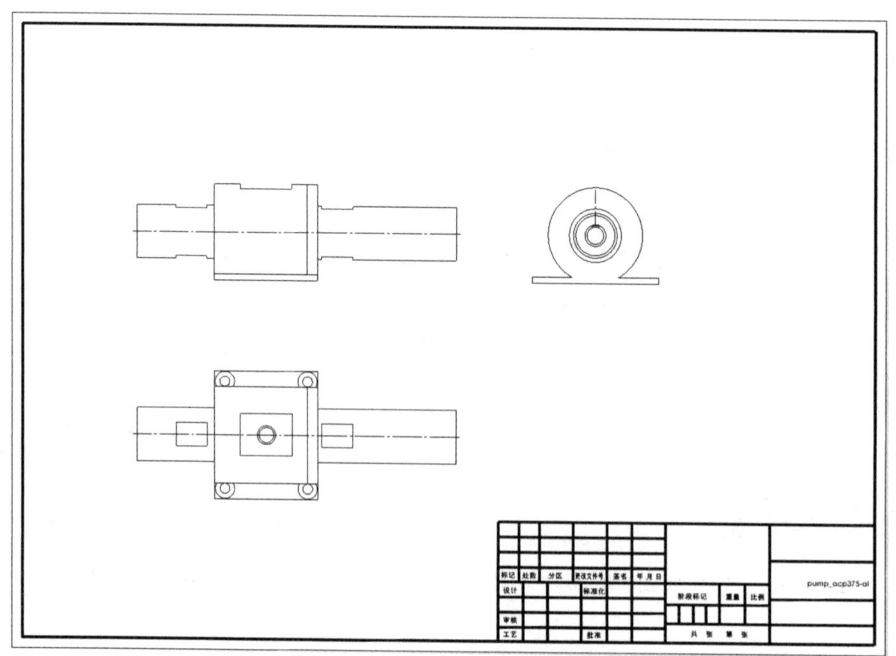

图 9-37　添加中心线后的泵体示例

9.4.2 自动标注尺寸

自动标注尺寸的具体步骤如下：

(1)单击“注解”面板中的“模型项目”按钮来自动添加尺寸。这些模型尺寸属于驱动尺寸，可以通过编辑参考尺寸的数值来更改模型。

(2)执行“模型项目”操作后，系统将出现“模型项目”属性对话框。

(3)选择“整个模型”，在“尺寸”选项组中选中“消除重复”复选框，并勾选“将项目输入到所有视图”复选框，最后单击“确定”按钮✓，如图 9-38 所示。

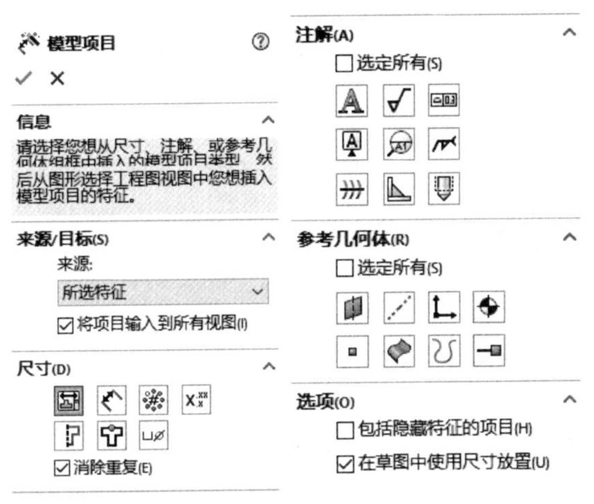

图 9-38 “模型项目”属性对话框

执行“模型项目”操作后，自动标注尺寸的效果如图 9-39 所示。

9.4.3 编辑修改尺寸

编辑修改尺寸的具体步骤如下：

(1)双击需要修改的尺寸，在“修改”对话框中输入新的尺寸值。

(2)在工程视图中拖动尺寸文本可以移动尺寸位置，使其调整到合适位置。拖动尺寸时按住 Shift 键，可以将尺寸从一个视图移动到另一个视图；按住 Ctrl 键，可以将尺寸从一个视图复制到另一个视图。

(3)选择需要删除的尺寸，按 Delete 键即可删除指定尺寸。

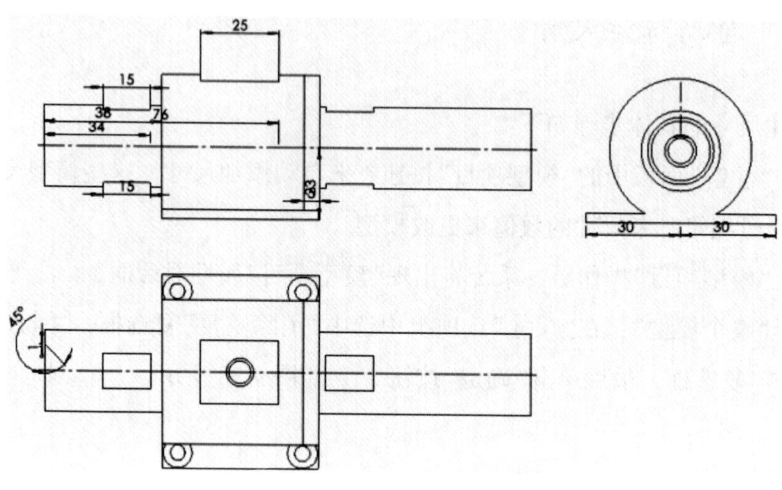

图 9-39　自动标注的尺寸

(4)双击某一尺寸，可以打开“尺寸”属性对话框，如图 9-40 所示。在对话框中可以对“数值”“引线”以及“文字”等内容进行修改。

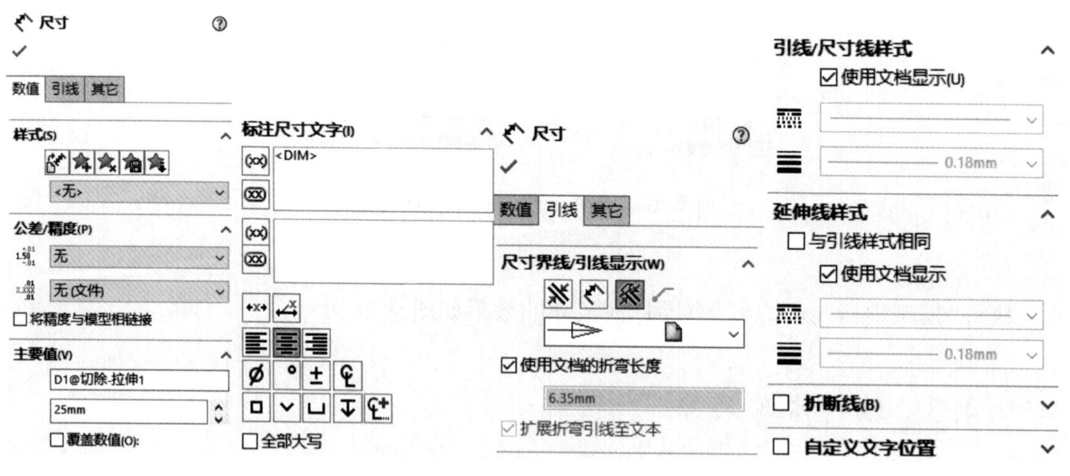

图 9-40　“尺寸”属性对话框

(5)需要添加的尺寸，可以使用“注释”面板中的“智能尺寸”命令来添加。

修改和调整完成后的工程图如图 9-41 所示。

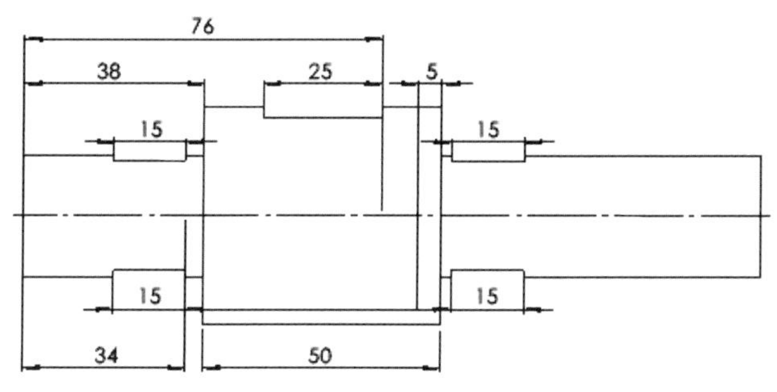

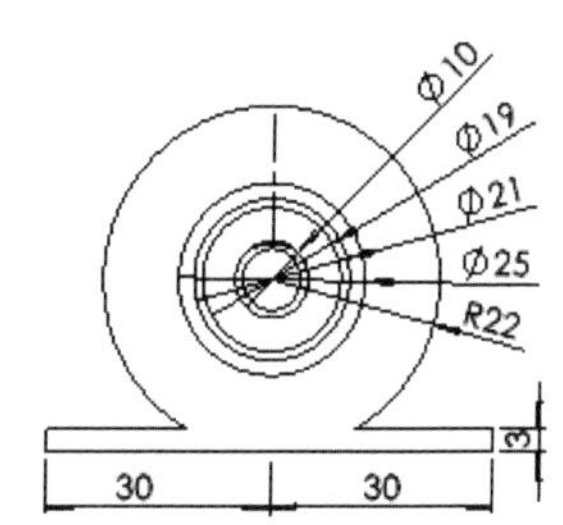

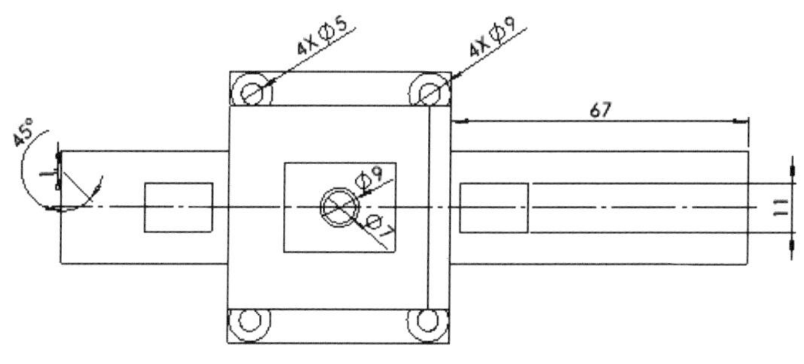

图 9-41 添加尺寸完成

9.5 工程图的其他标注

工程图中描述与制造过程相关的标示符号都是工程图注解，包括文本注释、表面粗糙度、几何公差等。

9.5.1 文本注释

文本注释的具体步骤如下：

(1)单击“注解”面板上的“注释”按钮**A**，系统将弹出“注释”属性对话框，如图 9-42 所示。

(2)输入需要添加的文本内容，选择文本样式、大小、颜色等属性。

(3)将鼠标指针移到需要添加文本的位置，单击确认文本位置，完成文本注释，效果如图 9-43 所示。

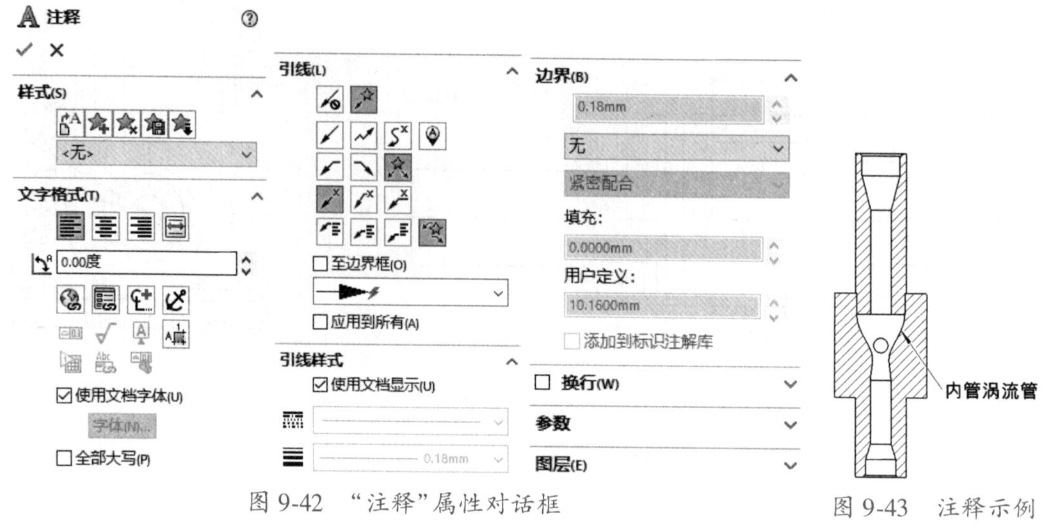

图 9-42　“注释”属性对话框　　　图 9-43　注释示例

9.5.2　表面粗糙度

表面粗糙度表示零件表面加工的程度。可以按国家标准的要求设定零件表面粗糙度，包括基本符号、去除材料、不去除材料等。具体操作步骤如下：

(1)单击“注解”面板上的“表面粗糙度符号”按钮√，系统将弹出“表面粗糙度”属性对话框，如图 9-44 所示。

(2)输入表面粗糙度值为 Ra 2.8。

(3)移动鼠标指针靠近需要标注的表面，表面粗糙度符号会根据表面位置自动调整角度。

(4)单击“确定”按钮✓，完成标注，效果如图 9-45 所示。

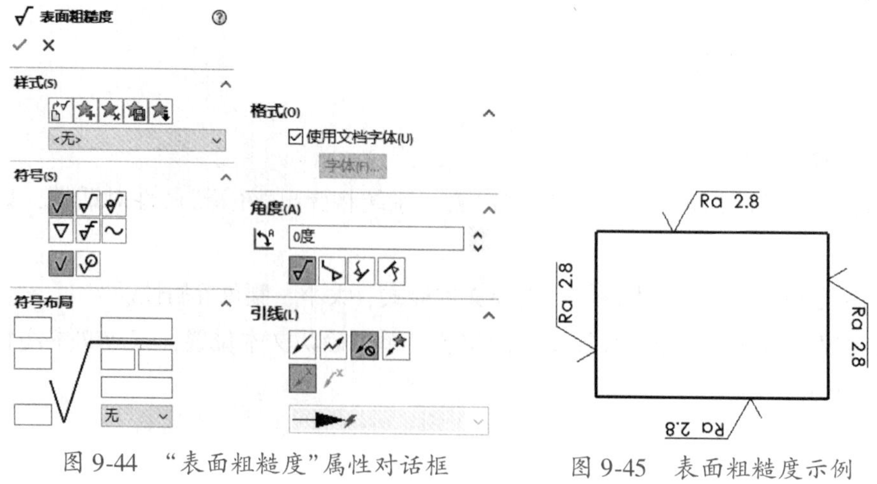

图 9-44　“表面粗糙度”属性对话框　　　图 9-45　表面粗糙度示例

9.5.3 几何公差

在工程图中可以添加几何公差，包括设定几何公差的代号、公差值、原则等内容，同时可以为同一要素生成不同的几何公差。具体操作步骤如下：

(1)单击“注解”面板上的“形位公差”按钮，系统将弹出“形位公差”属性对话框，如图 9-46 所示。

(2)在该对话框中设置引线样式(一般选中“引线”及“垂直引线”)。

(3)移动鼠标指针可以将框格放到合适的位置，如图 9-47 所示。

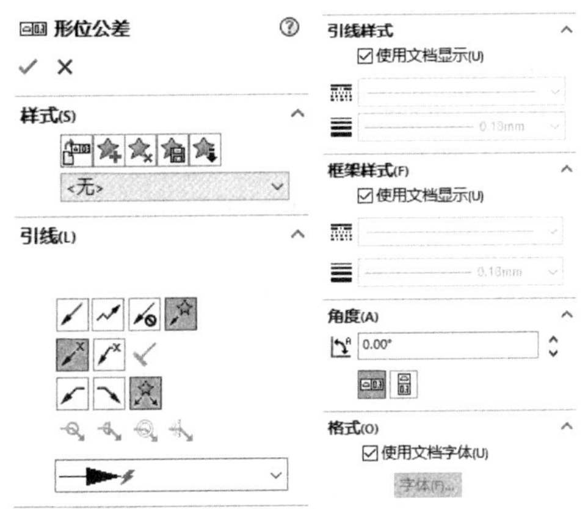

图 9-46 “形位公差”属性对话框

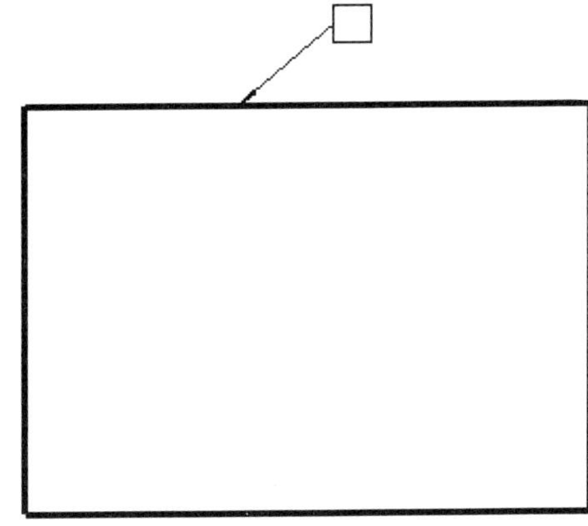

图 9-47 确定位置

(4)双击方框，会弹出“公差代号”对话框，如图 9-48 所示。

(5)选择形位公差代号，系统将弹出“公差”对话框，如图 9-49 所示，可以设定公差值。

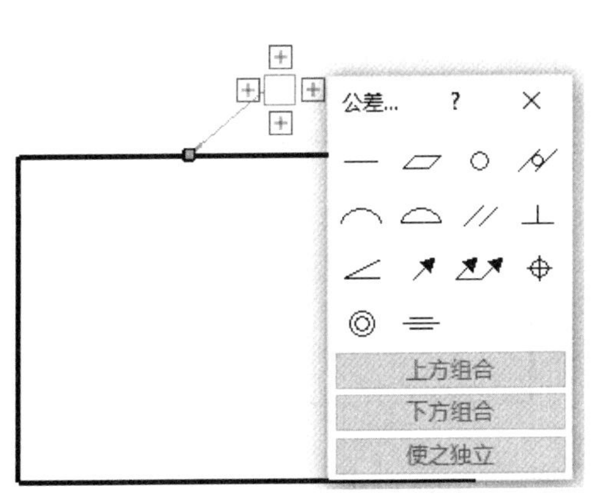

图 9-48 “公差代号”对话框

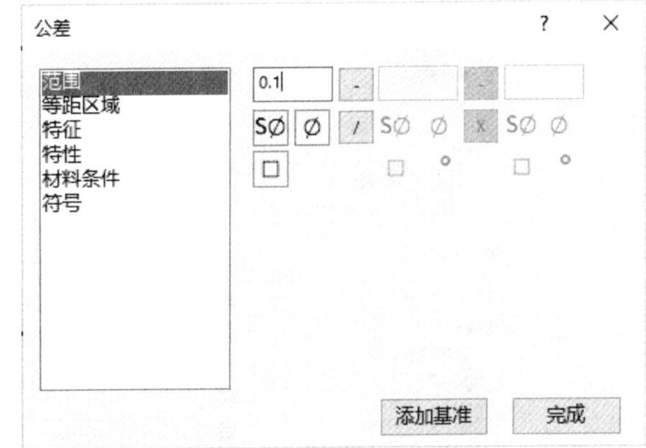

图 9-49 “公差”对话框

(6) 如果需要添加基准等内容，单击“添加基准”按钮，系统将弹出“Datum”(基准)对话框，如图 9-50 所示，输入基准字母后，单击“完成”按钮✓即可。

完成后效果如图 9-51 所示。拖动形位公差或其箭头可以移动形位公差位置，双击形位公差即可编辑形位公差。

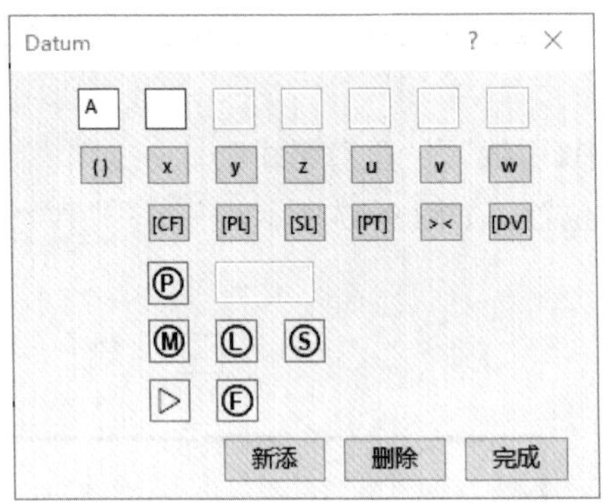

图 9-50 “Datum”(基准)对话框

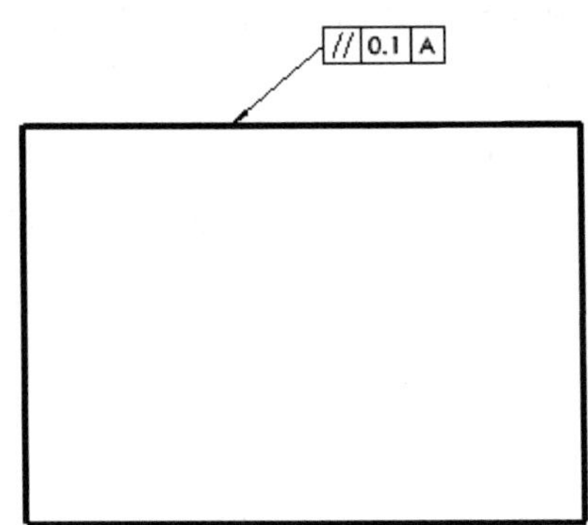

图 9-51 几何公差示例

9.5.4 基准符号

单击“基准特征”按钮，出现“基准特征”属性对话框，如图 9-52 所示。SolidWorks 2024 默认的基准符号不符合新的国家标准，因此需要进行以下设定：

(1) 取消选中“引线样式”选项组中的“使用文件样式”复选框，选中“方形”及“实三角形”以符合新国标的规定。

(2) 选择要标注基准的位置，拖动基准符号预览到合适位置，单击后确认位置。

(3) 单击“确定”按钮✓，完成基准特征，如图 9-53 所示。

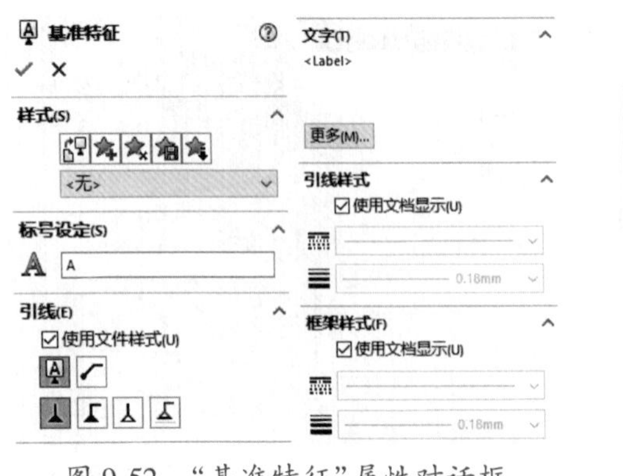

图 9-52 “基准特征”属性对话框

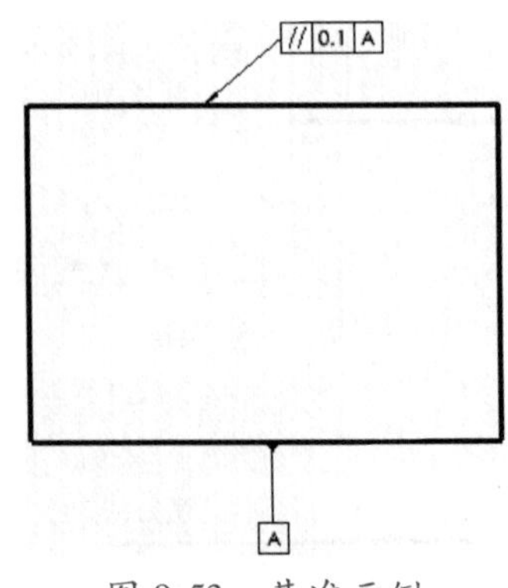

图 9-53 基准示例

9.6 装配工程图

SolidWorks 2024 中装配工程图的生成方法和零件工程图类似。读者可以参考上一节介绍的各种表达方法进行学习。本节主要简单介绍装配工程图生成时零件编号的生成方法。

9.6.1 生成装配工程图

以下以一个轴承机构为例说明装配工程图的创建方法。

(1)单击“新建”按钮，出现“新建 SOLIDWORKS 文件”对话框，单击“确定”按钮，新建一个工程图文件。

(2)单击“视图布局”面板上的“模型视图”按钮，先选择绘制好的轴承机构，再选择“上视图”，并单击“浏览”按钮，可以设定适当的比例，最后效果如图 9-54 所示。

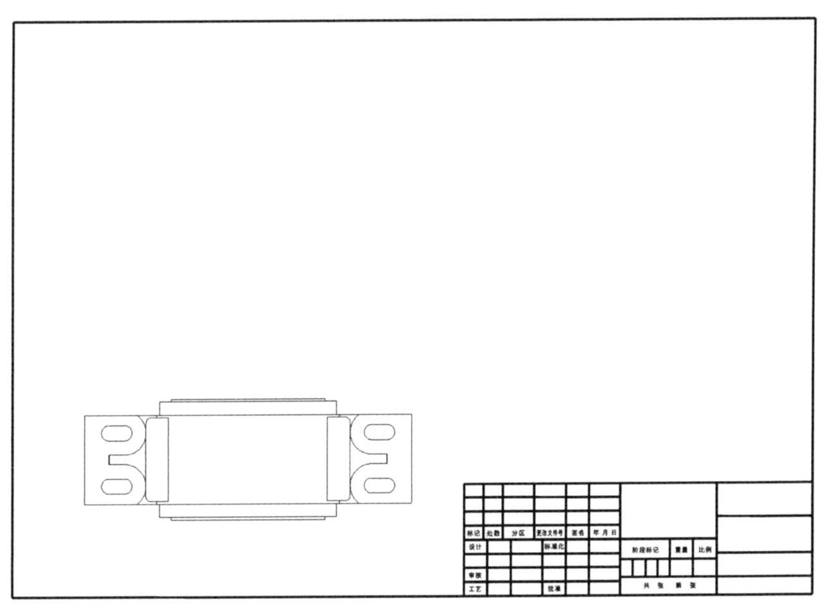

图 9-54　轴承机构的上视图

(3)在上视图使用“剖面视图”命令，生成剖面视图，效果如图 9-55 所示。

(4)在剖面视图使用“投影视图”命令，生成左视图，效果如图 9-56 所示。

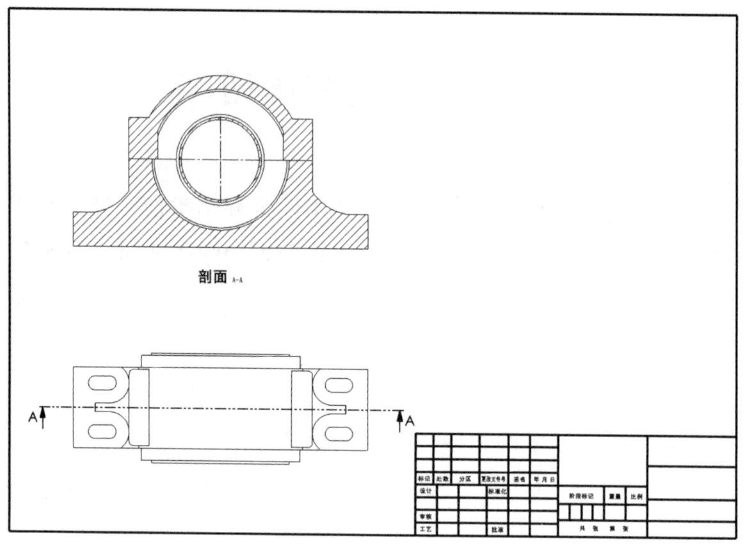

图 9-55　全剖主视图

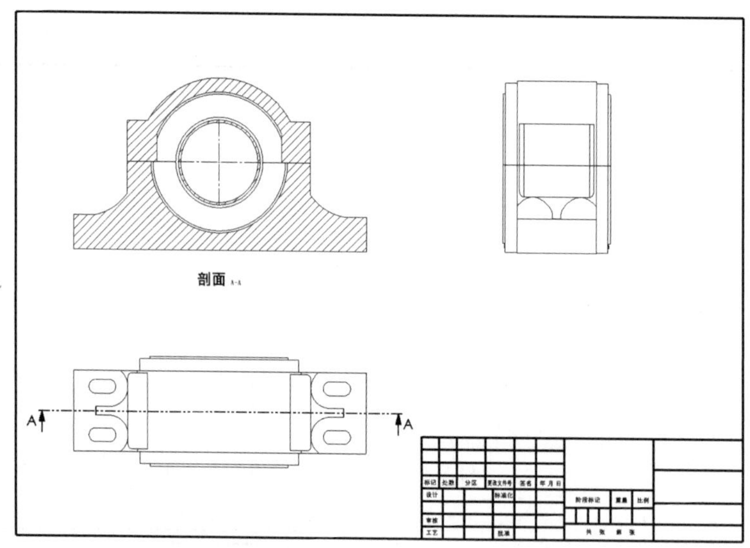

图 9-56　生成左视图

9.6.2　标注尺寸

标注尺寸的操作步骤如下：

(1)如图 9-57 所示，单击“草图”面板中的“样条曲线”按钮，绘制样条曲线。

(2)选中绘制的下方样条曲线，然后单击“视图布局”面板中的“断开的剖视图”按钮，设置剖切深度为“100.00mm”，再单击“确定”按钮，效果如图 9-58 所示。

(3)选中绘制的上方样条曲线，与步骤(2)相同，设置剖切深度为 415.925，再单击“确定”按钮，效果如图 9-59 所示。

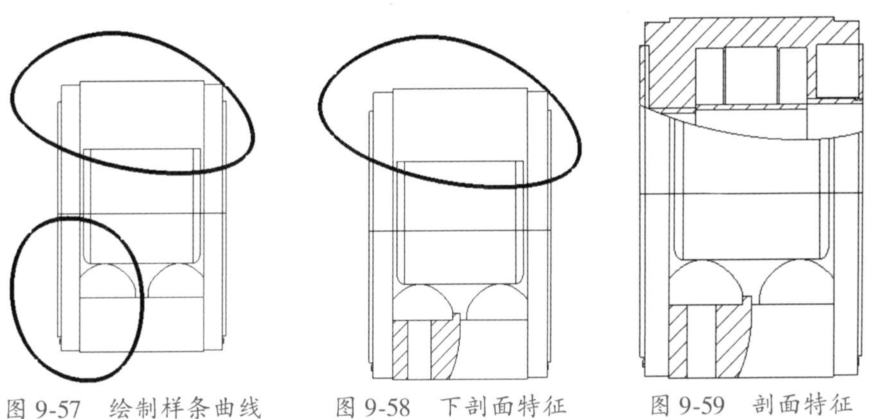

图 9-57　绘制样条曲线　　图 9-58　下剖面特征　　图 9-59　剖面特征

9.6.3　局部视图

局部视图的操作步骤如下：

(1)单击“局部视图”按钮，在图 9-59 箭头所指处绘制圆，此时会显示“局部视图”属性对话框。

(2)可以在该对话框中设置标注文字的内容和大小以及视图放大比例。将鼠标指针移到所需位置，单击放置视图，效果如图 9-60 所示。

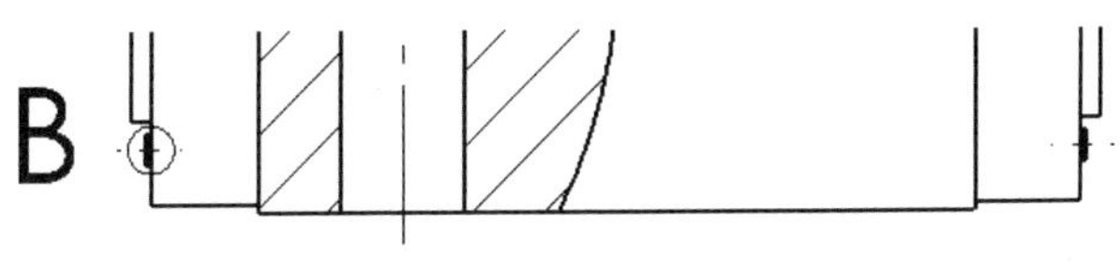

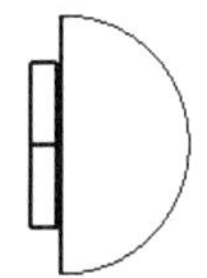

局部视图 B

比例 1：1

图 9-60　放置视图

9.6.4 标注尺寸

(1)单击“注解”面板上的“中心线”按钮，添加中心线。

(2)单击“注解”面板上的“智能尺寸”按钮，标注适当的尺寸，如图9-61所示。

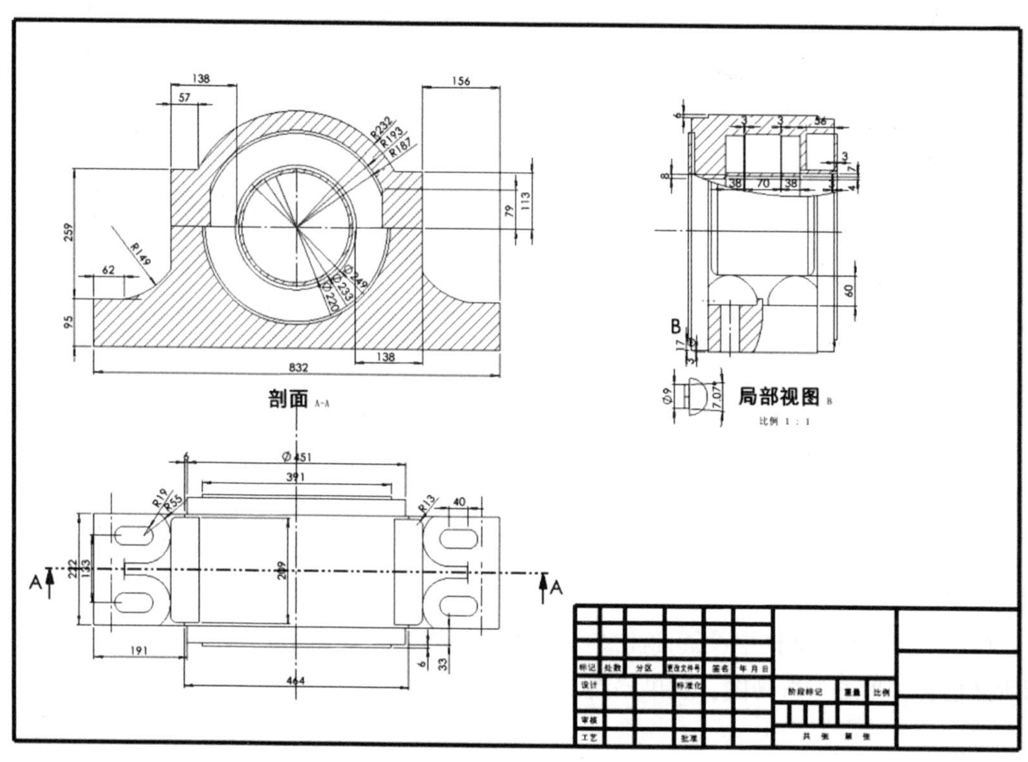

图9-61 标注尺寸

9.6.5 生成零件序号

1. 自动生成零件序号

(1)单击“注解”面板上的“自动零件序号”按钮，弹出“自动零件序号”属性对话框。先选择主视图，然后设定相关参数，再单击“确定”按钮，即可生成零件序号。

(2)拖动每一个序号，可以调整位置。双击每一个数字，还可以修改数字顺序，结果如图9-62所示。

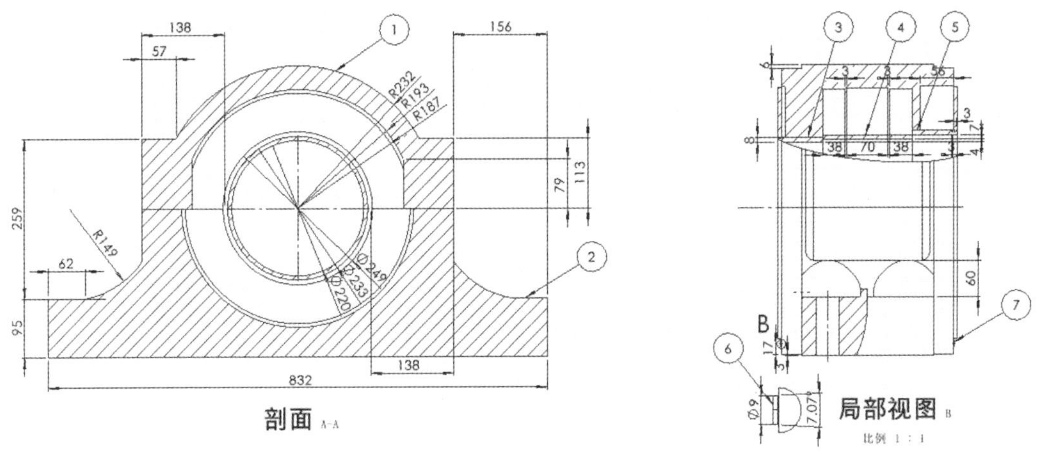

图 9-62 标注零件编号

2. 手动生成零件序号

如果使用"自动零件序号"命令生成的序号不完整或者错误较多，可以手动逐个添加零件序号。

单击"注解"面板上的"零件序号"按钮，弹出"零件序号"属性对话框。然后设定相关参数，拖动鼠标安放序号，最后单击"确定"按钮，即可手动生成零件序号。

至此，完成了装配图的所有步骤，效果如图 9-63 所示。

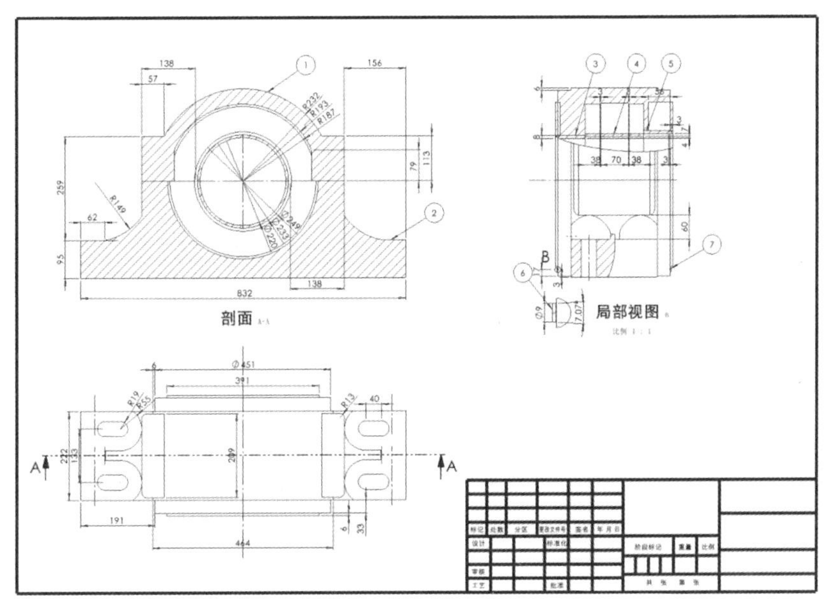

图 9-63 装配图完成

本章课后练习

(1) 如何创建一个新的工程图模板文件？

(2) 如何生成标准三视图？

(3) 如何生成剖面视图？

(4) 如何自动标注尺寸？

(5) 完成图 9-64 和图 9-65 的钣金零件的创建。

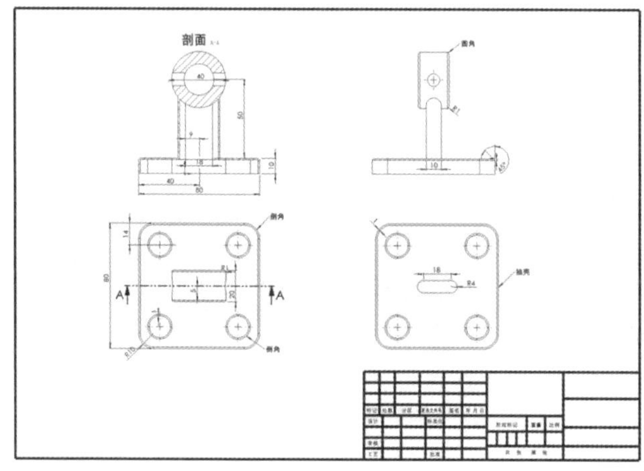

图 9-64　工程图练习 1

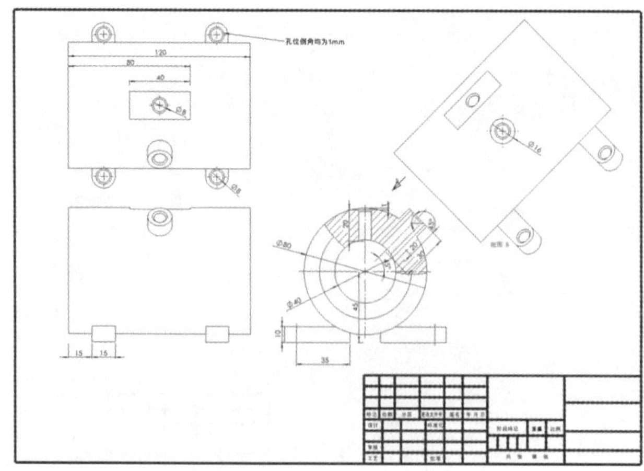

图 9-65　工程图练习 2

附录：SolidWorks 建模应用案例鉴赏

在现代工程设计和制造领域，跨专业协作与交流已经成为提升项目效率和质量的重要手段。作为一款功能强大的三维 CAD 设计软件，SolidWorks 2024 还支持与其他设计软件的兼容，使得跨平台、跨领域的设计合作变得更加容易，从而实现了设计资源的共享和优化利用。以下便是 SolidWorks 与其他设计工具合作完成的设计作品，涉及机械制造、航空航天、汽车工业、智慧生活、家具设计等领域。

1. 发动机零部件

2. 机械臂装配图

3. 涡扇航空发动机构造

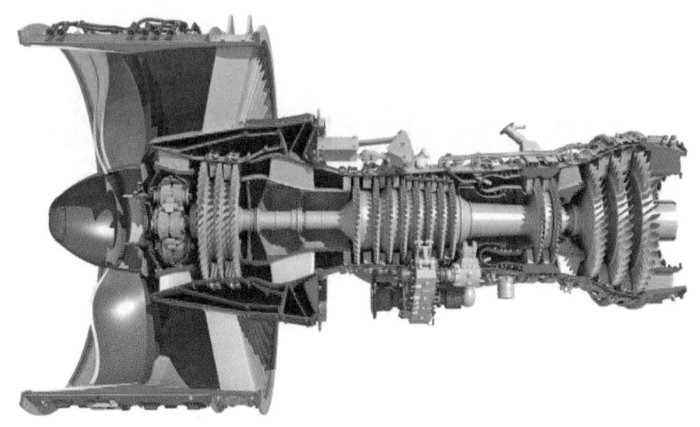

4. 现代战斗机模型结构(设计师：卢晓晖)

5. 复古双翼机模型结构(设计师：卢晓晖)

6. 无人运输机设计方案(设计师：卢晓晖)

7. 越野吉普车(设计师：卢晓晖)

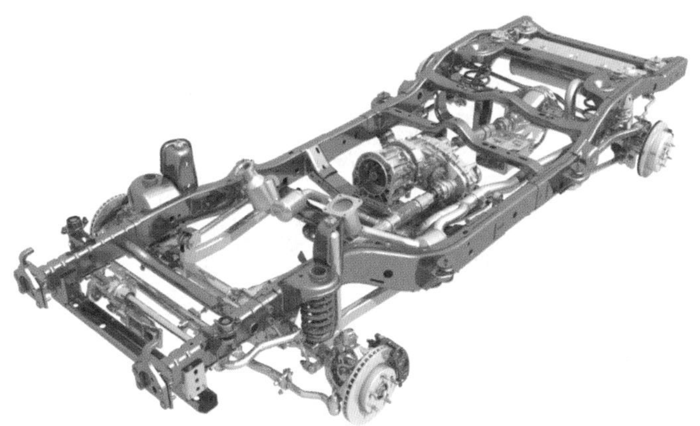

8. 未来汽车工业设计

9. 电动汽车底盘构造

10. 智能穿戴设备设计

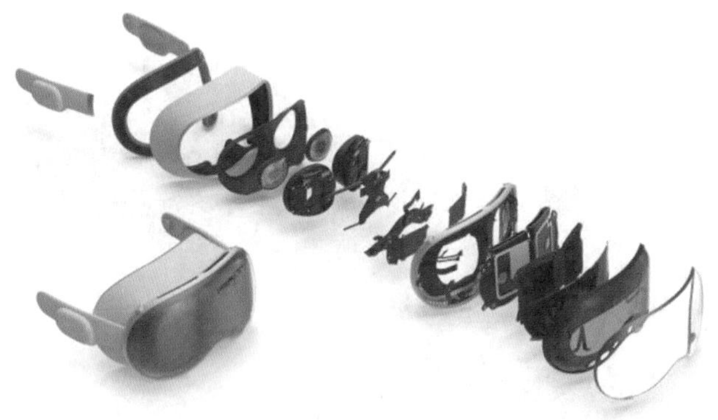

11. NASA 座椅

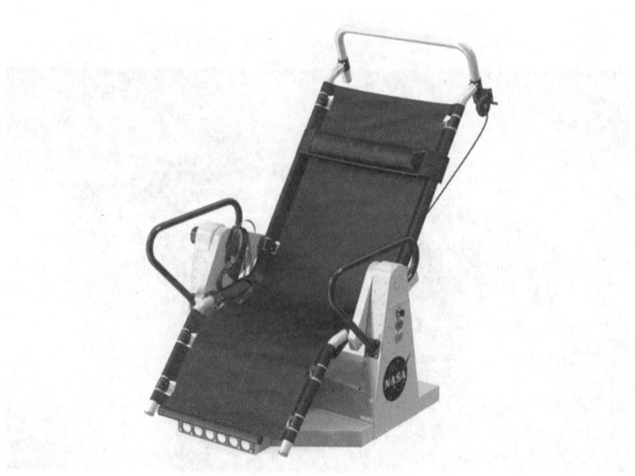

12. 智能机器人